使いどころと
ポイントがわかる

AWSの
基本を最新
アーキテクチャで
まるごと理解！

みんなの
AWS

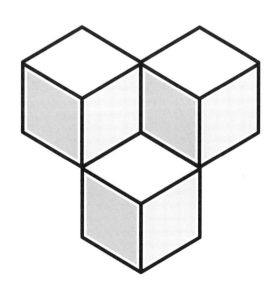

技術評論社

■ご購入前にお読みください

【免責】

・本書に記載された内容は、情報の提供だけを目的としています。したがって、本書を用いた運用は、
　必ずお客様自身の責任と判断によって行ってください。これらの情報の運用の結果について、
　技術評論社および著者はいかなる責任も負いません。

・本書記載の情報は、2020年3月現在のものを掲載しています。ご利用時には変更されてい
　る場合があり、本書での説明とは機能内容や画面図などが異なってしまうこともあります。

・Webサイトの変更やサービス内容の変更などにより、Webサイトを閲覧できなかったり、
　想定したサービスを受けられなかったりすることもあり得ます。

以上の注意事項をご承諾いただいた上で、本書をご利用願います。これらの注意事項をお読み
いただかずにお問い合わせいただいても、技術評論社および著者は対処しかねます。あらかじめ、
ご承知おきください。

【商標、登録商標について】

本文中に記載されている製品の名称は、すべて関係各社の商標または登録商標です。本文中に
TM、Ⓡ、Ⓒは明記していません。

図版で使用しているAWSのアイコン類は、Amazon Web Services社提供のものを使用して
います。

https://aws.amazon.com/jp/architecture/icons/

🧊 はじめに

　本書は Amazon が提供しているパブリッククラウドサービス、AWS (Amazon Web Services) を活用するための本です。エンジニアの皆さんが、より実践的に AWS を利用し、さまざまな分野で活躍していただけるように現場のノウハウをたくさん詰め込みました。実際に手を動かしながら AWS のプラクティスを学び、実際の開発現場で生かしていただきたいと思います。

　各章の内容は、AWS を専業とし、さまざまな経験を積んでいるエンジニアによって執筆されています。これから AWS を導入される方でもスムースに移行できるよう、IT インフラの歴史から、クラウドが登場した背景、クラウドサービスの特徴などについても解説しています。本書の後半では、ベストプラクティスを学びながらより実践的な環境を構築します。一般的な Web 構成からサーバーレス環境、IoT に至るまで、AWS の各種サービスを実践的に学ぶことができます。さらに、AWS を利用するうえで重要なセキュリティや監視、Infrastructure as Code (IaC)、コストの考え方についても触れています。

　さあ、楽しい AWS の世界へ一緒に進んでいきましょう！

本書のサンプルコードのダウンロード方法

　本書に掲載しているコードはすべて GitHub で公開しています。次のリポジトリにアクセスし、ダウンロードしてください。

- aws-for-everyone｜GitHub
  https://github.com/classmethod/aws-for-everyone

クラスメソッドが運営する技術メディアサイト「Developers.IO」について

　本書の解説では、各所で参照記事として技術メディアサイト「Developers.IO」(https://dev.classmethod.jp/) のリンクを掲載しています。Developers.IO では本書著者陣をはじめとしたクラスメソッド株式会社の社員が、AWS はもちろん、モバイル、ビッグデータ、サーバーレスなどさまざまなトピックの記事を多数掲載しています。本書のリンク先には関連技術記事がありますので、参考にしてください。

本書サンプルの動作環境

本書のサンプルアプリケーションは、以下の環境で動作することを確認しています。

章・節	環境・言語・ ライブラリなど	バージョン
第2章 2.8節	OS	macOS Catalina 10.15
	AWS CLI	1.17.5
	Git	2.24.1
	Docker	19.03.8
第3章 3.2〜3.8節	OS	macOS Catalina 10.15
	ブラウザ	Google Chrome
	Vue.js	2.6.10
	Ionic/vue	0.0.4
	Node.js	12.14.1
第4章 4.1節	OS	macOS Mojave 10.14
	Python	3.7

目次

第1章 AWSの基礎知識

第2章 AWSで作るWebサービス

第**3**章 **サーバーレスプラットフォームで作る
モバイル向けアプリケーション**

 # AWSで作るデータの収集・可視化基盤

AWSの基礎知識

本章では、これからAWS（Amazon Web Services）を導入される方や、クラウドサービス初心者の方に向けて、身につけておきたい知識や前提条件について説明します。すでにAWSを利用されている方も、セキュリティ関連については復習として読んでおいてください。

1.1 クラウドとは

いまや身近なものになったクラウド。その起源と歴史、定義などについて解説します。
その急速に拡大したクラウドサービスについても詳しく見ていきます。

千葉 淳　*Jun Chiba*　Web https://dev.classmethod.jp/author/chiba-jun/

ITインフラの歴史
メインフレームからクラウドの時代へ

現在、私たちの生活や経済はITインフラなしには成り立ちません。ここで「ITインフラ」とはIT (情報技術) を活用するためのインフラストラクチャー (基盤) のことです。具体的には、サーバーやパソコン、LANやインターネット、データベースなどです。さらに、OSやWebブラウザなども含まれます。

逆にITインフラに含まれないのは、各企業向けのアプリケーションで、いわゆる業務アプリはITインフラには含めません。「情報システム」と言った場合、ITインフラと業務アプリ (業務システム) を合わせたものと捉えることが多いようです。

まずはITインフラの歴史をおさらいしておきましょう。その歴史は、集中型から分散型へ、そして分散型から集中型への繰り返しでした。1980年台はメインフレームや汎用機と呼ばれるコンピュータが大企業で利用されていました。1つの大型なコンピュータ上でさまざまな業務処理を行う集中型の時代です。特に銀行

や保険などの金融機関では重要な業務処理を行うコンピュータとして導入されていました。1台数億円という規模で、大手企業でしか導入できない時代がありました。

1990年代になると、オープン化の時代になります。いったい何がオープン化されたのでしょうか？ 1980年代は各ベンダー独自の仕様でコンピュータが開発され、とても高価でした。しかしWindowsやUNIXが登場してからはコンピュータの標準化が進みました。仕様の標準化によりコンピュータのコモディティ化が進み、コンピュータにかかるコストも下がりました。現在はIntelやAMDのCPU上でWindows、macOS、LinuxなどのOSが稼働しています。これがオープン化された結果です[注1]。サーバーをたくさん並べ、さまざまな製品を組み合わせ分散型のシステムが構築されました。

2000年代になるとコンピュータの性能が向上し、ハードウェアリソースが余り始めます。このリソースを有効活用するため、仮想化基盤導入の流れができました。VMware ESX/ESXi

---

注1　1990年代頃までは、WindowsやmacOSは、特定のメーカーのCPU上でしか稼働しませんでした。

やXenなどの仮想化基盤を導入し、1台のコンピュータ上で仮想的なハードウェアを構築してOSを稼働させます。1台のマシンで複数のシステムを動かす集中型のシステムにより、コスト効率が上がりました。

2010年代になると仮想化基盤がさらに進化し、クラウドの時代になります。今まで自前で行っていたハードウェアの調達から仮想化基盤の導入までをクラウドサービス事業者が集中的に管理するようになりました。利用者は、データセンター、電源、ネットワークなどの物理的なファシリティ管理から解放され、物理環境を意識せずにインフラの調達がすぐにできるようになりました。

現在では、ITインフラにとどまらず、AI、ビッグデータ、IoTなどの最新のテクノロジーを誰でも使えるようなクラウドサービスが登場しています。たとえば、音声認識のシステムを導入する場合、自前で導入するとかなりのコストが想定されます。しかしクラウドサービスを使えば誰でもすぐに導入できます。クラウドサービスの登場により、最新技術を誰でもより身近に利用できる素敵な世界になりました。

そして現在はIoTが加速し、ネットワークの末端、エッジでの処理が増え始めています。これは分散型と言えるでしょう。たとえば、自動運転などはエッジで機械学習モデルを実行して画像処理を行っています。また、ドライブレコーダーはエッジで画像処理を行いながら必要なデータをサーバーにアップロードしています。

2010年代の終わりの年である2019年の10月、Googleが量子コンピュータによって世界最速のスーパーコンピュータでも1万年かかる

とされる処理を200秒で実行したという発表がありました。実用化まで課題はありますが、近い将来、再び新しい集中型の世界が待っているかもしれません。

 AWSのはじまり

AWSは、世界最大のEC（電子商取引）サイトであるAmazonのとある取り組みから生まれました。

アメリカでは年末のクリスマスの時期、最大のトラフィックが生じます。普段買い物をしない人でも、クリスマスの時期にたくさんの買い物をするという文化がアメリカにはあります。サンタさんは1人の子供に対して10個以上のプレゼントを用意することもあるようです。そのためAmazonでは、クリスマスのトラフィックに合わせて物理サーバーを多数用意していました。このサーバーは普段利用されず、クリスマスの時期のみに利用されます。普段利用されていないサーバーを有効活用するためというのがAWSの始まりと言われています[注2]。

AWSは2006年3月14日、Amazon S3というデータストレージから始まりました。2006年8月25日にはAmazon EC2がリリースされています。その後、Amazon EBS、Amazon CloudFront、Amazon RDSが次々とリリースされ、現在の主軸となっています。Amazonの提供しているサービス群の一覧を表1に挙げておきます。

また、AWSの稼働地域として、2011年3月

注2 　『Amazonのすごいルール』佐藤将之著、宝島社、2018
https://tkj.jp/book/?cd=02824301

名称	正式名称	説明
Amazon S3	Amazon Simple Storage Service	クラウドストレージ
Amazon EC2	Amazon Elastic Compute Cloud	コンピューティング環境
Amazon EBS	Amazon Elastic Block Store	EC2環境で使用するストレージボリューム
Amazon CloudFront	同左	CDN（コンテンツ配信ネットワーク）サービス
Amazon RDS	Amazon Relational Database Service	リレーショナルデータベース
Amazon ECS	Amazon Elastic Container Service	コンテナオーケストレーション
Amazon SES	Amazon Simple Email Service	電子メール

表1 Amazon AWSの提供する主なサービス

2日東京リージョンが開設され、2019年現在は100以上のサービスが提供されています。

クラウドの定義

クラウドの特徴は電気の歴史にたとえられることがあります。

電気がない暮らしをみなさんは考えられるでしょうか？　照明のスイッチをオンにするだけで夜でも明るく暮らせる、音楽を聴いたりゲームをするなど、すべてにおいて電気が利用されています。現在、電気は使いたいときに使った分だけ料金を支払うのが一般的です。電力会社が発電所を運営し、電気提供に関わるインフラを管理しています。常に監視を行い、設備を保持し災害対策を含め電気を常に提供し社会を支えています。ITにおける電力会社がクラウドベンダーと言えるでしょう。

必要なときにサーバーリソースを利用できるように設備を整え、常に監視を行い、災害対策、セキュリティ対策を行い、安心してユーザーがITリソースを利用できるように提供しています。ユーザーは照明のスイッチをオンにするのと同じようにサーバーを起動できます。物理的なインフラを意識せずに、ビジネスに集中できるのがクラウド環境の特徴です。

では、具体的なクラウドの定義は何でしょうか？　NIST（アメリカ国立標準技術研究所）がクラウドコンピューティングについて詳しく定義しています[注3]。NISTの定義を参考にしながら、クラウドの特徴とサービスモデルについて見ていきましょう。

クラウドの特徴

NISTはクラウド（特にクラウドコンピューティング）の特徴として、次の5つを挙げています。

- オンデマンド・セルフサービス
- 幅広いネットワークアクセス
- リソースの共用
- スピーディな拡張性
- サービスが計測可能であること

この5つについて、それぞれ詳しく見ていきましょう。

オンデマンド・セルフサービス

1つ目の特徴は「オンデマンド・セルフサー

注3　NISTによるクラウドコンピューティングの定義（SP 800-145）｜経済産業省
https://www.meti.go.jp/policy/netsecurity/secdoc/contents/seccontents_000151.html

ビス」です。クラウドサービスは、ユーザーが利用したいときに利用できます。物理世界を意識せず、利用したいときに利用したいだけリソースを調達できます。また、人を介在せずにコンピューティングリソース（ネットワーク、サーバー、ストレージ、アプリケーション、サービス）をプロビジョニングできる（つまり「利用できる」）と定義されています。

申請書に必要事項を記入して申し込む形式ではなく、ボタンをクリックするだけで必要なリソースを利用できます。このため、オンプレミス環境（自社環境）ではハードウェアなどの調達に数週間から数か月かかっていましたが、開発環境が数時間で用意できるようになります。本番環境構築を1週間で構築することだって可能です。AWSではWebインターフェイスのマネジメントコンソール、各種プログラムで利用するためのSDK（ソフトウェア開発キット）が用意されています。

幅広いネットワークアクセス

2つ目の特徴は「幅広いネットワークアクセス」です。コンピューティングリソースへのアクセスはネットワーク経由でアクセスが前提となります。また端末を問わずラップトップ、スマートフォン、タブレット端末などからアクセスできます。リモートワークで仕事をするときでも、自宅からしかもセキュアに環境へのアクセスが可能になり、柔軟な働き方が可能になりました。AWSが提供している「AWS Consoleモバイルアプリ[注4]」を使えば、オフィスで作業しなくても

スマートフォンから状況の確認や操作も簡単にできます。

リソースの共用

3つ目の特徴は「リソースの共有」です。クラウドの先にはコンピュータリソース、つまり物理的な設備（ファシリティ）があります。目の前に物的な設備がないため忘れられがちですが、クラウドの先には必ずデータセンターとしてネットワーク、電源、空調、ラック、サーバー、ストレージが存在しています。さらに冗長化、耐震、セキュリティなどさまざまな考慮がなされ運用されています。この高度に設計され、集約したリソースを複数のユーザーで共有します。2019年のAWSの顧客数はグローバルで数百万、日本国内だけでも数十万とのことなので、想像できないようなマルチテナント[注5]環境が展開されています。

スピーディな拡張性

4つ目の特徴は「スピーディな拡張」です。クラウドの先には物理的なファシリティが存在していますが、普段利用しているとクラウドの先には物理が存在していないような感覚に陥ります。物理的な調達を意識せず、スピーディにリソースを確保できるためです。ソフトウェア的にリソースを拡張するため、スピーディに需要に応じてサーバーの追加や削除も可能になります。これも素晴らしいクラウドの特徴の1つです。AWSではサーバー1台を1分程度で起動することが可能です。

注4　https://aws.amazon.com/jp/console/mobile/

注5　マルチテナントとは、複数のユーザーあるいは企業が同じサービスを共有してリソースを節約し、コストの削減を図る方式のことです。

サービスが計測可能であること

　5つ目の特徴は「サービスが計測可能であること」です。オンプレミス環境では自前で監視環境を構築し計測を行っていました。AWSなどのクラウド環境ではこの計測環境がデフォルトで用意されています。たとえば、ロードバランサー機能を提供するELB（Elastic Load Balancer）というサービスがあります。ロードバランサーを作成すると、リクエスト数、レイテンシー、4XXや5XXのステータスコード数など、特に設定しなくてもグラフを取得できます。閾値を指定したアラーム設定も可能です。

クラウドのサービスモデル

　クラウドの特徴に続き、クラウドのサービスモデルについて取り上げます。クラウドのサービ

スモデルは、基本的にIaaS、PaaS、SaaSの3つに分類されます。ファシリティ、ハードウェア、仮想化基盤、OS、ミドルウェア、アプリケーションのどこまでをユーザー側で管理が必要かがポイントになります（図1）。

IaaS (Infrastructure as a Service)

　ファシリティ、ハードウェア、仮想化基盤までクラウドプロバイダ（クラウドサービス事業者）が提供します。ユーザーは、OS、ストレージやネットワークの管理権限と責任を持ちます。ストレージの容量が足りなくなれば拡張する必要があります。

　他にもOSユーザーの設定やミドルウェア、アプリケーションのデプロイ、ファイアウォールなどのネットワークセキュリティについても

| 図1 | クラウドのサービスモデル

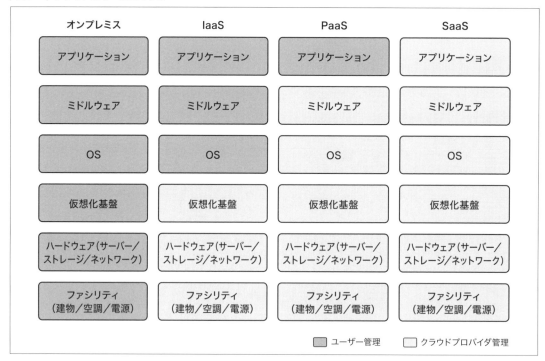

ユーザー側で対応する必要があります。AWSでのIaaSにあたるサービスは、Amazon EC2、Amazon EBS、Amazon VPCなどになります。

PaaS (Platform as a Service)

ファシリティ、ハードウェア、仮想化基盤、OS、ミドルウェアまでをクラウドプロバイダが提供します。ユーザーは開発したアプリケーションをデプロイするだけでサービスを提供できます。PaaSサービスがサポートする、プログラミング言語、デプロイツールを利用してカスタムアプリケーションを実行できます。

ハードウェアやネットワーク、OSを意識する必要がありません。たとえば、データベース機能を提供するAmazon RDSの場合、レプリケーションやバックアップを有効化するだけですぐに利用できます。ユーザー側のレプリケーションの仕組みやバックアップの仕組みを意識せずに利用できます。

データベースのアップデートやセキュリティアップデートについてもユーザーは適用させるオプションを選択するだけです。これはAWSが責任を持って機能を提供しているためです。AWSでのPaaSモデルにあたるサービスは、Amazon RDS、AWS Elastic Beanstalk、AWS Lambda、Amazon EKSなどになります。

SaaS (Software as a Service)

ファシリティ、ハードウェア、仮想化基盤、OS、ミドルウェア、アプリケーションまでをクラウドプロバイダが提供します。ユーザーからはアプリケーションしか見えません。SaaSで提供しているサービスの例としては、Gmail[注6]やSalesforce[注7]などがあります。

ユーザーはハードディスクなどのインフラやOSのセキュリティを意識せずに利用できます。Gmailのサーバーリソースやネットワーク帯域、可用性、冗長性、セキュリティなどを意識せずに利用しているケースが多いでしょう。AWSサービスでは、電子メールやカレンダーなどを管理するAmazon WorkMail、ファイル共有などを行えるAmazon WorkDocsがSaaSモデルになります。

 ## クラウドの物理な世界へ

AWSはグローバルに展開する物理的なインフラを所有しています。クラウド環境は物理環境を意識しなくても利用可能できますが、物理環境を理解することでより良い設計が可能になります。物理世界にディープダイブしていきましょう。

AWSはクラウドを提供するにあたって、世界的な物理インフラを構築しています。柔軟性、信頼性、拡張性が高くセキュアでハイパフォーマンスなグローバルネットワークを構築しています。Amazon VPCやAmazon EC2をなどを作成したときに、物理世界がどのようになっているか見ていきましょう。

Amazon VPCを作成するときは、リージョン (Region)、アベイラビリティーゾーン (Availability Zone：AZ) を選択します。リージョンとは、物理的なインフラを配置する地域のことです。

注6　https://mail.google.com/
注7　https://www.salesforce.com/

図2 ｜ AWS Global Infrastructure
出典：https://infrastructure.aws/ を元に作成

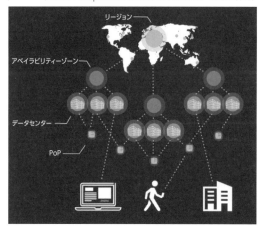

図3 ｜ AWS Global Infrastructure - Network
出典：https://infrastructure.aws/ を元に作成

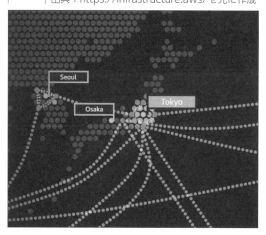

　たとえば、アメリカと日本にサーバーを配置できます。2020年2月現在、北アメリカ、南アメリカ、ヨーロッパ、アジア、太平洋、および中東に合計22箇所のリージョンが存在し、自由に選択できます。リージョンの中は、アベイラビリティーゾーンという複数のデータセンターで構成されています。アベイラビリティーゾーンは、地理、電源などのファシリティが完全に分離されたデータセンターです。1つのリージョンの中にデータセンターレベルの可用性を構築できます。このため、オンプレミスでは導入の敷居が高かったデータセンターレベル、さらには国レベルでの可用性、耐久性を誰でも手に入れることができるようになりました。

　データのバックアップのみ別のリージョンに保管したり、サイトをリージョンレベルで冗長化したりすることも可能です。また、ユーザーの一番近い場所にPoP（Points of Presence）が存在します。PoPとは、エッジロケーションとリージョナルで構成されたサーバー群です。エッジロケーションでは、Amazon Route 53（DNS）、Amazon CloudFront（CDN注8）、AWS WAF（WAF）、AWS Shield（DDoS対策）が提供されています。

　PoPは世界で185箇所以上存在し、ユーザーに近い場所で処理を行います。特にCDNとして動画やWebをエッジでキャッシュするので、現在提供しているWebサーバーの負荷軽減やアクセスの急増といったスパイク対策も可能です。CDNはオンプレミスで稼働しているサーバーにも適用でき、CDNだけをAWSで稼働させられます（図2）。

　AWSでは、高信頼性、低遅延かつ高スループットのグローバルネットワークを構築し、このネットワークをベースにクラウドを提供しています（図3）。100Gbpsのネットワークを数十本所有し、海底ケーブルで地球一周カバーし、リージョン間の高速なネットワークを実現しています。また、既存のデーターセンターからAWSク

注8　CDNはContent Delivery Network（コンテンツデリバリーネットワーク）の略語で、各種リソースの最新データを効率的に配信するための仕組みです。

図4　AWS Global Infrastructure - Custom Hardware
出典：https://infrastructure.aws/ を元に作成

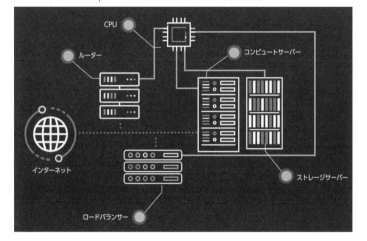

ラウドへ直接ネットワーク接続するAWS Direct Connectというサービスも提供しています。

　このようにAWSではさまざまなオプションを用意しており、柔軟なネットワークの導入が可能です。

　AWSのクラウド環境は、Amazon独自のカスタムハードウェア上に構築されています（**図4**）。コンピューティングサーバー、ストレージサーバー、ロードバランサー、ルーターはそれぞれAWSに最適化されています。可用性、信頼性、パフォーマンス、電力効率、セキュリティが向上しており、コスト効率が高いハードウェアです。

　もう少し具体的に見ていきましょう。AWSはもともと仮想化ソフトウェアXenをベースとしたハイパーバイザーを利用していたのですが、2017年11月からは新しい仮想化基盤であるAWS Nitro System[注9]でも稼働するようになりました。Nitro System は、AWSが再設計した

独自のハードウェアとKVM[注10]ベースのハイパーバイザーで構成されています。なお、Amazon EC2ファミリーで最も廉価なのは「T3」インスタンスでNitro Systemで動作します[注11]。

　一般的にハイパーバイザーの機能はソフトウェアで実装されますが、Nitro System ではハイパーバイザーの機能をハードウェアにオフロードすることで高速な処理を実現しています。VPCに関わる通信パケットのカプセル化、ルーティング、セキュリティグループの機能もハードウェアにオフロードされています。

責任共有モデル

　クラウドを利用する場合、クラウドサービス提供者と利用者の責任範囲に関する理解が不可欠です。この関係は、AWSでは「責任共有モデル」で表現され、システムの責任をAWSと利用者で切り分けています（**図5**）。

　利用者はクラウド内のセキュリティに責任を持ち、AWSはクラウド自体のセキュリティに責任を持ちます。たとえば、IaaSに分類されるAmazon EC2の場合は以下のようになります。

注9　AWS Nitro System | Amazon Web Services
https://aws.amazon.com/jp/ec2/nitro/

注10　KVMは、Kernel-based Virtual Machine（カーネルベースの仮想マシン）の略で、Linuxに搭載されているオープンソースの仮想化技術です。KVMを使うとLinux環境で複数の仮想化環境を稼働できます。

注11　https://docs.aws.amazon.com/ja_jp/AWSEC2/latest/UserGuide/instance-types.html#ec2-nitro-instances

AWSの責任（クラウドのセキュリティ責任）

- 設備
- ハードウェアの物理的セキュリティ
- ネットワークインフラストラクチャ
- 仮想化インフラストラクチャ

利用者の責任（クラウド内のセキュリティ責任）

- Amazonマシンイメージ（マシンイメージの利用や管理）
- オペレーティングシステム（更新やセキュリティパッチなど）
- アプリケーション（アプリケーションのデプロイや脆弱性管理など）
- ネットワーク設定（ファイアウォールの設定やパブリック通信、プライベート通信などのアクセス制御）
- 送信中のデータ（通信の暗号化など）

- 保管中のデータ（データの暗号化やバックアップの取得など）
- データストア
- 認証情報
- ポリシーと設定
- アカウント管理

　AWSにはIaaS以外に、データベース機能を提供するAmazon RDSのようなPaaSサービス、電子メール機能やカレンダー機能を提供するAmazon WorkMailなどのSaaSサービスも存在します。AWSでは、PaaSサービスとSaaSサービスを「マネージドサービス」と呼びます。

　マネージドサービスを積極的に活用することで運用負荷が減り、ビジネスに集中できるようになります。各サービスで責任範囲が変わってくるので利用する前に確認しておきましょう。

図5　責任共有モデル
出典：https://aws.amazon.com/jp/compliance/shared-responsibility-modelの図を元に作成。一部文言改変

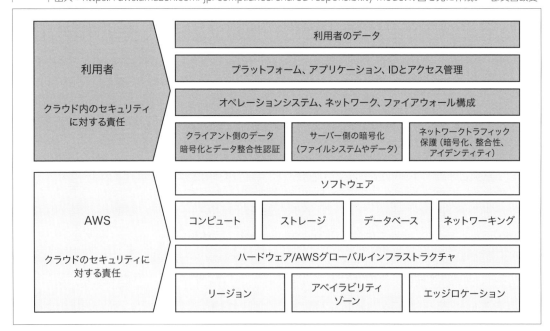

1.2　AWSのベストプラクティス

AWSを活用するために是非参照しておきたいのが「AWS Well-Architectedフレームワーク」です。ここではそのエッセンスを紹介します。

千葉 淳　*Jun Chiba*　Web https://dev.classmethod.jp/author/chiba-jun/

AWS Well-Architectedフレームワーク

　自信を持ってAWSを導入するには何を考慮しないといけないでしょうか?

　少し考えただけでも、システムが落ちないよう可用性に配慮したアーキテクチャ、さまざまな監視から障害を検知、復旧するまでの手順を準備するなど、検討すべき点は多岐にわたります。さらに、オンプレミス環境では存在しなかった新サービスの取り込み、従量課金制のためコストマネジメント、AWSに関するログの取得など新たなタスクについても検討が必要となります。

　AWSを利用するためのベストプラクティスとしてまとめた「AWS Well-Architectedフレームワーク」注1(以下、Well-Architectedフレームワーク)を活用することで、無理や無駄をなくしつつ導入することができます。このフレームワークは、要件定義へのインプット、設計中のインプット、現環境見直しのインプットなどさま

ざまなフェーズで利用できます。

　Well-ArchitectedフレームワークはAWSのソリューションアーキテクトが数多くの経験を重ねつつ、作り上げられました。グローバルで数百万の顧客実績があり、業種や規模問わず対応してきたベストプラクティスがまとまっています。Well-Architectedフレームワークは、「ホワイトペーパー」「Well-Architected Tool」「支援するソリューションアーキテクト」の3つから構成されます(図1)。

　本書では、フレームワークの5本の柱からホワイトペーパーを深堀りしていきます。5本の柱とはWell-Architectedを体系立てる基本的な考えで、「運用上の優秀性」「セキュリティ」「信頼性」「パフォーマンス効率」「コスト最適化」から構成されます。この5本の柱を軸に、設計の原則、ベストプラクティスという形でまとめられています。5本の柱について見ていく前にその前提となる「一般的な設計の原則」について見ていきましょう。

 一般的な設計の原則

　設計にあたり、クラウドに関する一般的な設

注1　AWS Well-Architected | Amazon Web Services https://aws.amazon.com/jp/architecture/well-architected/

| 図1 | AWS Well-Architectedフレームワークの構成要素

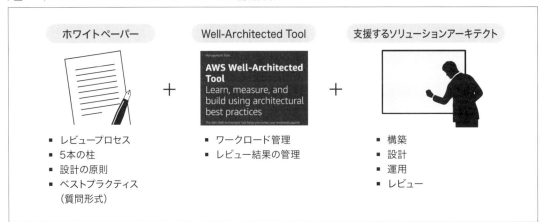

計の原則について理解しておく必要があります。これは、オンプレミス環境での考え方をそのまま適用できない部分であり、頭の切り替えが必要になります。

クラウドの大きな特徴として、すぐに環境を用意できること、不要になれば削除可能なこと、環境構築の自動化が可能な点があります。これらの特徴を生かしつつ設計を行うことでメリットを最大限享受できます。

たとえばオンプレミスでは、サーバーやネットワーク機器などのハードウェアを購入する必要があり、需要予測をもとに台数やスペックを決定し調達します。ハードウェアの調達には時間がかかるため、安全率を掛けて余裕を持って購入することもあります。時間と労力をかけて調達しても、想定外の環境変化により不足したり余剰が発生したりします。

しかしクラウドでは、ハードウェア調達のための机上予測に時間をかけることはなくなり、実際に稼働させてスペックを決定します。この結果、無駄のない調達が可能になり、設計の時間も減ります。

また、本番環境とまったく同じテスト環境を作ってテストすることも可能になります。テストが終わったらシステムを削除または停止するだけなので無駄なコストも発生しません。さらに環境の構築自動化も可能なため、簡単に再現性のある環境を構築できます。これで作業手順書を作成する手間やリリース時の人的ミスを減らせます。

さまざまなメトリクスやログを取得する基盤も用意されているため、ユーザーの行動分析、必要なインフラリソースの予測といったデータをもとに意思決定ができるようになります。

最後にゲームデー[注2]を設けて障害発生時に備えることで緊急時の対応に備えます。たとえば、AWSのアベイラビリティーゾーン障害を想定した訓練が考えられます。バックアップからのリストアが可能かなども確認しておくとよいでしょう。

クラウド全般についての一般的な設計原則をまとめておきます。

注2　ゲームデーとは、障害発生が発生したときの対応を集中的に確認する作業のことです。

- 実際に稼働して計測し、確実なキャパシティ設計をする
- 本番環境と同じスペックおよび構成でテストし、リリース後の障害発生を減らす
- 環境構築は自動化し、再現性を高める
- データを収集しデータに基づいた意思決定を行う
- 頻繁にデプロイしてリスクを減らす
- ゲームデーを利用して緊急事態に備える

以降でいよいよ、5本の柱を順に見ていきましょう。

🗁 運用上の優秀性

運用は重要です。運用を考慮していない場合、サービスリリース後にトラブルが発生したりリカバリに労力を費やすことになります。

また、安定的にサービスを提供するというビジネス価値の提供としても重要な部分になります。オンプレミスの場合は、計画を立て、手順を作成してリリースするという方式が一般的です。事前にリリーステストや切り戻しテストを行って本番に備えます。規模が大きいリリースだと24時間にもわたるケースもあります。作業工程も膨大で、さまざまな部署との整合性や人的ミスなど多くのリスクが存在します。準備をしっかりしていたのに、本番環境で手順をミスし障害になるケースもあります。

クラウドでは、オンラインでのリリースの仕組みやインフラをコードで管理する仕組みがあります。そのため、小規模なリリースを頻繁に行ったり、再現性の高いリリースを行えます。ステージング環境でのリリース確認を行えば、本番環境へのリリースのリスクを低減できます。

AWS自体も日々、機能アップデートや新サービスを出していますが、リリースのために使えない時間帯や制限事項はありません。24時間365日利用できます。これはアプリケーションコードの管理手法をインフラに適用することで実現されています。ユーザーはGitなどのリポジトリを利用したコード管理をベースに、AWSレイヤーのコード化、OSやミドルウェアレイヤーのコード化、リリース手順のコード化を行います。それにより知見がコードに集約し、再現性が高くなります。

さらにリポジトリを利用することで設計などのドキュメントに関してもコードと一緒に管理できます。ドキュメントの反映漏れを減らすことができ、履歴についてもコードと一緒に管理できます。オンプレミスの場合は、設計書と手順書、環境がバラバラに管理され一貫性を保つのが難しかったのですが、クラウドではこの大きな課題を効率的に解決する基盤があります。

リリース規模を小さくすることで元の状態に戻す「切り戻し」も簡単に行えます。コードで管理しているためリリース手順の見直しやテストがしやすくなります[注3]。

運用上の優秀性についての設計原則をまとめます。

- 運用をコードとして実行する
- ドキュメントをコードと一緒に管理する
- 小規模なリリースを頻繁にし、戻せるようにする

注3 本書の第2章以降で、コードで管理するということを実際に体験できます。

- 定期的に運用手順を見直す
- 障害を予想し、準備する
- 運用上のすべての障害から学ぶ

🗌 コスト最適化

　オンプレミスでは事前に見積もりを行い、ハードウェアを調達していました。そのため、コストは固定的で、導入後は月次での費用確認をすることはありません。しかし、クラウドは利用した分支払う従量課金制となります。環境を急遽(きょ)構築する、テレビ放映のためにリソースを増強するなど柔軟にアーキテクチャの変更が可能なため、コスト変化が起こりやすくなります。そのため、費用は常に追跡し、必要に応じてアラームを設定するなどして状況を把握する必要があります。

　従量課金制を利用することで費用節約も可能です。たとえば開発環境などは夜間利用しないことがほとんどであるため、24時間中8時間停止するとコストを3分の2に抑えることができます。

　需要のピークに合わせてサーバーを用意するのではなく、ピーク時に自動的にサーバーを増設する方法も有効です。たとえば、通常は2台構成で夜の時間帯だけ4台のような構成や、CPU負荷をベースにサーバーを自動的にスケールアウトさせることも可能です。需要をベースにすることでコストを最適化するようにしてください。

　購入オプションについても理解を深めておきましょう。従量課金のオンデマンドに加え、インスタンスに対して1年または3年間の利用をコミットする「リザーブドインスタンス」[注4]、1時間あたりの利用料に対して1年から3年間の利用をコミットする「Savings Plans」[注5]があります。事前に利用をコミットするリザーブドインスタンス、Savings Plansの料金は最大75%割引されます。Savings Plansは2019年11月に登場した新しい購入オプションで、インスタンスタイプを意識せずに購入できるため、現在購入を検討している場合はSavings Plansを選択するとよいでしょう。事前コミットのオプションの他にも、AWSで利用されていないリソースに対して入札形式で購入するスポットインスタンス[注6]があります。

　また、Amazon RDSやAmazon SESなどのマネージドサービスを積極的に活用することで、コスト削減や人件費削減ができます。マネージドサービスを利用することで、OSやミドルウェア、可用性、耐久性、スケーラビリティ、パッチ適用などの管理から解放されます。運用には人件費がかかりますが、この人件費をビジネス価値の提供に集中させることができます。

　コスト最適化についての設計原則をまとめておきます。

- 費用を追跡する、必要に応じてアラームを設定する
- 不要な時間は停止する
- 需要に合わせたリソース最適化を行う

注4　https://aws.amazon.com/jp/ec2/pricing/reserved-instances/

注5　https://aws.amazon.com/jp/about-aws/whats-new/2019/11/introducing-savings-plans/

注6　https://docs.amazon.com/ja_jp/AWSEC2/latest/UserGuide/using-spot-instances.html

- マネージドサービスを積極的に活用する
- 購入オプションを活用しコスト削減をする

信頼性

AWSでは、サーバーが突然落ちるかもしれない、データセンターが突然停止するかもしれないという前提で設計します。この考えは「故障のための設計（Design for Failure）」と呼ばれています。

壊れないものなどないという前提で考えることはとても合理的です。これに加えユーザーの増加、データ容量の増加によって処理能力が限界を迎えることもあります。適切に環境をモニタリングし正常に稼働しているかチェックし、障害を検知した場合は対処を行います。さまざまな事象を考慮し、サービスをいかに継続させるかが信頼性になります。一般的なWebシステムの信頼性を考慮した構成図を図2に示します。

RPO（Recovery Point Objective：目標復旧時点）とRTO（Recovery Time Objective：目標復旧時間）を定義することも重要です。RPOはどれくらい前の状態に戻せるか、RTOは障害発生からどれくらいの時間で復旧させる

図2 | **一般的な冗長構成の図**

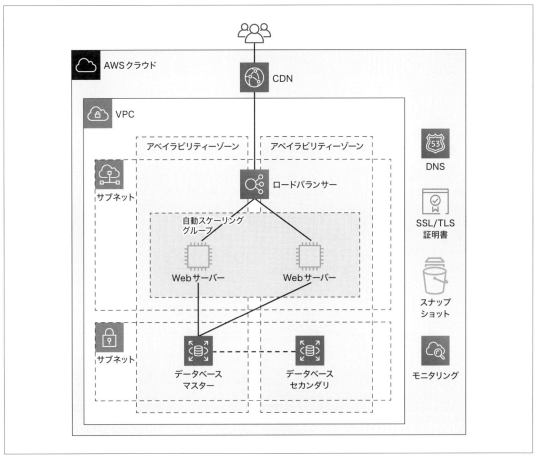

かという指標です。信頼性を高めるにはコスト
もかかります。どこまで高めればいいかをRPO
とRTOで決定します。たとえば、RPOを1時間
と定義した場合は1時間ごとにバックアップを
取得する必要があります。RTOを15分と定義
した場合、人で対応するのは難しいので自動復
旧する構成を考えます。

　AWSの制限事項についても考慮が必要で
す。AWSでは誤って必要以上のリソースが利
用できないよう制限を設けています。たとえば、
操作ミスにより1,000台起動してしまわないよ
うにAmazon EC2に対して起動上限が設けら
れています。この上限は緩和可能です。上限に
抵触しないようチェックを行い、必要に応じて
上限緩和申請を行います。

　信頼性についてのベストプラクティスは、こ
こで解説していないものも含め、以下のように
なります。

- Multi-AZ：データセンターレベルでの冗長
  化を行うことでAZ（アベイラビリティーゾー
  ン）レベルでの耐障害性の向上
- Multi-Region：地域レベルでのDR（ディ
  ザスターリカバリ）を行うことでの耐障害性
  の向上
- ELB：Webサーバーの冗長性による耐障害
  性の向上
- AutoScaling：サーバーの自動的なスケー
  ルアウト、スケールインによる自動復旧と適
  切なリソース調達
- リソースのモニタリング：正常性の確認と障
  害の検知
- バックアップリストア：データ消失に備えた

バックアップの取得とリストア手段の確立
- RTO/RPO：適切なレベルのアーキテクチャ
  設計
- AWSの制限：監視と管理、適切な上限緩和
  申請

パフォーマンス効率

　AWSのサービス総数は100以上にもなりま
す（図3）。ストレージサービスだけでも複数
あります。主なものだけでも、Amazon EBS、
Amazon EFS、Amazon S3 Glacier、AWS
Storage Gatewayがあります（それぞれ後述し
ます）。それぞれのサービスの特徴や特性を理
解し選択することでパフォーマンス効率が上が
ります。また、既存のアーキテクチャに新しい
サービスを取り込んでパフォーマンスを改善す
ることも可能です。

　以下では、コンピューティング、ストレージ、
データベース、ネットワークの主要なサービス
について特徴を整理します。

コンピューティング

　コンピューティングに関する主なサービス
は、インスタンス、コンテナ、ファンクションの
3種に分けられます。

　インスタンスを提供するAmazon EC2は、
数クリックで仮想マシンを起動するサービスで
す。仮想マシンのオプションとして、汎用的な
インスタンス、GPU処理が高いインスタンス、
ベアメタルインスタンスなどを柔軟に選択でき
ます。

　コンテナについては、マネージドなKuber
netes環境であるAmazon EKS（Elastic Kube

| 図3 | AWSサービス一覧 出典：https://aws.amazon.com/jp/about-aws/

 rnetes Service)、AWS独自のマネージドなコンテナオーケストレーションサービスのAmazon ECS (Elastic Container Service) があります。Amazon ECSのデータプレーンにはAWS Fargateを選択できます。Fargateは完全マネージドでコンテナを起動できるサービスで、Amazon EC2のようにCPUやメモリを選択しコンテナを起動できます。

ファンクションのAWS Lambdaは、コードをデプロイするだけで実行できる環境です。サーバーメンテナンスが不要なサーバーレス環境であり、イベントをトリガーに処理を行います。ただし、処理の実行時間に上限があり、ずっと起動して利用するような使い方はできません。

一般的な仮想マシンを利用したい場合は「インスタンス」、変化が激しいアプリケーションや

複数チームでマイクロサービスアーキテクチャ
を運営する場合は「コンテナ」、起動停止など
のちょっとした運用コードからサーバーレス
アーキテクチャについては「ファンクション」を
選択します。ただし、チーム体制やチームスキ
ルに依存する部分も多く、アプリケーションの
特性も考慮して選択する必要があります。

ストレージ

次の4つの観点からサービスを選択します。

- **アクセス方法**：ブロック、ファイル、オブジェ
  クト
- **アクセスパターン**：ランダム、シーケンシャル
- **アクセス頻度**：オンライン、オフライン、アー
  カイブ
- **耐久性**

Amazon EC2から直接マウントして利用
するブロックストレージであるAmazon EBS
(Elastic Block Store)、NFSプロトコルでアク
セス可能な共有ストレージとしてのAmazon
EFS (Elastic File System)、ディザスタリカバ
リなどのバックアップで利用するAWS Storage
Gateway、テープを利用することによりバック
アップデータを低価格で保存できるAmazon
S3 Glacierがあります。Amazon S3 (Simple
Storage Service) は容量に関係なくデータを保
存します。それぞれバックアップ方法が異なる
ので導入時に運用も考慮しましょう。

データベース

データベースの選択にあたっては、可用
性、整合性、パーティション対応性、レイテン
シー、耐久性、スケーラビリティ、クエリ機能
のどれを優先するかよく検討します。トランザ
クション処理や柔軟なクエリが必要であれば
Amazon RDS、KVSで低レイテンシーであ
ればAmazon DynamoDB、セッション保存
などキャッシュとして高速なデータ処理が必
要であればAmazon ElastiCache、分析用の
データウェアハウスを使いたい場合はAmazon
Redshiftを選択できます。

ネットワーク

ネットワークの選択時には、レイテンシーや
スループット、オンプレミスからの接続する
ためのロケーションに関する考慮が必要です。
Amazon EC2はインスタンスの種類によって
スループットが異なります。高い処理性能が
必要な場合は、より大きなインスタンスを選択
する必要があります。拡張ネットワーキングに
対応しているインスタンスを選択すると最大
100Gbpsの速度がサポートされます。

全世界に配置されているエッジロケーション
(サービス提供サーバー) を利用するAmazon
S3 Transfer AccelerationやAmazon Cloud
Frontを利用することでネットワークの最適化
やエッジでのキャッシュを利用した低レイテ
ンシーでのデータ転送が可能になります。仮
想ネットワーク環境を提供するAmazon VPC
(Virtual Private Cloud) と各拠点を接続する
場合はAWS Direct Connect (専用ネットワー
ク接続) が使えます。

セキュリティ

さまざまな脅威に対してリスク評価とリスク

軽減施策を行ってビジネス価値を維持します。AWSの責任共有モデルに則って、AWSはファシリティ、ハードウェア、仮想化基盤に対するセキュリティ責任、利用者は各AWSサービスの設定、OS、アプリケーション、通信データや保管データの保護、認証情報に対する責任を持ちます。

　たとえば、「S3に配置した非公開情報を誤って公開してしまった」場合はAWSサービスの設定にあたり、利用者で対策を行う必要があります。では、どのように対策を行えばよいでしょうか？

　セキュリティ対策を行う際の基本的な考え方は**多層防御**です。いろいろなレイヤーで防御策を講じてセキュリティリスクを軽減します。ホームセキュリティを例に考えてみましょう。

　悪意を持った人が家に侵入し情報を盗もうとしています。考えられる対策としては、入り口に鍵をかける（認証情報管理）、監視カメラで監視しアラートを通知する（監視）、カメラの映像を確認する（ログ保管）、情報を暗号化する（データ保護）、事前に脆弱な箇所をチェックし是正（脆弱性管理）することが考えられます。盗まれたあとに銀行やクレジットカードを停止するなど、事故発生後の手順を準備しておくことも大切です（インシデント対応）。

　セキュリティに関するイメージができたところでAWSにおける認証情報の管理、データ保護、監視、ログ保管、インシデント対応についてそれぞれ見ていきます。

認証情報の管理

　認証情報の管理について具体的な対策は、

IAM（Identity and Access Management）の適切な権限管理、多要素認証の有効化、パスワード強化、ユーザーごとにIAMユーザーを作成する（認証情報を共有しない）が挙げられます。退職などによって利用していないユーザーがいないかどうか定期的な点検（棚卸し）が必要になります。

データ保護

　データ保護のための暗号化手法としては、HTTPSによる通信の暗号化、カスタムアプリケーションでデータを暗号化するクライアントサイド暗号化、AWS側の機能で透過的に暗号化するサーバーサイド暗号化があります。機密レベルに基づいたデータ暗号化方式を選択してください。

　また、削除処理に対するデータ保護としてはバックアップの取得、Amazon S3のバージョニング機能の利用があります。脆弱性管理の手法としては、定期的な脆弱性スキャンとパッチ適用、ペネトレーションテスト[注7]、仮想パッチ[注8]製品の導入が考えられます。

監視とログ管理

　監視とログ管理については、さまざまな機能が提供されています。Amazon CloudTrailはAWSの監査ログを取得します。Amazon VPC、ELB、Amazon S3などのAWSサービスや

注7　ペネトレーションテストとは、システムに対して実際に侵入を試みて、脆弱性がないかどうかを検査するテスト。「侵入テスト」とも呼ばれています。

注8　仮想パッチは、システムに脆弱性が見つかった場合に、セキュリティパッチが供給されるまでの間、システムへの攻撃を防ぐ技術・手法のことです。

ELBからログを取得することもできます。AWS Configを使えば構成変更ログを取得できます。Amazon GuardDutyは、悪意のある操作や不正な動作を継続的にモニタリングしてくれます。

　これらのサービスを組み合わせて活用すれば、AWSをよりセキュアに利用できます。ここで取り上げたセキュリティに関するものをすべて導入するとコストが増し、運用面での制約が生じる可能性があります。それぞれの組織レベル、扱う機密データレベルによって取捨選択する必要があります。

　次節「1.3 最低限押さえておくべきアカウント開設時のセキュリティ」では、具体的に取り上げていますのでそちらも参照してください。

セキュリティのベストプラクティス

　本節の最後に、セキュリティについてのベストプラクティスをまとめておきます。

- 認証情報の管理
  - IAMの適切な権限管理
  - 多要素認証の有効化
  - パスワード強化
  - 利用者ごとにIAMユーザーを作成する（認証情報を共有しない）
  - 不要ユーザーの削除（定期的な棚卸し）
- データの保護
  - データの暗号化
  - 通信の暗号化
  - Amazon S3のバージョン管理
  - データのバックアップ
- 脆弱性管理
  - 脆弱性スキャン

- ペネトレーションテスト
- パッチ適用
- 仮想パッチ
- 監視とログ管理
  - 監査ログの取得：Amazon CloudTrail、AWS Config
  - AWSサービスのログ取得：Amazon S3、ELB、Amazon CloudFront、Amazon VPCなど
  - 脅威の検知：Amazon GuardDuty
- インシデント発生時のプロセスを準備

　運用上の優位性、コスト最適化、信頼性、パフォーマンス効率、セキュリティの柱に関してベストプラクティスを取り上げました。本書で取り上げた内容は、AWS Well-Architectedのほんの一部となっています。是非、AWS Well-Architectedホワイトペーパーをダウンロードして確認し、設計のインプットや既存環境の見直しに活用してください。

1.3 最低限押さえておくべき アカウント開設時のセキュリティ

この節ではAWSを利用するときに、最低限知っておくべき知識、必要になるセキュリティの設定について解説します。

臼田 佳祐　*Keisuke Usuda*　Web https://dev.classmethod.jp/author/usuda-keisuke/

 AWSセキュリティの概要

AWSはセキュリティ的に安全なのか

AWSを導入するときによく問題となるテーマの1つに「AWSは安全なのか」というものがあります。2006年のAWS公開からすでに10数年経ち、もはや説明不要なまでにエビデンスは揃っていますが、AWSはさまざまな観点から安全であると言うことができます。ここではAWSクラウドセキュリティを含むいくつかのドキュメントから抜粋してみます。

AWSクラウドセキュリティ

クラウドセキュリティはAWSの最優先事項と言われています。これはAWSのサイトで公開されている「AWSクラウドセキュリティ」[注1]にも明記されています。

AWSを利用するときのセキュリティの利点は様々ありますが、このドキュメントでは大きく次のものを取り上げています。

- データの保護
- コンプライアンスの要件に準拠
- コスト削減
- 迅速なスケーリング

物理的なデータセンターの保護は非常に強力で、適切にプライバシーを保護しています。これは「AWSデータセンター」[注2]のページで確認できます。また、AWSはさまざまなコンプライアンス要件に準拠しており、「AWSコンプライアンス」[注3]のページで確認できます。たとえば、以下の基準・規格やコンプライアンス要件に準拠しています。

- PCI DSS[注4]：クレジット業界におけるグローバルセキュリティ基準
- ISO/IEC 27001[注5]：セキュリティ管理のベ

注1　https://aws.amazon.com/jp/security/

注2　https://aws.amazon.com/jp/compliance/data-center/

注3　https://aws.amazon.com/jp/compliance/

注4　PCI DSS (Payment Card Industry Data Security Standard：PCIデータセキュリティスタンダード) https://www.jcdsc.org/pci_dss.php

注5　https://www.jqa.jp/service_list/management/service/iso27001/

ストプラクティスと包括的なセキュリティ制御を規定したセキュリティ管理標準

- SOC（System & Organization Control）：監査統制レポートや全般的統制レポートなどのコンプライアンスやセキュリティ運用に関する監査レポート
- FISCガイドライン[注6]：金融情報システムセンター（FISC）が作成した安全対策基準・解説書
- HIPAA[注7]：米国における医療保険の相互運用性と説明責任に関する法令

「AWSコンプライアンス」のページでは、ユーザーが自身のサービスでこれらの要件を満たすために必要な情報も提供しています。

必要に応じて柔軟に構成を変更できるため、コスト削減や迅速なスケーリングにもつながります。

これらのドキュメントを一読するだけでも、セキュリティを向上するための仕組みがいろいろあることを理解できます。

責任共有モデル

先述したように、AWSは責任共有モデル[注8]という形で明確にセキュリティの責任範囲を定義しています。そして、ユーザーが責任を持つ範囲をきちんと示しています（18ページの**図5**を参照）。

物理的なインフラストラクチャはAWSが責任を持つ範囲となっていて、ユーザーはこの部分の考慮は必要ありません。自身が作成するアプリケーションのセキュリティに集中できます。また、利用するAWSサービスによっては、OSおよびネットワークレイヤーなどもAWSが責任を負います。たとえばAmazon S3やAmazon DynamoDBなどはAPIベースでアクセスして利用することになり、AWSの責任となります。

一方、用意されているセキュリティ機能や設定を適切に利用するのはユーザー責任となっています。これらを適切に利用することが重要です。

日本国内の導入事例

実際にAWSのセキュリティに対する取り組みが適切に評価されていることは、国内の顧客の導入事例[注9]にもあるように先行事例から読み取れます。

顧客はスタートアップに留まらず、エンタープライズや金融・医療・政府・教育とありとあらゆる業態で採用されています。これらの事例を見たらAWSのセキュリティが不安になることはないでしょう。

AWSセキュリティの考え方

AWSを利用するときのセキュリティの観点は大きく2つあります。1つはAWS上のセキュリティ対策、もう1つはAWS上に構築するアプリケーションのセキュリティ対策です。

注6 https://www.fisc.or.jp/publication/guideline_pdf.php

注7 Health Information Privacy | HHS.gov https://www.hhs.gov/hipaa/index.html

注8 https://aws.amazon.com/jp/compliance/shared-responsibility-model/

注9 https://aws.amazon.com/jp/solutions/case-studies-jp/

前者はAWS特有の対策であるため、きちんと新しく学習する必要がありますが、後者はオンプレミスと基本的な考え方は同じです。また、AWSには優れたマネージドサービスが多数あり、これらを使用することによりオンプレミスよりも格段にセキュリティを確保しやすくなっています。

以下では特に前者のAWS上のセキュリティ対策について、アカウント開設時から必要なものを抽出して解説します。

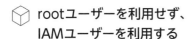

アカウント開設時のセキュリティ

AWSを使い始めるときに、最低限必要な設定について紹介します。アカウント開設時にセキュリティを強化するには以下の項目に従ってください。

- rootユーザーを利用せず、IAMユーザーを利用する
- AWS CloudTrailを有効化する
- AWS Configを有効化する
- Amazon GuardDutyを有効化する

rootユーザーを利用せず、IAMユーザーを利用する

AWSを利用するときに一番最初に行う作業は「rootユーザーからIAMユーザーを作成する」ことです。rootユーザーとは、AWSアカウント開設時に作成されるユーザーで、メールアドレスとパスワードを利用してログインします。このユーザーは権限が非常に強く、通常利用が推奨されません。代わりに利用するユーザーが

IAMユーザーです。IAMはAWS Identity and Management[注10]というAWSのサービスの1つで、AWS利用における認証認可を行います。IAMでユーザーを作成すればrootユーザーと同じようにAWSを利用でき、かつ権限管理が可能です。

MFAの設定

まず、MFA（Multi-Factor Authentication：多要素認証）の設定を行います。AWSマネジメントコンソールはインターネット上のどこからでもアクセスできてしまうため、MFAの利用は必須です。AWSで利用できるMFAにはいくつか種類がありますが、簡単に利用できるのは「仮想MFAデバイス」です。スマートフォンなどのアプリで簡単に設定して利用できます。

設定手順は次のとおりです。

1. ブラウザからログイン画面へアクセスし、rootユーザー（メールアドレスとパスワード）でAWSマネジメントコンソールへログインします。
2. ログインしたらrootユーザーでMFAを設定します。右上のアカウント名をクリックして、[My Security Credentials]（日本語では[マイセキュリティ資格情報]）を選択します。[多要素認証（MFA）]の[MFAの有効化]をクリックし、表示されたダイアログボックスから[仮想MFAデバイス]などを選択します。

以降の詳細な手順については、「仮想Multi-

注10　https://aws.amazon.com/jp/iam/

Factor Authentication（MFA）デバイスの有効化（コンソール）」注11のページを参照してください。

IAMユーザーの作成

MFAの設定が完了したら、IAMユーザーを作成します。

1. AWSマネジメントコンソールでIAMへアクセスし、IAMコンソールの左側のメニューから［ユーザー］を選択します。
2. ［ユーザーを追加］をクリックし、［ユーザー名］に適当なユーザー名を入力し、［AWSマネジメントコンソールへのアクセス］にチェックを入れます。必要に応じて「プログラムによるアクセス」にもチェックを入れます。［次のステップ：アクセス権限］ボタンをクリックします。
3. アクセス権限の設定画面では、初めから用意されているAdministratorAccessというIAMポリシー（権限）を付与します。［既存のポリシーを直接アタッチ］からアタッチしてもいいのですが、AdministratorAccessをアタッチしたIAMグループを作成し、そのグループにIAMユーザーを追加することを推奨します。［次のステップ：タグ］ボタンをクリックします。
4. IAMタグの追加はデフォルトのまま［次のステップ：確認］ボタンをクリックします。
5. 確認画面が表示されます。内容を確認したら

［ユーザーの作成］ボタンをクリックします。

6. IAMユーザーを作成したら、IAMのコンソールの［ダッシュボード］をクリックし、IAMユーザーのサインインリンクを控えておきます。
7. rootユーザーからログアウトして、サインインリンクをクリックしてIAMユーザーでログインし直します。IAMユーザーでも同様にMFAを設定します。IAMユーザーでの設定を行う場合は、画面右上のIAMユーザー名をクリックし、メニューから［マイセキュリティ資格情報］を選択します。［MFAデバイスの割り当て］項目を設定していきます。

以後、rootユーザーは封印して利用せず、IAMユーザーを利用します。なお、利用するユーザーが複数いる場合は必ずユーザーごとにIAMユーザーを作成しましょう。

AWS CloudTrailを有効化する

AWS CloudTrailはAWSに対する各種APIアクセスについてロギングするサービスです。AWS上で行われた操作はこのサービスで記録されます。逆に言うと、このサービスがなければ誰によって何が行われたかを説明できないので、必ず有効化する必要があります。次の手順に従ってください。

AWS CloudTrailの有効化

1. AWSマネジメントコンソールにログインして、サービス一覧からCloudTrailのコンソールへアクセスします。このとき、よく利用するリージョンに切り替えておくと、その

リージョンを証跡のホームリージョンにでき
るので推奨します。リージョンの切り替え
はコンソール右上から可能です。

2. 左側のメニューの［証跡情報］を選択し、
右側のペインの［証跡の作成］ボタンを
クリックして証跡情報を作成するとAWS
CloudTrailを有効化できます。証跡名を入
力して、証跡を保存するストレージとなるS3
バケットを新しく作成すれば、他の設定はデ
フォルトで問題ありません。

AWS Configを有効化する

AWS ConfigはAWSリソースの変更履歴を
管理するサービスです。何がどのように変更さ
れたか追随できます。

AWS Configを有効化する手順は以下のとお
りです。

AWS Configの有効化

1. AWSのサービス一覧からAWS Configコン
ソールへアクセスし、［Get Started Now］
（日本語版では［今すぐ始める］）をクリックし
ます。

2. ［設定］画面に移動したら、［記録するリソー
スタイプ］で［すべてのリソース］にチェック
を入れます。S3バケットは任意で作成して保
存すれば問題ありません。

AWS Configは各リージョンごとに設定
する必要があります。これを一括で行いたい
場合には、クラスメソッド社が公開している
Developers.IOサイトのブログ記事「［AWS］
一撃で複数アカウント、全リージョンに設定を

展開する！」[注12]を参照してください。

Amazon GuardDutyを有効化する

Amazon GuardDutyはAWS上のさまざまな
脅威を検知するサービスです。AWS上で非常
に発生しやすいアクセスキーの漏洩事故や、そ
の結果起きる不正なコインマイニングを検知し
たり、外部からのブルートフォースアタックを検
知したりと非常に強力です。これらの問題は本
番環境だけでなく、開発環境でもよく発生する
ため、すべてのAWSアカウントで有効化が必
須です。

GuardDutyを有効化する手順は以下のとお
りです。

GuardDutyの有効化

1. AWSのサービス一覧からGuardDutyコン
ソールへアクセスし、［今すぐ始める］をク
リックします。

2. 画面が切り替わったら［GuardDutyの有効
化］ボタンをクリックします。

これだけで開始できますが、あと少し設定が
必要です。

まず、すべてのリージョンで有効化してから、
Amazon SNS（Simple Notification Service）
と連携して通知設定も有効化します。詳細な設
定方法については、ブログ記事「一発でGuard
Dutyを全リージョン有効化して通知設定する
テンプレート作った」[注13]を参照してください。

注12　https://dev.classmethod.jp/cloud/cloudformat
ion-stacksets-all-region/
注13　https://dev.classmethod.jp/cloud/aws/set-
guardduty-all-region/

その他アカウント開設時の参考情報

アカウント開設時の行うべきセキュリティ対策としては他にもたくさんあります。詳細については、ブログ記事「AWSアカウントを作ったら最初にやるべきこと 〜令和元年版〜」[注14]を参考にしてください。本書で解説している内容に加えて、セキュリティ以外の観点も説明されています。

IAMの概要と使い方

IAMはAWS利用における認証認可のサービスであるため、セキュリティ的にも非常に重要なサービスです。AWSサービスを利用するときに必ず関わるのでよく理解するようにしてください。

 IAMとは

AWS IAMは、AWSの認証と認可を司っている
（つかさど）サービスです。AWSのマネジメントコンソールへのログインにも利用しますし、各AWSサービスを利用する際には必ずその操作がIAMで許可されている必要があります。これは多数の開発者や運用担当者などが関わる際に、適切な権限分離を行う役割を果たしています。

ユーザー／グループ／ポリシー／ロール

IAMの構成要素としては主に次の4つが存在します（図1）。以下で順に説明していきます。

- IAMユーザー
- IAMグループ
- IAMポリシー
- IAMロール

IAMユーザー

先ほど作成したIAMユーザーは、AWSへのアクセスにおけるIDの役割を果たす、認証部分となります。IAMユーザーには次の2つの機能があります。

| 図1 | IAMの構成要素

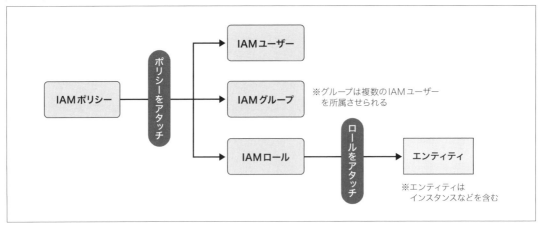

注14　https://dev.classmethod.jp/cloud/aws/aws-
1st-step-new-era-reiwa/

- マネジメントコンソールへのログイン
- プログラムによるアクセス

　マネジメントコンソールへのログインは、ブラウザ（GUI）からアクセスする機能で、「アカウントID・IAMユーザー名・パスワード（・MFA）」を利用してログインします。

　一方、プログラムによるアクセスはAWS CLIや各言語のSDKから「アクセスキーID・シークレットアクセスキー」を利用してAWS環境とAPIでやり取りします。

　1つのIAMユーザーで両方の機能を利用することも可能ですが、管理する場所が異なる場合は分けて発行するほうが証跡がわかりやすくなるため適切です。

IAMグループ

　IAMユーザーが所属できるグループを「IAMグループ」と呼びます。後述するポリシーを割り当てる際に、ユーザーに直接割り当てると管理が煩雑になります。それを避けるために同じ役割を持つユーザーはグループに所属させて、そのグループをアタッチして使うという考え方です。1つのIAMユーザーは複数のIAMグループに所属することも可能です。

IAMポリシー

　IAMポリシーは、ユーザー、グループ、IAMロールにアタッチすることでEC2のみ操作させるような権限を付与するものです。ポリシーの記述には主にJSON形式のポリシードキュメントが使われます。ポリシードキュメントの中で以下の内容を定義します。

- Action：どの操作（API）を
- Resource：どのリソースに対して
- Effect：許可 または 拒否するか

　たとえば、AWSが用意している`AmazonS3ReadOnlyAccess`というポリシーは次のような記述になっています。

```
{
    "Version": "2012-10-17",
    "Statement": [
        {
            "Effect": "Allow",
            "Action": [
                "s3:Get*",
                "s3:List*"
            ],
            "Resource": "*"
        }
    ]
}
```

　ここではAmazon S3の`Get*`と`List*`という閲覧の操作がすべてのリソースに対して許可されています。ワイルドカードの＊を指定することもできます。

　ポリシーの詳細な説明や動作については、AWSの「ポリシーとアクセス許可」注15のページを参照してください。

　IAMポリシーはAWSがあらかじめ用意しているAWS管理ポリシーと、ユーザーが任意で作成できるカスタマー管理ポリシーがあります。ある程度必要なものはAWS管理ポリシーで提供されています。まずはこれを利用しつつ細かい権限やリソースに対するアクセス制御を行うときにカスタマー管理ポリシーを作成するとよいでしょう。

注15　https://docs.aws.amazon.com/ja_jp/IAM/latest/UserGuide/access_policies.html

この他にIAMユーザーなどに直接記述できるインラインポリシーがありますが、これは積極的に利用すべきではありません。また、IAMポリシーはIAMユーザーに直接割り当てず、ユーザーの役割ごとのIAMグループに割り当てることで、IAMユーザーの権限を設定しましょう。

IAMロール

IAMロールはIAMのコンポーネントの中で少し特殊な概念になります。通常、認証認可の中でロールはポリシーの役割で使われることが多いのですが、IAMロールについてはそうではありません。IAMロールの位置づけはIAMユーザーと同じようにポリシーが割り当てられ、これを用いて各種APIを利用します。IAMユーザーとの違いは、IAMロールがAWSのリソースに割り当てられるというところです。

たとえば、サーバーリソースであるAmazon EC2にIAMロールを割り当てることができます。このIAMロールにIAMポリシーがアタッチされていて、そのIAMポリシーでS3へのアクセス権が付与されていれば、Amazon EC2がAmazon S3へアクセスできます。

AWSではAWSサービスから他のAWSサービスへアクセスすることがよくあります。リソース間の操作の権限を管理するときに、IAMロールとそこに割り当てられたIAMポリシーを利用すると考えればわかりやすいでしょう。

さらに、IAMロールはIAMユーザーも利用できます。これは「スイッチロール」と呼ばれる使い方で、通常IAMユーザーに割り当てられていないポリシーを利用できます。スイッチロールにより、普段閲覧しかできないユーザーが変更作業を行うことができたり、別のAWSアカウントにスイッチして操作できます。

スイッチロールやクロスアカウントのアクセスの詳細については、AWSの「ロールの切り替え（コンソール）」注16のページやブログ記事「超簡単！今すぐ使える『クロスアカウントアクセス』」注17を参照してください。

権限設定の考え方

IAMの権限設定で重要なのは、最小権限の原則に従うことです。しかしこれは簡単なことではありません。

たとえばEC2に関連する権限は200個を超えています。これらをすべて把握することは難しいでしょう。基本的には明確に止めなければいけないものを拒否しつつ使いましょう。また、開発時には適度にあけておいて本番ではしっかり絞るということになりがちですが、その場合にはゆるい権限を渡してもいいようにIAMやそのリスクについてきちんと把握しているという前提が必要です。IAMのベストプラクティス注18を適切に押さえて利用しましょう。

AWS Well-Architectedの「セキュリティの柱」

前節で解説したAWS Well-Architectedフレームワークではクラウドのセキュリティについ

注16　https://docs.aws.amazon.com/ja_jp/IAM/latest/UserGuide/id_roles_use_switch-role-console.html

注17　https://dev.classmethod.jp/cloud/aws/signin-with-cross-account-access/

注18　https://docs.aws.amazon.com/ja_jp/IAM/latest/UserGuide/best-practices.html

いて7つの設計原則と5つのベストプラクティスが挙げられています[19]。

- 設計原則
  - 強力なアイデンティティ基盤の実装
  - トレーサビリティの実現
  - 全レイヤーへのセキュリティの適用
  - セキュリティのベストプラクティスの自動化
  - 伝送中および保管中のデータの保護
  - データに人の手を入れない
  - セキュリティイベントへの備え
- ベストプラクティス
  - アイデンティティ管理とアクセス管理
  - 発見的統制
  - インフラストラクチャ保護
  - データ保護
  - インシデント対応

　初めからすべてを検討することは難しいですが、先述の最低限のセキュリティサービスの有効化やIAMの扱いに気をつけていればまずは大丈夫です。余裕が出てきたらなるべく自動化したり、データに人の手を入れない仕組みの実装を意識するとよいでしょう。

　また、セキュリティイベントは何かしら起きることを前提に準備をしましょう。たとえばアラームの受取設定があることを確認するなどです。その次は受け取ったあとに何を確認すればいいか、あらかじめ手順にまとめておくことです。具体的なパラメータやその基準値、ログの保存場所や検索クエリなど、属人化しないようにまとめましょう。

 その他の参考情報

　本節では主にAWS上のセキュリティ対策について取り上げましたが、VPCなどのネットワーク系サービスのセキュリティも基本的な対策に含まれます。参考になる情報を2つ紹介します。

　1つは、AWSの「AWSセキュリティのベストプラクティス」[20]です。110ページを超える冊子で、詳細に解説されています。

　もう1つは、ブログ記事の「AWSセキュリティベストプラクティスを実践するに当たって適度に抜粋しながら解説・補足した内容を共有します」[21]です。AWSの「AWSセキュリティのベストプラクティス」は大部なので、こちらを先に読むとよいかもしれません。

注19　https://wa.aws.amazon.com/wat.pillar.security.ja.html

注20　https://d1.awsstatic.com/whitepapers/ja_JP/Security/AWS_Security_Best_Practices.pdf

注21　https://dev.classmethod.jp/cloud/aws/explanation-aws-security-best-practices/

1.4 AWSにおける監視（モニタリング）

情報システムを安全かつ効率的に運営するには、監視（モニタリング）が欠かせません。本節では、AWSで何を監視すべきか、その考え方などについて解説します。

渡辺 聖剛　*Seigo Watanabe*　Web https://dev.classmethod.jp/author/watanabe-seigo/

AWSを使っているか否かにかかわらず、システムの「今」を知ることはとても重要です。しかし膨大かつ複雑なリソース・構成要素、そしてそれらから発せられるアラートは、すでに手作業で対応できる範囲を超えています。改めて「何をなぜ監視するのか」に立ち返り、どのようなツールで対応できるのか考えてみましょう。

本節では、AWS利用を前提に「監視（モニタリング）」について説明します。

監視の基本用語にみる時代の変化

基本的な用語を説明しておきましょう。これらの用語は厳密な定義ではなく、若干意味の揺れがあります。ここでは、「そのようなものだ」という漠然とした理解で大丈夫です。

メトリック、ログ、イベント

あるシステムを監視する、となったときに、よく出てくるのが**メトリック（メトリクス）**と**ログ**、**イベント**という言葉です。これらはすべて「監視する対象のデータ」としてくくることが可能ですが、それぞれ具体的にはどのように定義

されるでしょうか？ New Relic社のブログ記事「M.E.L.T. 101」[注1]に詳しく定義されていますが、概要としては次のようになります。

- **メトリック（Metric）**：定期的に出力あるいは計測される数値。そのデータがなぜそういう値であるかといった理由、メタ情報は付与されない。数値であるため可視化・グラフ化、統計的な集計・計算に向いている。例としてCPUやメモリの利用率、トラフィック量、アクセスカウンター値や製品の出荷数など

- **ログ（Log）**：あるコードブロックが実行される際に出力する、正規化されていないデータ。何が起きたかというコンテキストを豊富に含む。単行あるいは複数行にわたるテキストデータが一般的だが、バイナリデータの形式を取ることもある。例としてWebアクセスログやアプリケーションログ、TCPフローログなど

- **イベント（Event）**：ある時間に発生した独立した事象。単なる数値だけでなく単位やカ

注1　https://newrelic.com/platform/telemetry-data-101/

テゴリ、緊急度など、正規化された情報が付
与されている。例としてリソースの再起動や
フェイルオーバーイベント、ECサイトアプリ
ケーションでの購買イベントなど

以後の説明では、これらの用語の総称として
「監視データ」という用語を使用しています。

モニタリング・4つの立ち位置

あらゆる事象と同じように観測者の「立ち位
置」、つまり「どこから・誰が観測するか」によっ
て、得られる情報の性格も内容も変わります。
システム監視・モニタリングの領域において、
大きく以下の4つが考えられています[注2]。

- **ブラックボックス（Blackbox）監視**：ある
  システムの挙動を外側から確認する方法。
  Amazon CloudWatchが収集するメトリッ
  クやAmazon RDSなどマネージドサービス
  群が出力するイベント情報が該当する。アプ
  リケーションの詳細な動作内容はわからない
  一方、明らかなシステム異常やリソース消費
  量の統計などを観測できる。AWS Fargate
  以外のAmazon ECS、Amazon EKSにおい
  ては、ホストEC2やKubernetesシステムか
  ら得られたメトリックもこれに該当する

- **ホワイトボックス（Whitebox）監視**：ア
  プリケーションに組み込んだAPM（Appli-

cation Performance Monitoring：アプリ
ケーション性能監視）[注3]モジュールや、同じ
OS空間上で動作するエージェント、サイド
カーコンテナなど、システムアプリケーショ
ンの内側から収集される監視データを用い
てシステムの動作を把握する方法。メモリ消
費量やプロセスごとのCPU利用率、ログ情
報、コールされた関数やクラスメソッドなど、
ブラックボックス監視からは得られない詳細
なデータが得られる

- **ヘルスチェック（Health-Check）監視**：
  通称「死活監視」。ICMP ECHO（Ping）や
  TCPポートの解放状況、単純なレスポンス
  コード（メッセージ）など、「その対象が反
  応を示すか（生きているか）どうか」とい
  う基本的な情報を得るために用いられる方
  法。応答の詳細さよりは、処理の軽量さを求
  めて簡易的な確認に留まる一方、通常は毎
  分、毎秒、それ以上の短いサイクルで行わ
  れる。ブラックボックス監視のメトリックで代
  替可能であることも多く、後述するELBや
  AutoScalingなど運用自動化の仕組みが動
  作するためのトリガーという性格も強い

- **シンセティック（Synthetic）監視、リアル
  ユーザー（Real-User）監視**：システムの稼
  働をユーザーやクライアントの視点から観測
  する方法。出力結果（コンテンツの内容）や
  応答速度など、実際にシステム利用側が体
  験している情報が得られる。クライアントの
  挙動を人工的（Synthetic）にシミュレート

注2　この分類は筆者独自のものであり、広く使われているという
わけではありません。たとえばDevOps.comのブログ
記事「Black Box vs. White Box Monitoring: What
You Need To Know」の定義に従えば、シンセティッ
ク監視等はホワイトボックス監視に含まれます。
https://devops.com/black-box-vs-white-box-
monitoring-what-you-need-to-know/amp/

注3　APMの正式名称としてはApplication Performance
Management（アプリケーション性能管理）と言われる
ことも多くありますが定まってはいないようです。ここで
は「Monitoring」の表記を採用しています

し、特定のリクエスト（単発あるいは一連の
シーケンス）に対する応答内容（レスポン
ス）を確認する手法と、実際にユーザーが利
用するクライアントにデータ収集モジュール
を内蔵する手法とに分かれる[注4]。日本では、
一部のヘルスチェック監視とまとめて「外形
監視」と表現されることが多い[注5]（**図1**）。

　従来「監視」と言えば、ヘルスチェック監視
や、表面的なメトリクス収集・ログチェック監視
が主役でした。しかしAWSの責任共有モデル
に象徴されるように、インフラストラクチャの監
視責任はIaaSプロバイダにあります。IaaSの
利用者、つまりサービス提供者である我々に
とっては、より高度化されたアプリケーション

自身の監視に比重が移っているのが実情でしょ
う。

　一方でマイクロサービスを考えてみるとわか
るように、1つのアプリケーションだけを見てい
ても得られる情報は非常に限定的なものとなり
ます。これら多種多様な情報を統合し、一元的
に観測するために近年注目されているのが「可
観測性」という概念です。あわせて、一連の処
理（トランザクション）に紐付けて、関連する多
数の監視データを集約する「トレース（分散ト
レース）」という概念も注目されています。次項
では、この2つについて見ていきます。

可観測性と「トレース」

　可観測性（Observability：オブザーバビリ

| 図1 |　モニタリング・4つの立ち位置

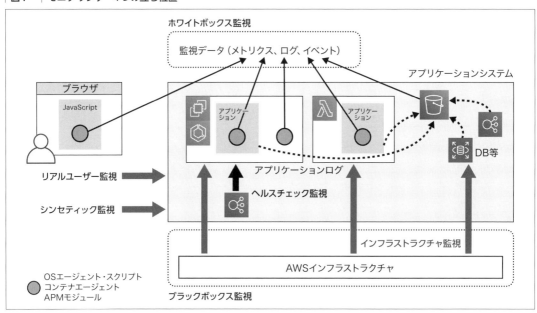

注4　リアルユーザー監視の有名な例としては、サイトの閲覧傾
　　　向を把握するためのGoogle Analyticsがあるが、昨今
　　　では性能監視やエラー監視に特化した製品も存在する。
　　　https://analytics.google.com/analytics/web/

注5　実際のところ両者の境界は非常に曖昧で、意図的あるいは
　　　無意識的に混同されることも多い印象です。

ティ）という言葉は元々システム工学の分野で使われていました。ことITの分野では、そのシステムにおいて「どれだけ情報を収集し可視化できるか」という性質を示す言葉として使われています。可用性（アベイラビリティ）や拡張性（スケーラビリティ）といった用語と同様に、そのシステムが持つ機能・性能を表しています。

定義はともかくとして実際には、多種多様の監視データを収集し、それらの関連性を明らかにし、統合的に扱うこと、その仕組みを備えることを指します。そうすることで、そのシステムの「今」の状態を分析し、グラフとしてダッシュボードに表示できるようになるのです。

ここで重要となるのが、先述の「M.E.L.T. 101」でも最後に触れられている「トレース」という概念です。

トレース（Trace）あるいは**分散トレース**とは、1つの処理（トランザクション）に関連して複数の箇所（アプリケーション、インフラストラクチャ）で発生した監視データを一元的に収集し関連付けたもののことです。アプリケーションに組み込んだエージェントやサービスメッシュ[注6]を流れる情報などを可視化し、一連の処理の中で発生する偏りやボトルネック、本来は不要な処理などを発見し、その根本原因を探る（ドリルダウン）などを可能にします。

繰り返しになりますが可観測性もトレースも、言葉や実装自体はそこまで新しいというものではありません。しかしながら、マイクロサービス

とクラウドインフラ、アジャイルやDevOpsなどといった、モダンなシステム構成、開発スタイルを進化させるうえで重要性が増しています。特に最近は、コンピュート性能が安価で提供される環境が整ったため、近年急激に注目されるようになっています。

あともう1つ、作業効率を上げるために重要なのが**運用自動化**という考え方です。APIでコントロールでき、マイクロサービスなど故障のための設計（Design for Failure）と相性がよいクラウドインフラは、自動化の恩恵を受けやすい環境にあります。自動水平スケーリング（AutoScaling）や自動リカバリー（AutoRecovery）の仕組みを整えることで、人間が監視および対応する必要は減り、全体の稼働率の向上をもたらします。

インフラストラクチャや性能に関するメトリックやヘルスチェック監視は、これら自動化のトリガーとして重要です。あるいはこれも、人間ではなく機械・自動化の仕組みが参照するための「監視」と言えるでしょう。

AI・機械学習による「AIOps」

このように、現在では単に「システムの動作に異常がないか」といった観点の「監視」「モニタリング」にとどまらず、それらを内包した上で、**いかに多くの情報を収集し、分析し、可視化し、次の開発サイクルにつなげるか**という可観測性の時代に入っています。しかしこの方向が推し進められたため、集められた大量の情報はすでに人力や、平均や標準偏差などの単純な

注6　サービスメッシュとは、マイクロサービス（アプリケーションの機能を小さなサービスに分割したもの）をつなぎあわせるための技術および仕組みのことです。

統計手法（計算）ではさばききれなくなった[注7]という状況です。当然ながら、自動化も限界があります。

　大量のデータを扱うということで、この分野でもAI・機械学習によるデータ分析が採り入れられています。実際、すでに稼働する製品も出荷されています。一例をご紹介しましょう。

- 単数あるいは複数のメトリックデータの時系列グラフから傾向を学習し、異なったふるまい・異常なふるまいを検出（異常値検知：Anomaly Detection、外れ値検知：Outlier Detection）
- 大量のログデータから傾向を抽出し、同種のログの出力動向を比較
- 障害発生を検知したメトリックグラフと同じ傾向で変化している他のグラフを提示（サジェスト）
- 大量発生した通知（アラート）を分類・フィルターし、本当に重要なものだけを通知

　これらの機能は、AWSでも積極的に開発が進められています。将来はAlexaのようなAIと音声・自然言語でディスカッションしながら障害の根本原因を探り、リソースの再起動やコード修正・デプロイを行うという、SFのような世の中になるのかもしれません。

AWS上のシステムを「監視（モニタリング）」する

　次に、AWSがサービスとして備える監視（モニタリング）機能を紹介します。

Amazon CloudWatch

　Amazon CloudWatch[注8]は、AWSが持つほぼすべての監視（モニタリング）に関わる機能が集約された総合的なサービスです。単に監視に留まらず、非常に多岐にわたる機能があります。主なものを以下に挙げておきます。

- メトリクス：AWSインフラストラクチャのメトリック（メトリクス）を収集し、時系列データとして出力あるいはグラフ化する
- ダッシュボード：複数のメトリクスデータを一覧表示する
- Logs：Lambda関数やコンテナなどからログを収集する
- Logs Insights：収集したログを分析する
- Events：Logsなどから一定の条件でイベントを作成する
- Alerts：作成したイベントをもとに次のアクションにつなげる
- Container Insights：OSやコンテナ、アプリケーションなどのログを収集・集約する
- Contributor Insights：パフォーマンスに影響を及ぼしているコントリビューターの検知・分析を行う
- Application Insights for .NET and SQL Server：.NETおよびSQL Serverア

注7　可観測性以前の段階ですでに多すぎる、大量のアラートがオオカミ少年と化しているという指摘はありました。そこにAIや機械学習を適応させるという動きもありました。ディープラーニングをはじめとする機械学習技術の発達により、ようやくコストや性能まで含め実用的になってきたと言えるでしょう。

注8　https://aws.amazon.com/jp/cloudwatch/

プリケーションをモニタリングし、可観測性
を向上させる

なお、2020年1月現在、プレビュー版です
が、シンセティック監視を行うSynthetics[注9]、
AWS X-Rayとの連携を透過的に行うService
Lens[注10]という機能もアナウンスされていま
す。

AWS X-Ray

AWS X-Ray[注11]は分散アプリケーションや
サービスの分析およびデバッグを可能にしま
す。X-Rayの提供するライブラリやモジュール
をコードに組み込んだり、CloudWatch Logsや
サービスメッシュ（AWS App Mesh[注12]）が出
力する情報を統合することで、アプリケーショ
ンの分散トレーシングを可能にします。

前述したCloudWatch ServiceLensを使え
ば、CloudWatchとX-Rayを連携させることが
できます。

その他の監視（モニタリング）機能

CloudWatchやX-Ray以外にも、監視・モニ
タリングの目的で使用できる機能・サービスは
多数あります。たとえば、Amazon EC2、Ama
zon RDS、Amazon S3などのサービスは、オ
プトインすればメトリック・監視データをCloud

Watchなどに送信できるようになります。

- **Amazon EC2**：「詳細モニタリング」を有効
  化する（監視間隔の高頻度化）[注13]
- **Amazon RDS**：「拡張モニタリング」[注14]を
  有効化し、DBインスタンスの負荷情報を取
  得する。さらに詳細に分析したい場合は「パ
  フォーマンスインサイト」[注15]を有効化する
- **Amazon S3**：バケットのメトリクス設定[注16]
  を有効化する

Container Insightsなども同様ですが、これ
らの機能には追加料金が発生するため、常時
オンにするかどうかは検討が必要です。

一方、もともとは監視とは別の目的で用意さ
れたものも、うまく利用することで監視目的に
使える機能もあります。たとえば、DNSサービ
スを提供する「Amazon Route 53」のRoute
53ヘルスチェック[注17]やAWSのELB（Elastic
Load Balancing）のヘルスチェック機能は簡単
な外形監視・ポート監視として応用できます。

また、各種システムのログはCloudWatch
LogsのほかにAmazon S3にも出力されること
も多いでしょう。それらのログを調査するため
にはS3 Select[注18]やAmazon Athena[注19]が有

注9　https://aws.amazon.com/jp/about-aws/whats-new/2019/11/introducing-amazon-cloudwatch-synthetics-preview/

注10　https://aws.amazon.com/jp/blogs/news/visualize-and-monitor-highly-distributed-applications-with-amazon-cloudwatch-servicelens/

注11　https://aws.amazon.com/jp/xray/

注12　https://aws.amazon.com/jp/app-mesh/

注13　https://docs.aws.amazon.com/ja_jp/AWSEC2/latest/UserGuide/using-cloudwatch-new.html

注14　https://docs.aws.amazon.com/ja_jp/AmazonRDS/latest/UserGuide/USER_Monitoring.OS.html

注15　https://docs.aws.amazon.com/ja_jp/AmazonRDS/latest/UserGuide/USER_PerfInsights.html

注16　https://docs.aws.amazon.com/ja_jp/AmazonS3/latest/dev/metrics-configurations.html

注17　https://docs.aws.amazon.com/ja_jp/Route53/latest/DeveloperGuide/dns-failover.html

注18　https://aws.amazon.com/jp/blogs/news/s3-glacier-select/

注19　https://aws.amazon.com/jp/athena/

効です。S3 Selectはオブジェクトを部分的に取得することを可能にし、AthenaはS3内のデータをSQLで分析することを可能にします。

　詳細な分析が必要な場合は、ビジネスインテリジェンスサービスのAmazon QuickSight[注20]や、分析エンジンのElasticsearchを活用するAmazon Elasticsearch Service[注21]などの分析ツールの利用を検討しましょう。

　最後に、監視を行う対象としてAWSというインフラストラクチャ自体も外すことはできません。AWS全体の異常を通知するAWS Service Health Dashboard[注22]に加えて、AWSアカウントやリソース固有の情報が通知されるAWS Personal Health Dashboard[注23]は障害発生時の切り分けの際には欠かせない情報源です。そして障害発生だけでなく、利用費（コスト）も重要な監視対象です。AWS Cost Explorer[注24]などの情報源を忘れずにチェックしましょう。

AWS以外の選択肢

　ここまでAWSに閉じた内容としてお話ししてきました。一方でご存じの通り、世の中にはこの分野で使用できるSaaS製品が多数存在しています。簡単に、どのような基準でそれらを求めればよいか基準を挙げてみます。

- AWS以外のシステム、オンプレミスや他クラ

注20　https://aws.amazon.com/jp/quicksight/
注21　https://aws.amazon.com/jp/elasticsearch-service/
注22　https://status.aws.amazon.com/
注23　https://aws.amazon.com/jp/premiumsupport/phd/
注24　https://aws.amazon.com/jp/aws-cost-management/

ウドとのハイブリッドシステムを構成しており、それらを一元管理したいとき
- 高度なシンセティック監視やリアルタイムAPM（アプリケーション性能監視）、SIEM（セキュリティ情報イベント管理）分野など、AWSがまだ進出していない機能が必要となったとき
- AWS基本サービスでは物足りなくなったとき・運用性に問題を感じるようになったとき

　特にAPMについては進化と競争が激しく、リアルタイム分析や多元的な分析・解析など、各SaaS製品によって得意分野も異なるような群雄割拠の状態です。たいていのSaaS製品は数週間程度の無料トライアル期間が設けられていたり、機能限定の無料プランが提供されているので、それらの特典を利用しつつ「アプリケーションの開発に注力できる環境」を整えていくとよいでしょう。

まとめ

　ここまで、クラウド化に伴う監視対象の変化と、それに対応する監視システムの変化について駆け足で紹介してきました。今や「監視（モニタリング）」は後付けで行うものではなく、システムの設計・開発に深く関わっています。

　AWSインフラを使いこなすコツはインフラのコード化と、監視データを基本とした自動化にあります。そしてシステムのありとあらゆる計測データを元に、アジャイル開発における次のイテレーションにつなげましょう。

1.5 AWSを学習するコツ

AWSを理解するためのさまざまなコンテンツやイベントが存在します。本節では、学習するときに有効となる情報を整理しておきます。

千葉 淳　*Jun Chiba*　Web https://dev.classmethod.jp/author/chiba-jun/

AWSの情報は、オンライン、オフライン問わずたくさん提供されています。まずは、AWSを始める方がどの情報からインプットするとよいかを私の経験を含めてお伝えします。

はじめにAWS認定試験の合格を目指すのがよいと私は考えています。理由としては、基礎知識を体系的に学べるからです。何ごとも基礎や基本が大切です。

■ AWS認定 | AWS
https://aws.amazon.com/jp/certification/

筆者の感覚は、AWS認定試験は実践的で現場で役立つと感じています。たとえば、ソリューションアーキテクトプロフェッショナル試験で学んだことは、実際の現場でアーキテクチャ設計をするときにとても役立ちました。試験問題に、現実の案件で発生しそうな状況が再現されているからだと思います。私がソリューションアーキテクトプロフェッショナルを勉強しているときは、サンプル問題1問に対して2～3時間使うこともありました。それぐらい内容が濃くとてもいい問題です。

では、どの認定試験から受験すればよいで

しょうか? AWS認定試験は、「基礎」「アソシエイト」「プロフェッショナル」「専門知識」があり、自分のレベルに合った試験を選択できます（**図1**）。なお、「専門知識」は単一の知識分野ではなく、「高度なネットワーク」「セキュリティ」「データベース」「データ分析」「機械学習」などがあります。

基礎的な知識はどのように身につけるとよいでしょうか。試験に関する書籍は各種出版されているので、試験対策については書籍に任せます。ここでは無料で参加可能な「BlackBeltオンラインセミナー」をご紹介しましょう。

■ AWS Webinarスケジュール | AWS
https://aws.amazon.com/jp/about-aws/events/webinars/

BlackBeltオンラインセミナーは、サービスカットで各サービスの特徴や利用時に重要な情報が掲載されており、とてもわかりやすくまとまっています。セミナーに参加できなくても、あとで資料をダウンロードできたり、YouTubeでセミナーの動画を視聴できます（私は現在も活用しています）。

各サービスのFAQ（よくある質問）もとても

| 図1 | AWS認定の一覧　出典：https://aws.amazon.com/jp/certification/ を元に作成

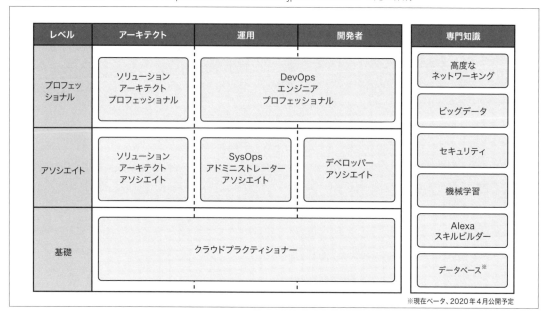

参考になります。知識に加えAWSマネジメント
コンソールにアクセスし、実際にサービスを触
り理解を深めることも大切です。

■ よくある質問 | AWS
https://aws.amazon.com/jp/certification/

次に一歩進んだ情報収集です。AWSの新
サービス提供と機能改善の数は、2016年が
1017件、2017年 に は1430件、2018年 で は
1957件にものぼります。日々アップデートがあ
るので、情報をウォッチしないと有効な機能を
見逃すことになります。AWSに関するアップ
デート情報は、AWSの最新情報ページから確
認できます。RSSがあるのでRSSリーダーで購
読しておくとよいでしょう。

■ AWSの最新情報 | AWS
https://aws.amazon.com/jp/new/

AWSのコミュニティとしては、「JASW-UG
(AWS Users Group – Japan)」注1 があり活発に
活動しています。この他に、AWS社が開催して
いる「AWS Summit」や「re:Invent」のような
年次の大規模なカンファレンスがあります。日
本国内で開催するイベントとしては、「Cloud
Express Roadshow」というものもあります。

このように、AWSには学ぶ機会がたくさんあ
り、楽しみながらAWSを学べます。まだイベン
トに参加したことがない方は、今すぐ参加して
みましょう。エンジニアにとって、とても楽しい
世界が待っています！

注1　https://jaws-ug.jp/

第2章

AWSで作るWebサービス

第1章では、AWSの基本的な概念やセキュリティ、監視（モニタリング）などについて学びました。本章では、実際にWebサービスをAWS上で構築することを想定しながらAWSを利用するための基礎を習得していきます。ネットワーク、コンテナ、監視、セキュリティ、IaCと学ぶ内容は多岐にわたりますが、じっくり腰を据えて、あせらず取り組んでください。

2.1 本章で解説するアプリケーションの全体構成と利用するAWSサービス

本節では、本章で解説していくサンプルアプリケーションの概要と、利用するAWSのサービスについて説明します。

濱田 孝治　*Koji Hamada*　Web https://dev.classmethod.jp/author/hamada-koji/

　本章ではAWSの代表的なサービスを用いて、PHPによる簡単なWebアプリケーションを解説します。今回作成するWebアプリケーションのAWS構成図を**図1**に示します。

　アプリケーションの実行環境としてAmazon ECSのAWS Fargateを利用し、コンテナ環境上でPHPを動作させます。AWS Fargateは Auto Scalingグループを設定し、負荷状況に応

図1　本章で解説するAWSアプリケーションの構成図

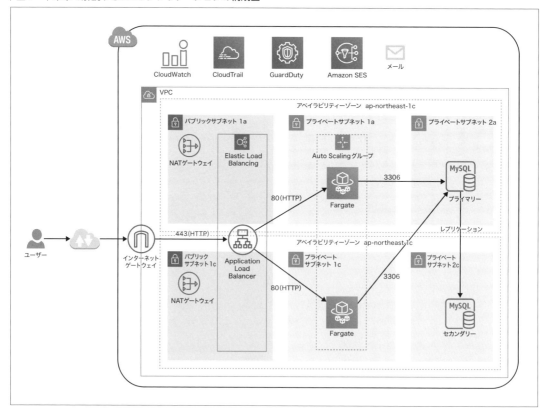

じて柔軟なスケーリングを可能とします。データベースにはAmazon RDSのMySQLを利用します。マルチアベイラビリティーゾーン構成として可用性を担保します。アプリケーションコンテナへの通信路にはApplication Load Balancerを設置し、AWS Fargateへの負荷分散とSSL/TSLを終端します。

　監視やセキュリティに関するサービスもあわせて構築します。Amazon CloudWatch、AWS CloudTrail、Amazon GuardDutyなどを利用します。

　PHPアプリケーションでは、AWS Code Commitを使ってソースコードをプッシュしてコンテナ環境への自動デプロイを行います。本章で示す図では、ユーザーがCodeCommitリポジトリに対してソースコードをプッシュしたら、それが自動的にアプリケーションに反映される様子を示しています。

　表1が、今回解説するアプリケーションで利用するAWSサービスの一覧です。

　現時点では、これらのAWSサービスについて知識がなくてもかまいません。次節から、これらのサービスを組み合わせてAWS環境を解説していきますが、現時点では大まかな位置づけについて把握しておいてください。詳細については、本章で順に説明していきます。

| 表1 | 本章で扱うAmazon AWSの主なサービス

分類	AWSのサービス名
ネットワーク	Amazon VPC
	Elastic Load Balancing (Application Load Balancer)
コンピューティング	Amazon ECS
	AWS Fargate
	Amazon ECR
データベース	Amazon RDS for MySQL
開発者用ツール	AWS CodePipeline
	AWS CodeCommit
	AWS CodeBuild
	AWS CodeDeploy
マネジメントとガバナンス	AWS CloudTrail
セキュリティ	Amazon GuardDuty
	AWS WAF

| 図2 | AWS構成図

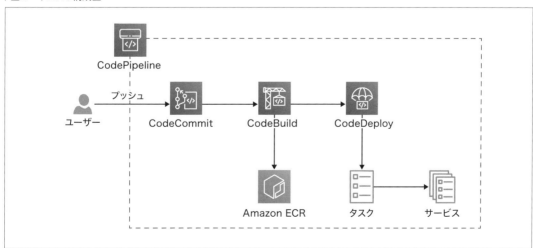

2.2 AWSのネットワーク基礎

本節ではAWSを利用する際に知っておくべきネットワークの知識について学びます。SSL/TLS証明書といったセキュリティに関わる事項についても解説していきます。

菊池 修治　*Shuji Kikuchi*　Web https://dev.classmethod.jp/author/kikuchi-shuji/

AWSのサービスには、パブリックインターネットに公開されて直接利用可能なサービスと、プライベートなネットワークであるAmazon Virtual Private Cloud (VPC) 内に起動して利用するサービスの2種類があります。

インターネットから利用可能なサービスとしては、Amazon S3、Amazon DynamoDB、Amazon SQS (Simple Queue Service) などがあります。また、VPC内に起動するサービスとしては、Amazon EC2、Amazon ECS、Amazon RDSがあります。

インターネットから利用可能なサービスの場合には、インターネットとの通信経路さえ確保できれば簡単に利用できます。一方、VPCをベースとするサービスの場合、足回りとなるVPCを適切に設計することが、スケーラビリティ、可用性、セキュリティを確保する上で重要となります。

Amazon VPC

Amazon Virtual Private Cloud (VPC) は、AWSに作成するユーザー専用の仮想的なプラ

イベートネットワークです。他のAWSユーザーのクローズドなネットワーク内にAmazon EC2やAmazon RDSといった、AWSのリソース（仮想サーバー）を起動できます。Amazon VPCではIPv4およびIPv6の通信が利用可能ですが、本章では、一般的に使われるIPv4を前提に環境を構築していきます。

Amazon VPCの構成要素

Amazon VPCは指定したAWSリージョン内に複数のアベイラビリティーゾーンにまたがって定義されます。Amazon VPCを作成するには、利用するIPv4アドレスの範囲をCIDR (Classless Inter-Domain Routing) ブロックの形式で指定します。指定したCIDRがVPC内部のプライベートアドレスとして利用されるため、RFC 1918[注1]で定められている以下のIPアドレスの利用が推奨されます。

- 10.0.0.0〜10.255.255.255
- 172.16.0.0〜172.31.255.255

注1　https://www.nic.ad.jp/ja/translation/rfc/1918.html

- 192.168.0.0〜192.168.255.255

　Amazon VPCに割り当てられるCIDRのサイズは、/16（65,536アドレス）から/28（16アドレス）の範囲です。ただし、Amazon VPC作成後の変更には制限があるため、十分に余裕を持ってアドレス数を確保するようにしましょう。

サブネット

　サブネットはAmazon VPC内に作成する最小のネットワーク単位で、Amazon EC2などのサーバーリソースはサブネット内に起動します。従来のネットワークにおける1つのLANをイメージしてください。

　サブネットには、割り当て済みのCIDRブロックからIPアドレス範囲を切り出して割り当てます。サブネットは複数アベイラビリティーゾーンをまたぐことはできないため、リージョン内のアベイラビリティーゾーンを指定して作成します（図1）。

　サブネットは、Amazon VPCのCIDR内から/16（65,536アドレス）から/28（16アドレス）の範囲で作成できますが、作成後の変更はできませんので作成予定のリソースに対して余裕を持って割り当てましょう。

ゲートウェイサービス

　プライベートネットワークであるAmazon VPC内のリソースが、インターネットやオンプレミスといった外部との通信を実現するため、ゲートウェイとなるサービスもあります。

- **インターネットゲートウェイ**：パブリックインターネットとの通信を行うゲートウェイ
- **仮想プライベートゲートウェイ**：VPN接続や専用線接続（Amazon Direct Connect）によるオンプレミスとのクローズド通信ためのゲートウェイ
- **VPCピアリング接続**：異なるVPCとの接続を提供するゲートウェイ

| 図1 | リージョン、VPC、アベイラビリティーゾーン、サブネットの関係

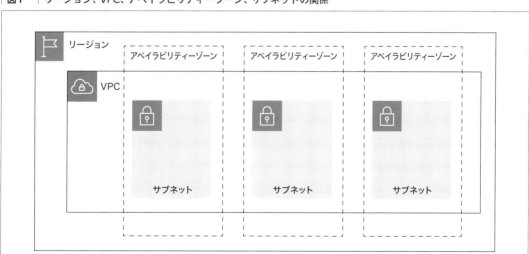

- NATゲートウェイ：アウトバウンド通信時に
ソースアドレス変換を行うマネージドゲート
ウェイ

　また、複数のAmazon VPCをハブ型に接続
可能なAWS Transit Gatewayというサービス
もあります。

ENIとIPアドレス

　Amazon EC2などのサーバーリソースには、
Elastic Network Interface（ENI）と呼ばれる
ネットワークインターフェイスがあります。ここ
でネットワークインターフェイスは、「仮想NIC
（ネットワークカード）」と同義です。

　ENIには、作成したサブネットのCIDRから
プライベートIPアドレスが割り当てられます。
パブリックインターネットへの通信が必要な場
合は、ENIにパブリックIPアドレスを割り当て
ます。インターネットへ通信する際には、イン
ターネットゲートウェイの通過時にプライベート
IPアドレスがパブリックIPアドレスに1対1で
変換されます。パブリックIPアドレスは、デフォ
ルトではAWSの保有するアドレスが自動で割
り当てられ、インスタンス停止時には解放され
るため動的となります。固定のパブリックIPア
ドレスが必要な場合には、Elastic IPアドレス
（EIP）をリクエストして割り当てられます。

ルートテーブル

　パケットの転送先の制御には、サブネット
単位でルートテーブルを設定します。ルート
テーブルでは、宛先となるネットワークアド
レスに対して、転送先となるターゲットを指
定します。ルートテーブルにはデフォルトで
Amazon VPCのCIDRの宛先に対してローカ
ルルーター（Local）がターゲットとして設定
されています。これにより、VPC内部の各サブ
ネットに対しては自動でルーティングされます。
Amazon VPC外の宛先に対しては適切なター
ゲットを指定する必要があります。ターゲットに
はインターネットゲートウェイなどの各種ゲート
ウェイやENIを指定できます。

セキュリティグループとNACL

　VPCのセキュリティを確保するために2つの
アクセス制御機能が提供されています。1つは
セキュリティグループで、もう1つがNetwork
Access Control List（NACL）です。どちら
もインバウンドとアウトバウンドの両方のトラ
フィックの制御が可能ですが、適用する対象や
アクセス制御の挙動が異なります。**表1**に両者
の特徴をまとめておきます。

　セキュリティグループはステートフルなので、
レスポンスのトラフィックは明示的に設定しなく
ても自動で許可されます。一方、NACLはレス

| 表1　| セキュリティグループとNACLの特徴

項目	セキュリティグループ	NACL (Network Access Control List)
適用対象	ENI	サブネット
条件	ホワイトリストのみ	ホワイトリスト、ブラックリスト共に可能
条件の評価	すべての条件を評価	記載順に評価し、マッチするものを適用
ステート	ステートフル	ステートレス

ポンスのトラフィックも明示的な許可を設定する必要があります。

基本的にはセキュリティグループを利用し、ブラックリストでの拒否ルールが必要な場合など限定的にNACLを利用することを推奨します。

Amazon Provided DNS

Amazon Provided DNSは、Amazon VPC内のリソースが名前解決に利用するDNSです。Amazon VPCのCIDRのアドレスの先頭から3つ目（10.0.0.0/16の場合は10.0.0.2）が利用さ

れます。Amazon VPC内に起動したリソースからのみ参照可能で、VPC内リソースのホスト名の名前解決の他、パブリックドメインの名前解決も可能です。

VPCの設計

それでは、具体的なVPC環境を設計してみます。構築するAmazon VPCの構成を図2に示します。

VPCを設計する上で重要な観点は、スケーラビリティ、高可用性、セキュリティです。

図2 構築するAmazon VPCの構成

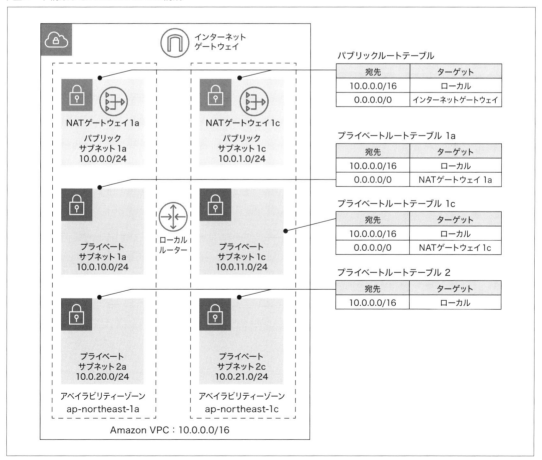

CIDRの決定

　まず、十分なスケーラビリティを確保するために、可能な限り大きなCIDRブロックを割り当てます。将来的にオンプレミスや他のVPCとの連携が考えられる場合には、環境間でCIDRが重複しないようにすることも考慮します。ここでは10.0.0.0/16を割り当てました。

サブネットの分割

　次にサブネット分割を行います。サブネット分割の基本的な考え方は、利用するアベイラビリティーゾーン（以下、AZ）と配置するリソースの役割です。

　高い可用性を実現するためには、2つ以上のAZ（ap-northeast-1a/ap-northeast-1c）にまたがってリソースを配置する、マルチAZを基本とします。

　そして、必要な通信要件に応じてサブネットの役割を分割します。一般的には、インターネットに直接通信可能な経路を持つパブリックサブネット（Public Subnet 1a/1c）と、インターネットへの直接経路を持たないプライベートサブネットに分けます。

　プライベートサブネットは、要件によって以下の2つに分けられます。

- インターネットからのインバウンド通信は受け付けないが、外部のリポジトリやAPIの呼び出しなどアウトバウンド通信は行う［プライベートサブネット1a/1c］
- インバウンド、アウトバウンドともにインターネットとは一切通信を行わない［プライベートサブネット2a/2c］

　前者には外部連携が必要となるAmazon EC2やAmazon ECSで起動するアプリケーションサーバーを配置し、後者にはAmazon RDSのようなマネージドサービスを配置します。

ルートテーブルの設定

　続いて、通信要件に沿うようにルートテーブルを設定していきましょう。

　パブリックサブネットには、インターネットとのインバウンド／アウトバウンド通信を可能とするために宛先0.0.0.0/0（デフォルトルート）に対してインターネットゲートウェイをターゲットにするように設定します。

　アウトバウンド通信を許可するプライベートサブネット1a/1cでは宛先0.0.0.0/0のターゲットに、パブリックサブネットに起動したNATゲートウェイを指定します。こうすることで、NATゲートウェイを経由してインターネットへのアウトバウンド通信が可能になります。アベイラビリティーゾーン障害を考慮し、NATゲートウェイはそれぞれのパブリックサブネットへ配置し、ルートテーブルも各アベイラビリティーゾーンで分けて設定します。

　インターネットとは通信を行わないプライベートサブネット2a/2cについては、デフォルトのCIDRのみを経路として持ちます。

　適切にサブネットの分割、ルーティングを設定することでスケーラブルで高い可用性、セキュリティを持つAmazon VPCを構成することができます。

　このVPC構成は多くのユースケースで汎用的に利用することができます。2.7節で紹介するCloudFormationのテンプレートを使用する

ことで、簡単に環境の構築もできるようになっています。

パブリックドメインとSSL/TLS証明書

インターネットに公開するWebサイトでは、一般にwww.example.comのようなドメイン名を使ったアクセスが必要です。また、HTTPSによる安全なアクセスのためには、ドメイン名に紐付く信頼できるSSL/TLS証明書が必要です。

これらを実現するために、DNSサービスであるAmazon Route 53と、証明書の発行・管理サービスであるAWS Certificate Managerを利用します。

Amazon Route 53を用いたドメインの取得とレコードの管理

Amazon Route 53（以下、Route 53）はAWSが提供するDNSサービスです。ドメインの取得からレコードの管理といったDNSの基本的な機能に加え、AWS以外の環境も含めたルーティング管理（レイテンシーベースルーティング、Geo DNS、地理的近接性、加重ラウンドロビンなど）やフェイルオーバーのようなリクエストのハンドリングも可能です。

ここでは、Route 53を利用したドメインの取得から基本的なレコードの管理を紹介します。

Route 53のマネジメントコンソールを開き、［ドメインの登録］の［今すぐ始める］ボタンをクリックします（図3）。

希望のドメイン名を入力し、［チェック］をクリックします（図4）。

トップレベルドメインによって必要な登録料が異なります。Route 53で選択可能なトップレベルドメインと登録料は公式ページの価格表[注2]で確認できます。

チェック結果に問題がなければ、カートに入れて先に進みます（図5）。

注2　https://d32ze2gidvkk54.cloudfront.net/Amaz on_Route_53_Domain_Registration_Pricing_20 140731.pdf

| 図3 | Route 53によるドメインの登録

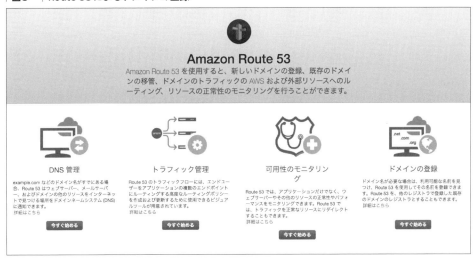

　連絡先などの必要事項を入力し、確認後、先に進めば登録完了です（図6）。

　登録後、しばらくするとステータスが完了と

なります。これで、登録したドメインが利用可能になります。なお、ドメイン登録にかかる費用は他の利用料と異なり、登録完了時に請求が発

図4 | ドメイン名の入力

図5 | ドメイン名のチェックとカートへの追加

図6 | 必要事項の入力

図7 ｜ ホストゾーンの管理

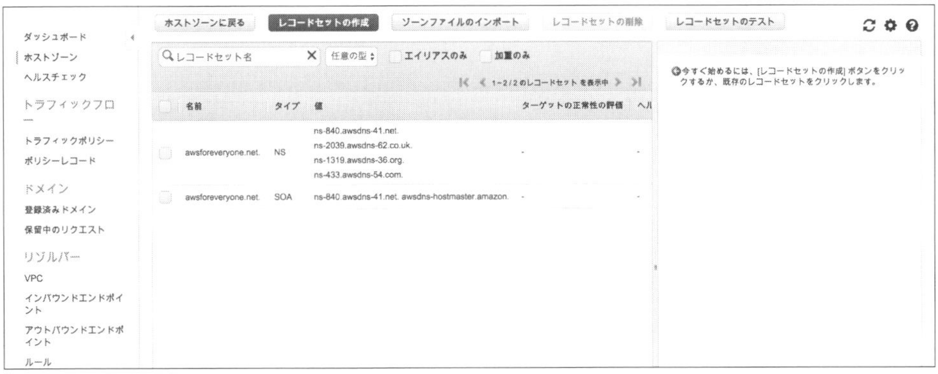

生します。

　ドメイン登録完了と同時に、Route 53のホストゾーンにも登録され、NXレコードとSOAレコードが作成済みの状態となっています（**図7**）。

　［レコードセットの作成］画面では、各種レコードを登録できます（**図8**）。

図8 ｜ ［レコードセットの作成］画面

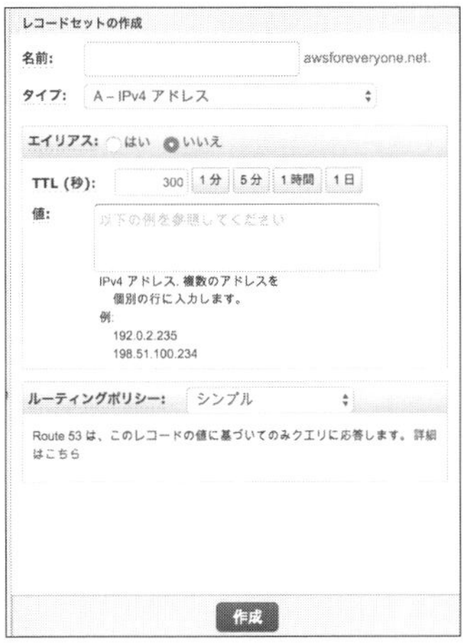

AWS Certificate Managerと SSL/TLS証明書

　AWS Certificate Manager（以下、Certificate Manager）を使うと、Elastic Load Balancing（ELB）、Amazon CloudFront、Amazon API GatewayといったサービスのHTTPSエンドポイントに対し、独自に取得したドメインのSSL（Secure Sockets Layer）/TLS（Transport Layer Security）証明書を設定できます。

　Certificate Managerでは無料で証明書の発行が可能であり、発行した証明書は更新も自動化されます。また、外部で購入した証明書をインポートして利用することもできます。

　一方、Certificate Managerで取得した証明書は、証明書や秘密鍵をエクスポートすること

はできません。そのため、Amazon EC2にインストールしたWebサーバーなどでは利用できず、Amazon CloudFrontのようなマネージドサービスでの利用に限られます。

　それでは、Certificate Managerを使って証明書を取得してみましょう。AWSマネジメントコンソールから［AWS Certificate Manager］画面へ移動します（**図9**）。

　証明書を作成するリージョンは、証明書を利用するサービスによって異なる点に注意しましょう。ELBのようなリージョンローカルに配置されるサービスで利用する場合には、対

象のサービスと同じリージョンに作成します。
Amazon CloudFrontのようなグローバルサービスで利用する場合には、バージニア北部
(us-east-1) で作成します。

　[証明書のプロビジョニング]の[今すぐ始める]をクリックして先に進みます。[証明書のリクエスト]画面で証明書のタイプとして[パブリック証明書のリクエスト]を選択します (**図10**)。[証明書のリクエスト]ボタンをクリックして次に進みます。

　[証明書のリクエスト]画面は全体で5ステップあります。以下のように設定してください。

ステップ1：ドメイン名の追加

　ドメイン名を追加します。[ドメイン名]のボックスに、証明書のコモンネームとなるFQDN (完全修飾ドメイン名) を入力します (**図11**)。ワイルドカード証明書も作成できます。また、複数のドメイン名も設定できます。[次へ]ボタンをクリックします。

| 図9 | [AWS Certificate Manager] 画面

| 図10 | 証明書のタイプを選択

ステップ2：検証方法の選択

証明書に設定したドメイン名を所有・管理していることを確認するための検証方法を選択します（図12）。Eメール検証の場合、ドメイン管理者に送付されるメールに記載されたリンクにリクエストすることで検証されます。DNS検証では、指定されるDNSレコードをDNSに登録することで検証されます。Eメール検証の場合、証明書の更新時に再度メールを確認する必要があるため、DNSレコードが有効である限り更新が完全に自動化されるDNS検証を推奨します。［DNSの検証］を選択して、［次へ］ボタンをクリックします

ステップ3：タグを追加

続いて、［タグを追加］画面が表示されます（図13）。管理しやすいように、わかりやすい名前や用途といった任意のタグが付与できます。不要であれば設定しなくても問題はありません。［確認］ボタンをクリックします。

| 図11 | 証明書のドメイン名の設定 (ステップ1)

| 図12 | 検証方法の選択 (ステップ2)

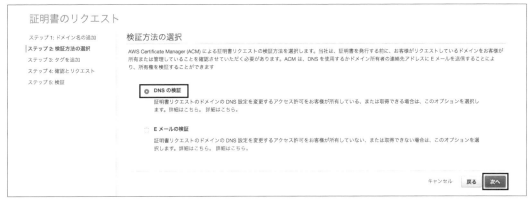

ステップ4：確認とリクエスト

最後に、リクエストするドメイン名と検証方法を確認し、[確定とリクエスト]ボタンをクリックします（図14）。

ステップ5：検証

これでリクエストが完了しました。この時点では検証待ちとなるのでまだ利用できません（図15）。[続行]ボタンをクリックします。

リクエストした証明書を確認すると、検証に必要なDNSレコードが表示されています（図16）。指定された名前と値をCNAMEレコードとして、Route 53に登録しましょう。Route 53のコンソールから[レコードセットの作成]をクリックスして登録します（前掲の図7、図8）。

登録後、問題なければ数分程度で検証が完了し、証明書が利用可能になります（図17）。

これでCertificate ManagerによるSSL/TLS証明書の作成は完了です。ここで作成した証明書を、2.7節で構築するApplication Load Balancer（ALB）に設定します。

| 図13 | タグの設定（ステップ3）

| 図14 | リクエスト内容の確認（ステップ4）

| 図15 | リクエスト内容の確認 (ステップ4)

| 図16 | DNS検証のレコード

| 図17 | 証明書の作成完了

2.3 アプリケーション構築・運用手段としてのコンテナ関連サービス

本節では、AWS上でコンテナを利用したアプリケーションを開発〜運用するための各サービスについて解説します。

濱田 孝治　*Koji Hamada*　Web https://dev.classmethod.jp/author/hamada-koji/

アプリケーションを運用する方式として、最近多くの場面で利用されるようになってきたのがコンテナです。AWSにももちろん、そのコンテナを運用していくためのマネージドサービスとして、代表的なものにAmazon ECSとAmazon EKSがあります。本節では、コンテナ関連サービスについての理解を深めるだけでなく、なぜアプリケーションをコンテナ化する必要があるのか、そのメリットはどのようなものか、実際にどのようなサービスを使うべきなのかについて説明していきます。

 コンテナとは何かを理解する

コンテナとはひと言で言えば「仮想化環境」ですが、他の仮想化技術と異なる点があります。従来の仮想化技術は、ホストマシン上でハイパーバイザを利用しその上でゲストOSを動かす形式が一般的でしたが、Dockerは仮想化ソフトウェアを使わずにOSのリソースを隔離するので、起動のオーバーヘッドが少ないという特徴があります。つまり、OSからユーザーやプロセスが隔離された仮想化環境を構築できます。

そして、そのコンテナに特化した開発ツールがDockerです。まずはDockerのインストールが必要です。以下のページからインストーラーをダウンロードし、インストールしてください。

- Docker Desktop for Mac and Windows | Docker
https://www.docker.com/products/docker-desktop

Dockerのインストールが終わったら、まず最初に試してみて頂きたいのがMarkdownファイルをWord (docx) ファイルに変換するコマンドです。**リスト1**のコマンドをターミナルで実行すると、カレントディレクトリのsample.mdからsample.docxが作成されます。

リスト1　Dockerを使ってMarkdownファイルをWordファイルに変換する

```
$ docker run -v `pwd`:/source jagregory/pandoc -f markdown -t docx sample.md -o ➡
sample.docx
```

図1 | Dockerの実行イメージ

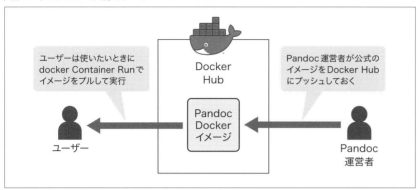

初回実行時はコンテナイメージをインターネットからダウンロードするために起動まで時間がかかりますが、2回目以降は即座に起動します。このコマンドの裏では、`docker run`で指定したコンテナイメージがクライアントにない場合、自動的にDocker Hubから該当するイメージをダウンロードして利用しています（**図1**）。

ここでDockerの使い方として意識してもらいたいのは、DockerはCLI（コマンドラインインターフェイス）として使えるということです。従来の仮想化技術ではこのようにアプリケーションプロセスのみを利用するようなことはできませんでした。Dockerは基本思想として仮想OSの基盤一式を提供するものではなく、必要なアプリケーションプロセスを起動し不要になったら即座に捨てる使い方が主であることを意識しておく必要があります。そうすることで、自然とアプリケーションをコンテナ化するとき、それが本当にコンテナとして提供する必要があるものかどうかという判断がしやすくなります。

Dockerの基本的な使い方を学んだあとは、実際に自分が利用するコンテナイメージを作成するために、Dockerfileを用意する必要があります。Dockerfileはシンプルなテキスト形式のファイルで、コマンドと引数を順番に並べて、`docker image build`コマンドを実行するとDockerイメージが生成されます。

リスト2はDockerfileのサンプルです。

リスト2 Dockerfileファイルのサンプル

```
FROM ubuntu:18.04
COPY . /app
RUN make /app
CMD python /app/app.py
```

Dockerfileの作成には大量の考慮点やノウハウがあり、扱いやすくかつメンテナンスしやすく、イメージサイズが適正なDockerfileを作成するには、それなりの時間が必要となります。以下のリソースが参考になります。

- Best practices for writing Dockerfiles | Docker Documentation
  https://docs.docker.com/develop/develop-images/dockerfile_best-practices/

- Dockerfileを改善するためのBest Practice 2019年版
  https://www.slideshare.net/zembutsu/dockerfile-bestpractices-19-and-advice

コンテナを使う意味を考える

　Dockerの基礎的な概念を学んだあとに必要なのは、コンテナを使う意味をしっかり自分の中で腹落ちさせておくことです。すべてのアプリケーションがコンテナ化に向いているわけではありません。そこにアプリケーションがあり、それをコンテナ化するかどうか迷ったときの判断基準として以下の3つがあります。

1. 複数の環境で使うか？
2. 頻繁に変更するか？
3. 増えたり減ったりするか？

　このうち2つ以上がYESならコンテナ化を検討してみましょう。

　ここ数年、ミドルウェアのインストールを簡略化するためにDockerイメージがあらかじめ用意されたものが非常に多くなっています。たしかにDockerイメージを利用したインストールは、最初の導入には非常に簡単です。ただ、それを長きにわたって運用していくことを考えると、普通にAmazon EC2で運用したほうが手間が少ない場合も多いかと思います。コンテナイメージ以外での公式インストール方法が提供されている場合は、そちらの利用も検討してみてください。

　上記の判断基準は、具体的なユースケースに基づいています。これらが必要な場合は、コンテナ化することのメリットは非常に大きくなります。

1. 複数の環境で使うか？
　➡開発〜検証〜本番で同じイメージを使う

2. 頻繁に変更するか？
　➡頻繁に機能追加をしていきたい
3. 増えたり減ったりするか？
　➡負荷に応じて弾力的に数を変えたい

　アプリケーションをコンテナ化するにあたって、設計上の原則として捉えておくべきものとして、有名なのが「The Twelve-Factor App」です。その現代版として、Pivotalが出している「Beyond the Twelve-Factor App」も参考になります。

- The Twelve-Factor App
https://12factor.net/
- Beyond the Twelve-Factor App
https://content.pivotal.io/blog/beyond-the-twelve-factor-app

　重要なポイントを抜粋します。もし、アプリケーションがこれらの要件を満たしていないのであれば、Dockerfileを作り始める前に先にこちらの対応を実施したほうがよいでしょう。

- **環境依存する設定は環境変数から展開できるようにする**：複数環境（開発、ステージング、本番）で同一イメージを利用するなら必須。他コンテナへの接続情報、データベース接続情報、ログの出力レベルなども環境変数で設定可能とする
- **廃棄容易性を確保する**：オートスケーリング環境でいつスケールイン時に廃棄されても問題ないようにする。永続化が必要なデータは、ステートフルなバックエンドサービスに格納する
- **ログはすべてSTDOUT、STDERRに出力**

する：バッファリングせずにそのまま出力し、各コンテナのログドライバで受領するように設計する

AWSにおけるコンテナ関連サービスについて理解する

ここまでで、コンテナの利用方法やコンテナの利用が適しているアプリケーションについて解説してきました。ここから、いよいよAWSのコンテナ関連サービスについて解説していきます。

AWSのコンテナ関連サービスは複数ありますが、ほぼ必須のものと選択して使うものに分かれます（**図2**）。

Amazon Elastic Container Registry (ECR)

Amazon ECRは、AWSが提供する完全マネージド型のDockerコンテナレジストリです。インフラはすべてAWSが管理してくれるため、自前のコンテナリポジトリの運用やインフラ管理が不要になります。AWSと完全に統合されて

いるので、従来の方法（IAM）でアクセス権限の管理が可能と、AWS環境でコンテナワークロードを展開するときにはほぼ必須のサービスです。一点、Docker Hubのようにインターネットへのパブリック公開はできません。

現在は、イメージに含まれる脆弱性検査を自動で実施してくれる設定もありなおかつ検査にかかる費用はすべて無料となっているので、そのオプションもONにしておくことを推奨します[注1]。

コントロールプレーンとデータプレーン

AWSのコンテナサービスを理解するために必須の概念が「コントロールプレーン」と「データプレーン」です。この2つの違いは必ず押さえるようにしてください。

コントロールプレーンの主な役割は**コンテナの管理**です。具体的には、コンテナが動作するネットワーク（Amazon VPC、サブネット、ロードバランサー、セキュリティグループ）や、コンテナの死活監視、自動復旧、負荷に応じたスケーリングなどを行います。

これに対して、データプレーンの主な役割は**コンテナが稼働する場所**です。コントロールプレーンからの指示に従って起動し、コンピューティングリソースを消費し、コンテナの状態をコントロールプレーンに通知します。

この2つの関係性は**図3**のようになります。4つの組み合わせの呼称は次のようになります。

| 図2 | AWSのコンテナ関連サービス

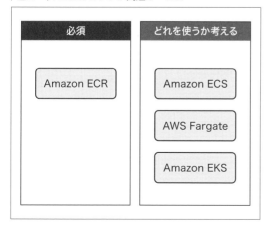

注1　イメージスキャン ｜ Amazon ECR ユーザーガイド
　　　https://docs.aws.amazon.com/ja_jp/AmazonE
　　　CR/latest/userguide/image-scanning.html

- Amazon ECS on EC2
- Amazon ECS on Fargate
- Amazon EKS on EC2
- Amazon EKS on Fargate

Amazon Elastic Container Service (ECS)

　Amazon ECSは、AWS完全マネージドのコンテナオーケストレーションサービスです。以下のような機能があります。

- オートスケール設定
- ロードバランサー統合
- コンテナのIAM権限管理
- コンテナのセキュリティグループ管理
- Amazon CloudWatchメトリクス統合
- Amazon CloudWatch Logs統合
- スケジュール実行機能統合

　最大の特徴は、最初からAWSのフルマネージドサービスとしてのコンテナオーケストレーションツールとして設計されているため、他のAWSサービスとの連携が充実しているところです。ただ、Amazon ECSの内部構造は決して簡単ではないので、ここでは図示して1つずつ説明していきます。

　まず、タスク定義とコンテナ定義の構造を**図4**に示します。コンテナを動かす基盤としてAWS FargateもしくはAmazon EC2を選択し、タスク定義を実装します。タスク定義にはコンピューティングリソースとしての設定（メモリ、CPU）などが定義されており、そのタスク定義の中には複数のコンテナ定義を含めることができます。このコンテナ定義は個々のDockerコンテナと1対1の関係になっており、`docker container run`を実行するときの

| **図3** | コントロールプレーンとデータプレーン

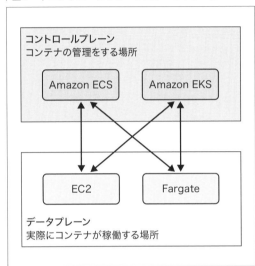

| **図4** | タスク定義とコンテナ定義の構造

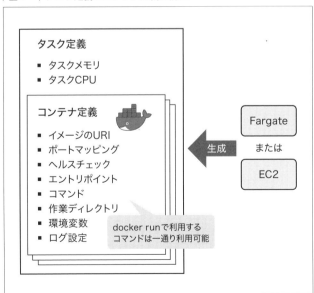

パラメータをコンテナ定義に指定可能です。

1タスクに複数コンテナを割り当てる例を**図5**に示します。コンテナを分ける理由としては、改修のプロセスが異なる（Nginxの設定とアプリケーションの改修は別）であったり、ログの出力先を区別する場合があります。

クラスターとサービスの関係を**図6**に示しま

す。クラスターが全体的なサービスを論理的に統合し、サービスには、タスク定義から具体的にサービス提供するためのインフラ周辺の情報を登録します。

図7は、Amazon ECSの具体的なサービスの構造例です。

| **図5** | 1タスクに複数コンテナを割り当てる例

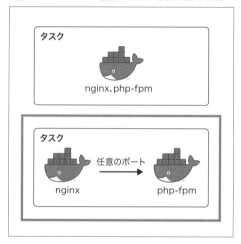

| **図6** | クラスターとサービスの関係

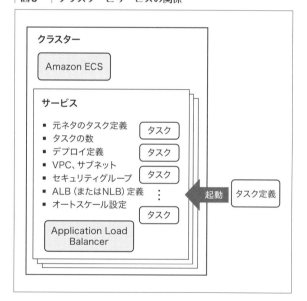

| **図7** | ECSの具体的なサービスの構造例

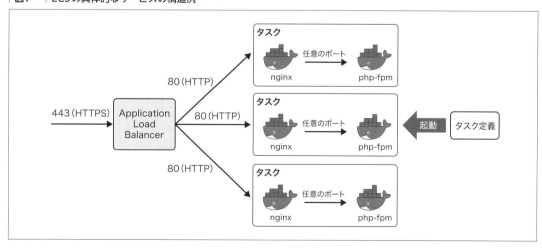

Amazon Elastic Kubernetes Service (EKS)

Kubernetesは、コンテナ運用自動化のためのオープンソースプラットフォームで、Googleの長年にわたるコンテナ運用の知見が集約されたものです。現在は、所有者が変わり、Cloud Native Computing Foundationで管理されています。

Amazon EKSは、AWSマネージドなサービスで、Kubernetesに正式準拠したプロダクトとして認定されています。最大の特徴は、元がオープンソースプロダクトであるため、Kubernetes用に開発されたさまざまなツールを広く利用することができる点です。

コンテナオーケストレーターとしての機能を比較してみましょう。大きな違いとしては、Amazon ECSはその他のAWSサービスを密に連携することでコンテナワークロードの開発や運用などのシチュエーションに対応できるように設計されていますが、Amazon EKSはKubernetesの機能を活用して対応する点にあります。たとえばCI/CD[注2]などについては、Amazon ECSはAWS CodePipelineに代表されるCodeシリーズと連携できますが、Amazon EKSにはそういった機能はありません。代わりにKubernetesに対応したさまざまなデプロイツール (Spinnaker、Argo CD、Flux) の中から構築するアプリケーションや運用体制に適するものを選択可能です。

AWS Fargate

AWS Fargateは、ホストインスタンスの管理が一切不要なコンテナ実行のためのデータプレーンです。ホストインスタンスのプロビジョニングが不要なAmazon ECSおよびAmazon EKSに対応したコンピューティングエンジンです。AWSマネジメントコンソールなどを見ても、Amazon EC2はまったく見えません。コンピューティングリソースとしてはAmazon EC2より若干割高 (1～2割) ですが、次のメリットを得られます。

- ホストインスタンスの管理が省けること
- Amazon EC2の余剰リソースが不要
- プラットフォームのセキュリティはAWS側で常に担保
- オートスケールの設定も不要

ランニング費用として直接請求される金額はAmazon EC2のオンデマンドに比べて割高ですが、仮想マシンを管理することの運用上のコストや煩雑さを考慮すると、TCO (Total Cost of Ownership) 全体で見た場合、メリットが大きい場合も多くあります。

注意点として、AWS Fargateには仮想マシンがないことによるデメリットも複数存在します。

- ホストインスタンスにSSHログインできないため、dockerコマンドを直接利用できない
- EFSが利用できない
- GPUインスタンスなど仮想マシン最適化されたインスタンスが利用できない
- Windowsコンテナが使えない

注2　CI/CD は Continuous Integration/Continuous Deliveryの略。CIは「継続的インテグレーション」、CDは「継続的デリバリー」と訳す。CIは開発時のプロセスの自動化に焦点を当てており、CDは変更に伴うテストやリポジトリ・本番環境の自動更新などを行う。

利用するコンテナワークロードの要件により、Amazon EC2を利用するかAWS Fargateを利用するかを検討してください。

2019年に開催されたカンファレンス「re:Invent」では、割引モデルの「Savings Plans」や、AWS Fargateキャパシティープロバイダでの「Fargate Spot」オプションが発表されました。Fargateの機能はどんどん進化しています。上で述べたような制限がなくなることも十分に考えられるので、AWSのアップデート情報については常にアンテナを張っておくべきでしょう。

要件に合ったコンテナ環境の選択が非常に重要

以上、駆け足でAWSのコンテナ周辺サービスについて説明してきました。コントロールプレーン、データプレーンにそれぞれ選択肢があることがおわかりいただけたかと思います。

コンテナ環境の構築技術も重要ですが、何よりビジネス要件、アプリケーション要件に合致したコンテナ環境を選択することがこれからコンテナワークロードの展開をAWS上で検討していく上で非常に重要です。

Amazon ECSとAmazon EKSの選択ひとつとっても考慮点はいくつもあります。可能であれば、技術選定の際にはドキュメントの読み比べだけではなく、実際に開発および運用される人が簡単なアプリケーションでよいので実際にアプリケーションをAWS上で展開しデプロイ方法などを試してみつつ、それぞれのサービスの機能を確かめることが非常に重要となります。

また、Amazon EKS (Kubernetes) を採用さ

れる際は、以下のAWSのブログが非常に参考になります。

- スタートアップのためのコンテナ入門 – Kubernetes 編｜AWS Startupブログ
https://aws.amazon.com/jp/blogs/startup/techblog-container-k8s-1/

私の現場経験では、Kubernetesの経験がなくこれからコンテナワークロードをAWS上で開発・運用していこうと考えている組織であれば、Amazon EKSよりAmazon ECSの利用を推奨します。

逆に、すでにOpenShiftなど他のプラットフォームでKubernetesを運用していたり、Kubernetesのエコシステムに存在するさまざまなツールをフル活用する必要があるアプリケーションであれば、Amazon EKSを採用すべきでしょう。

この選択は非常に難しく、ビジネス要件や実際の開発・運用メンバーのスキルセットに依存するものなので、唯一の正解はありません。ぜひ皆さんの現場でもPoC (Proof of Concept：概念実証) の期間を設けてどちらを採用するかをきちんと現場で腹落ちさせてから、開発プロジェクトを進行すべきと考えます。

2.4 CI/CDを実現するCodeシリーズ

事業継続性という観点から、CI/CD（継続的インテグレーション／継続的デリバリー）環境の実現が求められるようになってきています。本節ではCI/CDを実現するAWSのサービスについて解説します。

濱田 孝治　*Koji Hamada*　Web https://dev.classmethod.jp/author/hamada-koji/

AWSなどのパブリッククラウドを利用することで、そのインフラのコードによる管理、IaC（Infrastructure as Code）も一般的になってきました。それらインフラのコード管理と両輪として考えるべきなのが、アプリケーション開発（プログラミング→ビルド→テスト→デプロイ）の自動化です。

AWSには、このようなアプリケーション開発の自動化、CI/CD（Continuous Integration/Continuous Delivery）を実現するためのサービスが用意されています（**表1**）。これらのサービスはいずれも「Code～」という名称が頭につき、総称して「Codeシリーズ」と呼ばれています注1。以下では、これらCodeシリーズについて、それぞれの特徴と実際の設定方法、および

本章で作成するコンテナアプリケーションに対するデプロイ方法を紹介していきます。

アプリケーション開発のフェーズをAWSのCodeシリーズに割り当てると**図1**のような関係になります。

- ソースコード（作成）
- ビルド
- テスト
- デプロイ

開発全体の流れ（パイプライン）は、AWS CodePipelineが制御し、その中にソースコードの格納・管理を行う AWS CodeCommit、ビルドおよびテスト実行サービスとして AWS CodeBuild、デプロイを行う AWS CodeDeploy があります。以下では、これら Code シリーズを順番に説明していきます（名称の AWS は略します）。

| 表1 | 本節で紹介するCodeシリーズのサービス |

サービス名	説明
AWS CodeCommit	AWSがフルマネージド管理するGitリポジトリ
AWS CodePipeline	CI/CDをつかさどるパイプラインサービス
AWS CodeBuild	アプリケーションのテストやビルドを実行
AWS CodeDeploy	アプリケーションのデプロイを実行

注1　正式名称ではありません。

図1 　AWS Codeシリーズと開発フェーズ

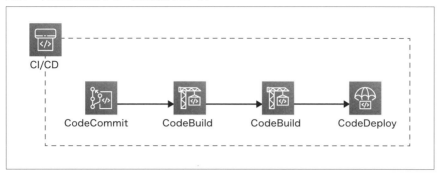

AWS フルマネージドGitリポジトリ「CodeCommit」

CodeCommitは、AWSマネージドなGitリポジトリで、いわゆるバージョン管理システム（VCS）として利用します。Gitリポジトリとして一般に必要となるインフラ面の管理はすべてAWSに任せることができ、高可用性および高耐久性を実現しています。内部仕様として、GitオブジェクトはAmazon S3で管理されGitインデックスはNoSQLデータベースのAmazon DynamoDBで管理され、暗号化キーはAWS Key Management Service（AWS KMS）で管理されています。

アクアセス方法としては、SSHおよびHTTPSの両方が利用可能で、特段他のGitリポジトリサービスと利用方法が異なるところは少なく、基本的な使い方は他のサービス（GitHub、GitLabなど）と変わりありません。

🔲 CodeCommitの利用方法（HTTPS）

前述したように、CodeCommitリポジトリに接続する方法はSSHとHTTPSの2種類がありますが、まずは、Git認証情報を設定したHTTPS接続方法を紹介します。この場合、静的なユーザー名とパスワードを使用してHTTPS認証をサポートするサードパーティのツールやIDEを利用することができます。

最初に、CodeCommitにアクセスするためのIAMユーザーを用意します。IAMユーザーのポリシーに`AWSCodeCommitFullAccess`が含まれていることを確認してください。IAMユーザーの作成後、該当IAMユーザーの［Security credentials］タブをクリックします。［HTTPS Git credentials for AWS CodeCommit］の画面で、［Generate credentials］ボタンをクリックします（**図2**）。

そうすると、自動的にIAMが生成したGitユーザー名とパスワードが表示されます。これは自動的に割り当てられ、変更することはでき

図2 　セキュリティ認証情報の生成

HTTPS Git credentials for AWS CodeCommit

Generate a user name and password you can use to authenticate HTTPS connections to AWS CodeCommit repositories. You can generate and store up to 2 sets of credentials. Learn more

Generate credentials

ません。このユーザー名とパスワードはなくさないようにダウンロードしておきます（**図3**）。

次に、CodeCommitリポジトリを作成します。操作は簡単で、AWSマネジメントコンソールからCodeCommitを開き、画面右上の[Create repository]ボタンをクリックします。

[Create repository]画面が表示されます（**図4**）。[Repository name]にリポジトリ名を入力します（ここでは「sample-repository」を入力。このリポジトリ名は後ほど使用します）。[Description]にはリポジトリの内容を説明する文章を入力します（入力は任意です）。

[Create]ボタンをクリックすると、[CodeCommit]リポジトリが作成されます（**図4**）。

これで事前準備は完了です。作成したリポジトリを開くと、**図5**のように画面右上に接続用のURLをコピーするメニューが表示されています。ここで[Clone HTTPS]をクリックしてURLをコピーし、接続するGitクライアントを事前にインストールしたクライアントで次のように`git clone`コマンドを実行します。

```
$ git clone https://git-codecommit.ap-↪
northeast-1.amazonaws.com/v1/repos/sam↪
ple-repository
```

初めて接続する場合、リポジトリに接続するユーザー名とパスワードの入力を求められるので、各クライアントの構成に応じて先ほど作成したGitユーザー名とパスワードを入力します。無事クライアント側に`git clone`した結果が反映されていれば正常に接続されたことになります。

図3 Gitユーザー名とパスワードの作成

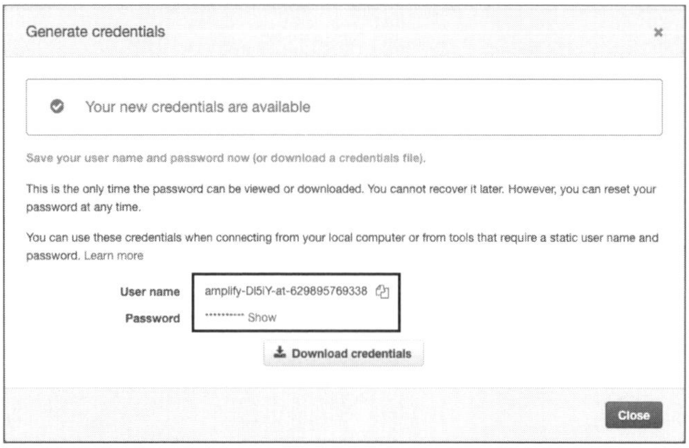

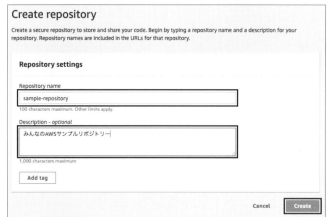

図4 リポジトリの作成

│図5│ リポジトリへの接続

CodeCommitの利用方法（SSH）

CodeCommitリポジトリにSSH接続する場合、AWS CLI（Command Line Interface）をインストールせずにリポジトリへ接続できます。手順として最初にSSHのパブリックキーをIAMユーザーに関連付けます。事前に利用する各クライアントマシンで秘密鍵と公開鍵を作成しておきます。

AWSマネジメントコンソールからIAMのコンソールを開き、公開鍵を登録するIAMユーザーの［Security Credentials］タブを選択し、［Upload SSH Public key］をクリックします。続いて、SSH公開鍵の内容をフォームに貼り付けて［Upload SSH public key］ボタンをクリックします（**図6**）。

│図6│ SSHキーの作成

SSHキーIDがマネジメントコンソール上に表示されるので、それをメモしておきます。各クライアントの~/.ssh/configファイルの内容を**リスト1**のように修正します。Userにホスト接続先で利用するSSHのキーIDを入力し、IdentityFileには、作成した秘密鍵へのパスを指定します。秘密鍵のパーミッションを変更するために`chmod 600 id_rsa`を事前に実行しておくのを忘れないでください。

リスト1 ~/.ssh/configファイル

```
Host git-codecommit.*.amazonaws.com
User SSH-Key-ID
IdentityFile ~/.ssh/id_rsa
```

これで準備完了です。以下の`ssh`コマンドで接続テストを実施してみてください。

```
$ ssh git-codecommit.us-east-2.amazona↩
ws.com
```

ここでは基本的な接続手順を紹介しました。各クライアントOSごとの詳細な接続手順については、AWSの「Setup for SSH Users Not Using the AWS CLI」[注2]のページを確認してください。

これでCodeCommitによるGitリポジトリの作成および接続ができるようになりました。一度セッティングが終わればあとは通常のGitリポジトリと同様の手順で利用できます。

また、CodeCommitは、コンソールからコ

注2　https://docs.aws.amazon.com/codecommit/latest/userguide/setting-up-without-cli.html

ミット履歴やコミットグラフの表示、ファイルの編集、プルリクエストの作成などを実行でき、Gitリポジトリとして利用できる基本的な機能が備わっています。これらについても是非試してみてください。

アプリケーションのテストやビルドを実行する「CodeBuild」

AWS CodeBuildはAWSのマネージドビルドサービスです。実行できる内容は多岐にわたり、処理内容をCodeBuild独自の設定ファイルbuildspec.ymlに記述することで、アプリケーションのビルドやテストなどあらゆる処理を実行できます。使用に必要な料金はオンデマンド

となるため、ビルドサーバーを常時稼働していなくても必要なときに必要なだけのコンピューティングリソースを利用できます。

CodeCommitとも統合されているため、ソースコードがCodeCommitにプッシュされたときに自動的にCodeBuildのビルドプロジェクトを動作させられます。

CodeBuildによるテストスクリプトの実行

まずは、非常に簡単なbuildspec.ymlを作成し、実際にCodeBuildプロジェクトを作成して動作を確認してみましょう。

事前に**リスト2**の内容のbuildspec.ymlファイルを作成しておきます。この設定ファイルの内容に従ってCodeBuildが動作します。最初にPythonのランタイムバージョンをインストールし、適宜動作状況をechoコマンドで出力しながらAWSの日本語サイトにcurlを実行します。

今回は、前節で作成したCodeCommit上のリポジトリsample-repositoryにbuildspec.ymlファイルを格納します。事前に、リポジトリはクライアントにgit clone

リスト2　buildspec.ymlファイル

```
version: 0.2

phases:
  install:
    runtime-versions:
      python: 3.8
  pre_build:
    commands:
      - echo Nothing to do in the pre_build phase...
  build:
    commands:
      - echo Curl Test started on `date`
      - curl -I https://aws.amazon.com/jp/
  post_build:
    commands:
      - echo Test completed on `date`
```

リスト3　リポジトリをクライアントにgit cloneする

```
$ git clone https://git-codecommit.ap-northeast-1.amazonaws.com/v1/repos/sample-repository
```

リスト4　buildspec.ymlをコミットし、リポジトリにプッシュする

```
$ git add .
$ git commit -m 'CodeBuild動作確認用buildspec.ymlの登録'
$ git push
```

しておきます (**リスト3**)。

　さらに、buildspec.ymlをコミットし、リポジトリにプッシュしておきます。これでリポジトリ側の設定は完了です (**リスト4**)。

　このあと、CodeBuildの設定を指定していきます。AWSマネジメントコンソールからCodeBuildを開き、[Create project]をクリックします。以下の内容で入力していきます。

- [Project configuration]
  - [Project name]：sample-buildproject 【このプロジェクト名は後ほど使用します】
- [Source]
  - [Source provider]：AWS CodeCommit
  - [repository]：sample-repository 【前の手順で作成したリポジトリ】
  - [Reference type]：Branch
  - [Branch]：master【今回はmasterブランチのコードを取得】
- [Environment]
  - [Environment Image]：Managed Image
  - [Operating system]：Ubuntu
  - [Runtime(s)]：Standard
  - [Image]：aws/codebuild/standard:3.0
  - [Image version]：Always use the latest image for this runtime version
  - [Environment type]：Linux
  - [Service role]：New service role
  - [Role name]：codebuild-sample-build projcct-scrvicc rolc
- [Buildspec]：Use a buildspec file
- [Artifacts]
  - [Type]：No artifacts
- [Logs]
  - [CloudWatch logs]：チェックを入れる
  - [Group name]：sample-buildproject-loggroup
  - [Stream name]：sample

　一通り入力が完了したら、[Create build project]をクリックし、CodeBuildプロジェクトを作成します。

　[Start build]ボタンをクリックしてビルドを開始します (**図7**)。[Start build]画面ではビルド設定を上書きすることもできます。ここでは、特に追加の設定は不要なので、そのまま[Start build]ボタンをクリックします。

　しばらく待つと[Build logs]タブの中にビルド実施中のログ内容が表示されます。buildspec.ymlの内容とログの内容を見比べると、どのようにCodeBuildが動作しているか確認で

| 図7 | CodeBuildプロジェクトの作成

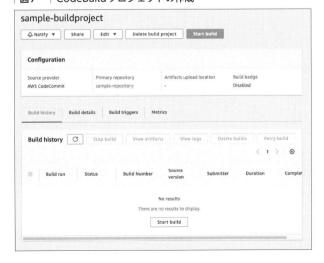

きます。buildspec.ymlに記述した**curl**コマンドの実行結果はきちんとログに記録されているでしょうか？ もし、失敗している場合はログの内容を確認しながらトラブルシューティングしてみてください。

今回はリポジトリに対してbuildspec.ymlファイルだけをコミットした状態でビルドを実行しましたが、もちろんリポジトリ内のソースコードをCodeBuildで利用することもできます。各種ソースコードからのビルドやビルドした結果を利用したテストなどもbuildspec.ymlにすべて記述すれば利用可能になります。詳細については、以下のページを参考にしてください。

- Build Specification Reference for CodeBuild

https://docs.aws.amazon.com/codebuild/latest/userguide/build-spec-ref.html

今回は手動でCodeBuildプロジェクトを実行していますが、後ほど説明するCodePipelineを利用することで、CodeCommitへのプッシュを自動的に検知して自動ビルドの設定も可能となります。

Codeシリーズを束ねる「CodePipeline」

CodePipelineは、AWSがマネージド提供するCI/CDサービスと言えます。主にアプリケーションのビルド→テスト→デプロイの手順を自動化し、開発したアプリケーションを素早く本番環境にデプロイするための、さまざまな機能を提供します。

CodeシリーズにおけるCodeCommit、CodeBuild、CodeDeployがそれぞれ専門の機能を有した各要素であるサービスなのに対して、CodePipelineはそれら要素を順番に連続して実行するためのパイプラインを作成するために利用されます。

以下では、先ほど作成したCodeCommitとCodeBuildをCodePipelineで連結することにより、CodeCommitのmasterブランチに対するプッシュから自動的にCodeBuildを動作させるサンプルを紹介します。

CodePipelineの作成

AWSマネジメントコンソールからCodePipelineのサービスを開いて[Create pipeline]をクリックし、[Choose pipeline settings]画面を表示します（**図8**）。次のように各項目を設定します。

- [Pipeline name]：sample-pipeline
- [Service role]：New service role
- [Role name]：sample-pipeline-role

図8　[Choose pipeline settings]画面

76

入力を終えたら[Next]ボタンをクリックし、[Add source stage]画面で次のように設定します。

- [Source provider]：AWS CodeCommit
- [Repository name]：sample-repository[作成済みのリポジトリの名称]
- [Branch name]：master【masterブランチへのプッシュをトリガーに動作】
- [Change detection options]：Amazon CloudWatch Events (recommended)【CodePipelineのトリガーにCloudWatch Eventsを利用】

[Add build stage]画面では以下のように入力します。

- [Build provider]：AWS CodeBuild
- [Region]：Asia Pacific (Tokyo)
- [Project name]：sample-buildproject【作成済みのビルドプロジェクトの名称】

[Add deploy stage]画面では[skip deploy stage]をクリックします。

| 図9 | パイプラインの作成画面

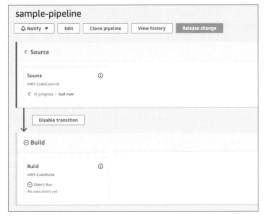

最後に[Create pipeline]ボタンをクリックしてパイプライン（ここでは「sample-pipeline」という名称）を作成します（**図9**）。作成が成功すると、自動的に作成したパイプラインが実行されます。この表示がリアルタイムに変更されていく様子は見ててとても楽しいです。

画面には作成したパイプラインが表示されており、[Source]ステージにはパイプラインの起動元となるCodeCommitのリポジトリ情報が表示され、[Build]ステージには先ほど作成したCodeBuildプロジェクトが表示されています。ここで[Details]をクリックすることで、実際のビルドプロジェクトのビルド結果を確認することができます。

CodePipelineを利用したビルドの詳細については、以下のページを参考にしてください。

- CodeBuildでCodePipelineを使用してコードをテストし、ビルドを実行する
https://docs.aws.amazon.com/ja_jp/codebuild/latest/userguide/how-to-create-pipeline.html

CodeCommitへのプッシュによる Pipeline自動起動の確認

CodePipelineが正常に作成され、既存のビルドプロジェクトが動作している状態から、CodeCommitリポジトリへのプッシュによるCodePipeline起動を確認します。sample-repository内のbuildspec.ymlを**リスト5**のように変更します。ここでは、https://amazon.com/へのcurlコマンドを追加しています。

CodePipelineの設定が正常であれば、`git push`した数秒後、自動的にパイプラインが起動するのを確認できます（**図10**）。

CommitログやBuildログを確認し、意図し

リスト5　buildspec.ymlファイル (curlコマンドを追加)

```
version: 0.2

phases:
  install:
    runtime-versions:
      python: 3.8
  pre_build:
    commands:
      - echo Nothing to do in the pre_bui➡
ld phase...
  build:
    commands:
      - echo Curl Test started on `date`
      - curl -I https://aws.amazon.com/jp/
      - curl -I https://amazon.com/
  post_build:
    commands:
      - echo Test completed on `date`
```

図10　自動的にパイプラインが起動

たCodeCommitへのコミットとプッシュが、正常にPipelineから起動し実行されることを確認してみてください。あらかじめビルドプロジェクトを用意しておけば、継続的デリバリーを実現するCodePipelineが非常に簡単に作成できることがわかると思います。

CodePipelineのその他の機能

CodePipelineは、各アクションタイプにおいて利用できるAWSのサービスやサードパーティ製ツールが多数用意されています。たとえば、ビルドアクションに既存のJenkinsのプロジェクトを利用することも可能です。表2に、各アクションタイプで利用できるサービスの一覧を挙げておきます。

　これらサービスを自由に組み合わせて、独自のパイプラインを作成することが可能です。

アプリケーションのデプロイを実現する「CodeDeploy」

Codeシリーズ最後のCodeDeployについて説明します。アプリケーションのデプロイ、特に運用環境へのデプロイは非常にセンシティブで自動化できていないことが多く、インフラ面でもアプリケーション面でも双方で非常に運用負荷が高い業務でした。しかし近年、このアプリケーションデプロイも自動化することで、人的作業に依存しない安定した高速なデプロイを実現するサービスが多数リリースされています。

　CodeDeployはアプリケーションデプロイに特化したサービスで、Amazon EC2インスタンスやLambdaファンクション、Amazon ECSなどのコンテナサービスに対してアプリケーションデプロイの自動化を支援します。また、オンプレミスのサーバーに対しても専用のエージェントを導入することでデプロイの自動化が可能です。

　CodeDeployは、以下の2つのデプロイタイプに対応しています。

■ インプレイスデプロイ：Amazon EC2もしく

| 表2 | CodePipelineのアクションタイプとサービス名 |

アクションタイプ	サービス名
ソース（Source）	Amazon S3、AWS CodeCommit、GitHub、Amazon ECR、AWS CodeStar Connections
ビルド（Build）	AWS CodeBuild、CloudBees、Jenkins、TeamCity
テスト（Test）	AWS CodeBuild、AWS Device Farm、BlazeMeter、Ghost Inspector、Micro Focus StormRunner Load、Nouvola、Runscope
デプロイ（Deploy）	Amazon S3、AWS CloudFormation、AWS CodeDeploy、Amazon Elastic Container Service、AWS Elastic Beanstalk、AWS OpsWorks Stacks、AWS Service Catalog、Alexa Skills Kit、XebiaLabs
承認（Approval）	Amazon Simple Notification Service
呼び出し（Invoke）	AWS Lambda

はオンプレミスプラットフォームのみで利用
可能で、デプロイグループごとの各インスタ
ンスのアプリケーションを停止し、最新のア
プリケーションリビジョンを開始し検証する
ことができます。ロードバランサーを利用す
ることで、各EC2インスタンスがデプロイ中
はロードバランサーから切り離され、新アプ
リケーションリリース後、自動的にロードバ
ランサーに接続するなどの動作設定が可能
です。

- Blue/Greenデプロイ：新環境をインフラも
含めて新たに作成し、その新環境での動作
テストが問題なければ、その新環境をインフ
ラとアプリケーションをひっくるめてまとめ
てデプロイする方式です。Amazon EC2／
オンプレミス、AWS Lambda、Amazon
ECSの3つのプラットフォームでこれが利用
可能です。インプレイスデプロイに比べて、
リリース時の問題発見後のロールバックが高
速という利点があります。

 まとめ

　以上、駆け足でAWSのCI/CDを実践する
Codeシリーズについて説明しました。Codeシ
リーズの最大の利点は事前のインフラのプロ
ビジョニングが不要で完全に従量課金でCode
PipelineやCodeBuildを利用可能なことです。
インフラの管理をせずにサービスとしてCI/CD
を扱うことは、本来実施すべきアプリケーショ
ンの開発に注力するために、非常に有用かつプ
ロジェクトを差別化する要素となります。

　機能が非常に豊富なため、まずは今回紹介し
たようなミニマムなパイプラインやプロジェク
トを利用することで、徐々に使い方に習熟して
もらいつつ、Codeシリーズが持つパワーを十
分に味わっていただければと思います。

2.5 モニタリング：障害監視、リソース監視

本節ではクラウド環境での障害を防ぐために必要なモニタリング機能について解説します。特に、Amazon CloudWatchの機能を中心に説明していきます。

江口 佳記　*Yoshiki Eguchi*　 https://dev.classmethod.jp/author/eguchi-yoshiki/

本節では、デプロイしたコンテナ環境のモニタリングについて解説します。具体的には、コンテナのリソース情報（メトリクス）の収集、ログの取得、ログ情報の可視化および分析、問題発生時のアラーティングについて述べます。

AWSが標準で搭載しているモニタリング機能はAmazon CloudWatch[注1]（以下、CloudWatch）に集約されています。データの収集から分析まで基本的な機能が提供されています。

本節ではCloudWatchのみでモニタリングを完結させる方法を紹介しますが、実際の環境ではCloudWatchだけですべてを完結させる必要はありません。サーバーやコンテナのメトリクスやログの取得にサードパーティ製のツールを使ってもよいですし、データの収集だけをCloudWatchで行い、可視化・分析は他のツールに頼るという方法もあります。

モニタリングは日常の運用管理業務で行う作業なので、運用者に負荷の掛からない方式で実現するのがよいでしょう。

AWSコンポーネントでのデータ収集

モニタリングするには、AWSコンポーネントからデータを収集する必要があります。まず、データの収集方法について簡単に説明します。

ログの収集

CloudWatchにはログを一括管理する機能として **Amazon CloudWatch Logs**（以下、CloudWatch Logs）があります。収集したログを集め、閲覧したり、分析・可視化を行うことができます。これにはCloudWatch Logs Insightsを使用します。ロググループが作成でき、種類の異なるログはグループを分けて管理できます。さらに、クエリ言語を使ってログの分析および操作が可能です。

CloudWatch Logsに対応したAWSサービスの場合は、設定すればCloudWatch Logsに直接ログを配信できます。たとえばAmazon RDSの各種ログ、Amazon SNSの配送ステータスといった情報をCloudWatch Logsへ配信できます。

このほかに、AWS上のコンポーネントの動

注1　https://aws.amazon.com/jp/cloudwatch/

作を記録するサービスとして重要なものとして **AWS CloudTrail**があります。AWS Cloud Trailは各サービスで呼び出されたAPIを記録する機能で、セキュリティのための証跡としては非常に重要となります。

AWS CloudTrailもCloudWatch Logsにログを配信することができるため、各種API操作の情報も集約させることができます。詳しい設定方法についてはAWSの公式ドキュメントを参照してください[注2]。

また、CloudWatch用のエージェントソフトウェアであるCloudWatch AgentをAmazon EC2インスタンスやコンテナ、オンプレミスサーバーにインストールすれば、各種ログをCloudWatch Logsに配信できます。

メトリクスの収集

CloudWatchは標準でいくつかのメトリクスを取得できます（標準メトリクス）[注3]。たとえばAmazon ECSの場合、クラスター／サービスでのCPU、メモリの使用率、予約率が標準メトリクスとなります。

収集されたメトリクスは、クラスター名、サービス名のディメンションの組み合わせごとに集計されます。ここでディメンション[注4]とは、メトリクスにおけるカテゴリのようなものです。

標準で取得しないメトリクスのことを「カスタムメトリクス」と呼びます。カスタムメトリクスをCloudWatchに送る方法はいくつかあります。それぞれ、以下で紹介していきます。

AWS CLIを用いたカスタムメトリクスのプッシュ

AWS CLIを利用してカスタムメトリクスを送ることができます[注5]。最も手軽な方法です。

この方法で定期的にカスタムメトリクスを送りたい場合は、**リスト1**で示した`cloudwatch put-metric-data`コマンドをcronで実行します。このほかにも、メトリクスを取得するスクリプトを独自に作成するといった方法もあります。

CloudWatch Logsメトリクスフィルターを用いたログ内の特定イベント数の集計

CloudWatch Logsで取得したログから、あるイベントの数をカウントしてメトリクスとして記録したいという場合は、CloudWatch Logsの機能である「メトリクスフィルター」が使用で

リスト1 cloudwatch put-metric-dataの構文

```
aws cloudwatch put-metric-data --metric-name [メトリクス名] --namespace [名前空間] ➡
--unit [単位] --value [値] --dimensions [ディメンション名]=[値]
```

注2 Amazon CloudWatch Logsを使用してCloud Trailのログファイルをモニタリングする | AWS
https://docs.aws.amazon.com/ja_jp/awscloudtrail/latest/userguide/monitor-cloudtrail-log-files-with-cloudwatch-logs.html

注3 CloudWatchメトリクスを発行するAWSのサービス | AWS https://docs.aws.amazon.com/ja_jp/AmazonCloudWatch/latest/monitoring/aws-services-cloudwatch-metrics.html

注4 ディメンション | AWS
https://docs.aws.amazon.com/ja_jp/AmazonCloudWatch/latest/monitoring/cloudwatch_concepts.html#Dimension

注5 カスタムメトリクスを発行する | AWS
https://docs.aws.amazon.com/ja_jp/AmazonCloudWatch/latest/monitoring/publishingMetrics.htm

きます。

　メトリクスフィルターを使うと、文字列パターンを定義し、そのパターンにマッチしたログ内の文字列の数を集計し、カスタムメトリクスとして記録できます。たとえば、イベントログの情報の可視化に役立ちます。単一の語句をマッチングさせる単純な設定から、OR条件などを用いた複雑な条件の設定まで行えます。フィルターの構文については、AWSの公式ドキュメントを参照してください[注6]。

　ただし、メトリクスフィルターは設定したあとに記録されたログにのみ適用されるので注意してください。設定された時点より以前のログにはさかのぼって適用されません。

アプリケーションレイヤーでの カスタムメトリクスの収集

　アプリケーションで独自のメトリクスを取得して記録する場合は、CloudWatchのAPIメソッド`PutMetricsData`を利用してカスタムメトリクスを送ることができます。あるいは、2019年11月のアップデートでCloudWatch Logsに追加された「埋め込みメトリックフォーマット」も利用できます。これはCloudWatch Logsに指定フォーマットでログを送るとカスタムメトリクスとして自動的に認識してくれるというもので、メトリクスを送る処理をログへ記録する処理に組み込むことができるようになります。前述のメトリクスフィルターと異なり、フィルターの定義などは不要です。

　手前味噌ですが、こちらの機能についてはリリース時に筆者がDevelopers.IOのブログ記事で解説しているので参照してみてください[注7]。

Container Insightsによるコンテナの 詳細情報の収集

　コンテナ関連の情報については、すでに述べたようにクラスター・サービスの単位でのCPUとメモリ程度の情報しか取得できません。幸いなことに、これを補う機能として「Container Insights」が2019年9月に追加されました。この機能を利用すると、サービスごとの動作しているタスク数や、各タスクごとの負荷状況など、より詳細な情報をカスタムメトリクスとして取得できるようになります。設定も簡単で、クラスターごとに有効／無効を切り替えるだけです。初期状態ではこの機能は無効ですが、クラスター作成時にデフォルトで有効になるよう設定を変更することもできます。

　アカウント全体でのContainer Insightsの有効／無効の設定の切り替えはGUIでもCUIでもできますが、ここではCLIでの有効化の方法を紹介しておきます。**リスト2**を見てください。ここではAWS CLIでContainer Insightsを有効化しています。成功すると**リスト3**のように出力されます。

　Container Insightsについては、Developers.IOのブログ記事で丁寧に説明していま

注6　フィルターとパターンの構文 | AWS https://docs.aws.amazon.com/ja_jp/AmazonCloudWatch/latest/logs/FilterAndPatternSyntax.html

注7　CloudWatch Logsにカスタムメトリクスを埋め込める、Embedded Metricsが追加されました！| Developers.IO（クラスメソッド）https://dev.classmethod.jp/cloud/aws/cloudwatch-logs-embedded-metrics/

リスト2　Container Insightsの有効／無効の設定の切り替え

```
$ aws ecs put-account-setting --name "containerInsights" --value "enabled"
```

リスト3　成功した場合の出力

```
{
    "setting": {
        "name": "containerInsights",
        "value": "enabled",
        "principalArn": "arn:aws:iam::XXXXXXXXXX:user/your-user-name"
    }
}
```

す[注8]。GUIでの設定方法やクラスター単位の設定など、その他の設定方法などの詳細については参考になると思います。

ダッシュボードによる可視化

さて、取得したデータについては運用者にわかりやすいよう可視化しておきたいところです。ここでは任意の情報をダッシュボードに組み込む方法について紹介します。

各サービスの標準ダッシュボード

カスタマイズの前に、CloudWatchではあらかじめ、各サービスに応じたダッシュボードがいくつか作られているため、まずはこれを紹介します。サービスごとに概要がわかればよいという場合には、これで十分ということもあるでしょう。なお、ここではこのダッシュボードを便宜上「標準ダッシュボード」と呼ぶことにします（AWSの正式な呼称ではない点にご留意ください）。

注8　ECSやEKSのメトリクスを一括取得するContainer Insightsが一般公開！既存ECSクラスタも追加設定可能に！| Developers.IO（クラスメソッド）https://dev.classmethod.jp/cloud/aws/container-insights-ga/

AWSマネジメントコンソールからCloudWatchを開き、一番上の［CloudWatch］をクリックして開いたペインの［概要］のリンクをクリックすると、プルダウンでメニューが開きます（図1）。Container Insightsの情報を確認するには、メニューから［Container Insights］を選択すればCloudWatch Container Insightsの標準ダッシュボードが開きます（図2）。

カスタムダッシュボード

前述の各サービス標準のダッシュボードは表示する内容をカスタマイズできませんが、CloudWatchではカスタムのダッシュボードを作成できます。

作成手順は簡単で、AWSマネジメントコンソールでCloudWatchを開いて、［ダッシュボード］→［ダッシュボードの作成］を選択すると、新しくダッシュボードを作成されます。

作成可能なウィジェット

ダッシュボードにウィジェットを追加するには、画面上の［ウィジェットの追加］ボタンをクリックします（図3❶）。ウィジェットの種類を選ぶ［これをダッシュボードに追加］画面が開いた

ら❷、いずれかを選択してから［設定］ボタンをクリックします。これで、ウィジェットに表示する情報（基本的には「メトリクス」となります）を選択する画面に遷移します❸。

ダッシュボードに追加できるウィジェットの種類は**表1**のとおりです。メトリクスの場合、時系列の情報が知りたければ線グラフ、最新の値が知りたければ数値パネル、複数の系列を合計した値（とその内訳）が見たければスタックされたエリア、といった使い分けになります。

メトリクスと統計値の選択

メトリクスの選択画面では、ウィジェットに表示するメトリクスと、表示する値としてどの統計値を利用するかを選択します。

メトリクスは**図3**❸の画面下部に表示されるメトリクス選択画面から選択します。選択する際は［名前空間］→［ディメンション］→［メトリクス］と階層をドリルダウンして目的のメトリクスを探します。たとえばContainer Insightsで取得したメトリクスの場合、名前空間は「ECS/ContainerInsights」、ディメンションは次の3つとなります。

- ClusterName：クラスターごとの情報
- ClusterName, ServiceName：サービスごとの情報を確認する場合

図1　CloudWatchの各サービスの標準ダッシュボードへのアクセス

図2　CloudWatch Container Insightsの標準ダッシュボード

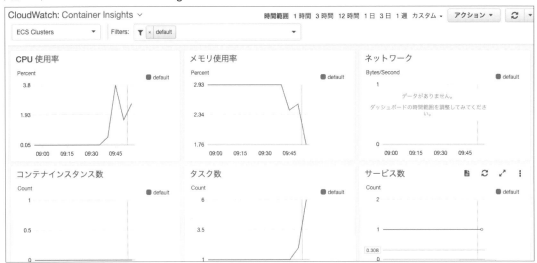

■ ClusterName, TaskDefinitionFamily：
タスクごとの情報を確認する場合

メトリクスの選択は、まず[すべてのメトリク
ス]タブで利用するメトリクスを選び、[グラ

フ化したメトリクス]タブで表示する統計値や
データ間隔などを設定します（**図4**）。
　統計値としては標準で次のものを利用できま
す。

| **図3** | 配置するウィジェットとメトリクスの選択

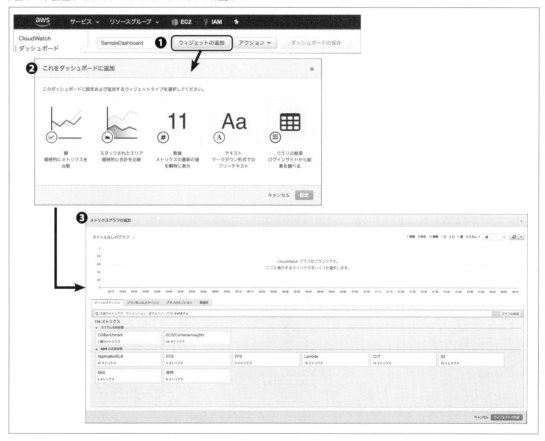

| **表1** | ダッシュボードに追加できるウィジェットの種類

種類	概要
線	メトリクスの統計値の推移を時系列で表示する線グラフ
スタックされたエリア	複数の系列の情報を積み重ね（スタック）て時系列で表示するグラフ
数値	メトリクスの最新の値を表示する数値パネル
テキスト	マークダウン形式のフリーテキスト（説明などを記述する）
クエリの結果	CloudWatch Logs Insights※でのクエリ結果を表示

※CloudWatch Logs Insightsは、CloudWatch Logsで収集したログをクエリを用いて解析する機能。

- 平均
- 最小
- 最大
- 合計
- サンプル数
- 各パーセンタイル（90パーセンタイルなど）[注9]

CloudWatch Metric Math

ダッシュボードのウィジェット内で表示するメトリクスとしては、上記の統計値のほか、計算処理を行った値を利用することもできます。メトリクスの計算を行うには「CloudWatch Metric Math」を使います[注10]。たとえば、CPUの使用率を計算する場合などに利用できます。

たとえばContainer Insightsで取得しているCPUのメトリクスは、実際に使用されたCPUユニット数（CpuUtilized）と予約されたCPUユニット数（CpuReserved）です。CPUの使用率を割り出すには、実際に使用されたCPUユニット数を予約されたユニット数で割って算出する必要があります。パーセントで表示するのであれば100倍するので、計算式は以下のようになります。

$$\text{CPU使用率} = \frac{\text{CpuUtilized} \times 100}{\text{CpuReserved}}$$

CloudWatch Metric Mathを利用すると、こうしたメトリクスの表示が可能となります。

実際、Container Insightsの標準ダッシュボードでは上記のような計算式で各タスクのCPU使用率を求め、ウィジェットに表示させています。ウィジェットの右上の［：］をクリックして［メトリクスで表示］をクリックするとメトリクスの設定が確認できます（図5❶❷）。

設定を見ると、元となるメトリクスとしてCpu

| 図4 | メトリクスの選択・設定画面

注9　「パーセンタイル」とは、実際に取得された値をソートしn番目に該当する値のことです。たとえば99パーセンタイルの場合、100個の値が存在したとすると（小さい値から数えて）90番目の値となります。例外的に飛び抜けて高いピーク値が存在している場合などに、その値を除外した情報を確認できます。この値をうまく利用することにより「レスポンスが99%この値に収まっていればよい（=99パーセンタイルが規定値以下）」といった目標を設定できるようになります。

注10　CloudWatch Metric Math機能の詳細については、次のブログ記事などを参照。
［新機能］より詳細なモニタリングが可能に！CloudWatch Metric Mathでメトリクスの計算ができるようになりました | Developers.IO（クラスメソッド）
https://dev.classmethod.jp/cloud/aws/cloudwatch-metric-math/

Utilized (id：m0r0)、CpuReserved (id：m0r1) が「グラフ化したメトリクス」として選択され、この2つは可視化のチェック（一番左側のチェックボックス）が外れています（**図6❶**）。すなわち、「グラフには利用するが実際には表示しない」メトリクスとして扱われています。

表示するメトリクスとしては、計算式「m0r0 *100 / m0r1」が指定されています（**図6❷**）。m0r0 は CpuUtilized の ID、m0r1 は CpuReservedのIDなので、前掲の計算式と同じであることがわかります。

生のメトリクスでは運用上わかりにくい場合があります。そのときは、必要に応じてCloud

Watch Metric Math機能を活用するようにしてください。

各サービスの標準ダッシュボードからのウィジェットのインポート

各サービスの標準ダッシュボードに表示されているウィジェットを、自身のダッシュボードにインポートすることも可能です。

カスタマイズは必要ないが各サービスの情報を集約して見たい、という場合や、すでに紹介したような計算式が入ったウィジェットを再利用したい、あるいはカスタマイズの参考にしたいといった場合に便利でしょう。

標準ダッシュボード内のすべてのウィジェットのインポート

あるサービスの標準ダッシュボードすべてのウィジェットをインポートする場合は、まずそのダッシュボードに遷移してから、右上の［アクション］ボタンをクリックし、プルダウンメニューから［ダッシュボードに追加］を選択し、

図5 メトリクスの設定を確認

図6 Container Insights、タスクごとのCPU使用率のメトリクス設定

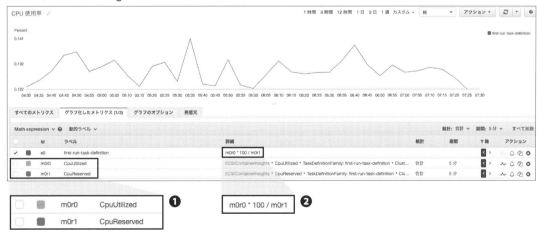

87

インポート先のダッシュボードを指定します。

このとき、情報の種類によってはカスタムのダッシュボードに追加できないものがあるので注意してください。Container Insightsの場合、画面下部にある「クラスター」(クラスター単位でCPU・メモリの使用率、アラームのステータスなどが確認できるパネル) はインポートされません。

特定のウィジェットのインポート

あるウィジェットだけを自身のダッシュボードにインポートしたい場合は、そのウィジェットのパネル右上のメニューアイコンをクリックし、[メトリクスで表示]を選択します。表示されたメトリクス情報の画面から、右上の[アクション]ボタンをクリックし、プルダウンメニューから[ダッシュボードに追加]を選択し、インポート先のダッシュボードを指定します。

アラーム

データ収集、可視化について見てきたので、次はアラームについて紹介します。

CloudWatchでは、収集したメトリクスの値を利用してアラームを作成できます。これを「CloudWatchアラーム」と言います。

以前はしきい値として固定値のみが設定可能でしたが、現在は値の推移のパターンを学習し、異常な動作を検出した場合にアラームを出力する異常検知も利用できます。この機能は、「Amazon CloudWatch異常検出」と呼ばれています。

以下では、CloudWatch異常検出を使ったアラームの設定を実施してみます。残念ながら2020年3月時点では、異常検出アラームの場合はCloudWatch Metric Mathを利用した値に対応しておらず、先ほど紹介したCPU使用率などは利用できません。

そのためここでは、単純なCPUユニット使用量を監視対象としたアラームを作成し、メールで通知するよう設定してみます。CPUの使用量の異常な上昇を検知できれば、問題の検知として非常に有用でしょう。

設定の流れ

ここではGUIを用いた設定方法を紹介します。設定の流れは以下のとおりです。

1. AWSのマネジメントコンソールで「Cloud Watch」を開き、左側のメニューから [アラーム] を選択する (図7❶)
2. 右側のペインで [アラームの作成] ボタンをクリックしてアラーム作成を開始する (図7❷)
3. 監視対象とするメトリクスを選択する
4. 条件 (しきい値など) を設定する
5. アクション (SNSや通知先メールアドレスといった通知設定など) を設定する
6. 説明情報を追加する

| 図7　| アラームの作成

以下では、手順3以降の設定について説明していきます。

メトリクスの選択

メトリクスの選択手順は先ほど説明したウィジェット作成と変わらないため手順は省略します。

対象のメトリクスはタスクのCPUユニット使用量としました。名前空間やディメンション、統計値などの情報は以下のとおりです。

- **名前空間**：ECS/ContainerInsights
- **ディメンション**：ClusterName、TaskDefinitionFamily
- **メトリクス**：CpuUtilized
- **統計**：平均

図8 ｜［メトリクスと条件の指定］画面

```
メトリクスと条件の指定

メトリクス

グラフ
メトリクスまたはメトリクス式とアラームしきい値のプレビュー
[ メトリクスの選択 ]

                              キャンセル    次へ
```

図9 ｜［条件］の設定画面

- **期間（データ間隔）：1分**

条件の設定

メトリクスを選択すると、［メトリクスと条件の指定］画面に遷移します（**図8**）。［メトリクス］の項目には選択したメトリクスの情報が表示されます。

［メトリクスと条件の指定］画面の下部の［条件］の設定では、［しきい値の種類］として静的なしきい値（固定値）を利用するか、異常検出を行うかを選択します。前述のように今回は［異常検出］を選択します（**図9❶**）。

［＜メトリクス名＞（今回はCpuUtilized）が次の時...］は異常検知の際のアラームの発生条件の指定です。すなわち、機械学習の結果予想される正常な値の幅（バンド）を上でも下でも外れたとき（［バンドの外］）、上回ったとき（［バンドより大きい］）、下回ったとき（［バンドより小さい］）から選択します。

今回のケースでは、CPU使用量が少ないぶんには問題がないとみなして、アラーム条件では［バンドより大きい］を指定しています（**図9❷**）。

［異常検出のしきい値］では、上記の正常とみなす幅（バンド）の広さを指定します。値が小さい（幅が狭い）ほど正常とみなされる幅が狭くなり、逆に値が大きければ正常とみなされる幅は広がります。ここではデフォルトの値である［2］をそのまま使用しています（**図9❸**）。

なお、[しきい値の種類]として[異常検出]を指定すると、その設定時点での予測値の情報が[メトリクスと条件の指定]画面のメトリクスのグラフに灰色の帯として表示されます（**図10**）。[異常検出のしきい値]で幅を変更するとこの帯の広さも変わるため、参考情報として利用するとよいでしょう。

アクションの設定

[アクションの設定]画面では、アラームが発生したときに何を行うかを指定します。通知のほか、Auto Scalingアクション（異常検出の場合は2020年3月現在設定不可）、Amazon EC2アクション（EC2インスタンス別メトリクスを使用した場合のみ設定可）がありますが、ここではEメールでの通知のみ設定します。

Eメールでの通知にはAmazon SNSを利用しているため、通信チャネルの「SNSトピック」の指定が必要となります。既存のSNSトピックを使っても、新たにSNSト

ピックを作成してもかまいません。**図11**では新しいSNSトピックを作成し、通知先のメールアドレスとして「user1@example.com」を指定しています。設定を終えたら、[次へ]ボタンをクリックします。

説明の追加、設定の完了

アクションの設定後、[説明の追加]画面が表示されます（**図12**）。ここではアラーム名とアラームの説明を追加します。

[次へ]ボタンをクリックして次の画面に遷移すると、それぞれの設定を確認する画面となります（**図13**）。

設定に問題がなければ画面右下の[アラームを作成]ボタンをクリックし、アラーム設定を完了します。

| 図10 | 予測値の情報

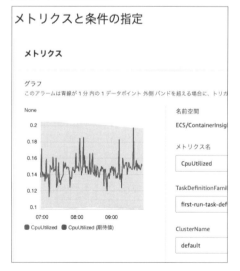

| 図11 | [アクションの設定]画面

| 図12 | ［説明の追加］画面

| 図13 | アラーム設定確認画面

異常検知用学習モデルのカスタマイズ

異常検知を設定すると、対象として設定されたメトリクスに対して学習モデルが作成されます。［メトリクス］画面で対象のメトリクスを選択し、［グラフ化したメトリクス］を見てみると、「ANOMARY_DETECTION_BAND」という情報が確認できるはずです（**図14**）。この情報が先ほど設定された予測値の情報となります。

イベントなどで通常時よりも高い負荷の時間帯があった、メンテナンスでサービスを落としたなど、通常運用時ではない時間帯が学習期間に含まれていると、ANOMARY_DETECTION_BANDの示す予測値の範囲が実態と異なる結果となってしまう場合があります。こうした事態を避けるため、学習モデルでは特定の期間を学習から除外する調整（モデルのカスタマイズ）が可能です。

特定期間の学習期間からの除外を行う［グラフ化したメトリクス］→［モデルの編集］→［トレーニングを除外するために別のトレーニングを追加する］から除外する期間を追加します（**図15**）。操作の詳細については、クラスメソッドのブログ記事を参照してください[注11]。

注11 祝 CloudWatch Anomaly DetectionがGAになりました！｜ Developers.IO （クラスメソッド）
https://dev.classmethod.jp/cloud/ga-cloudwatch-anomaly-detection/

| 図14 | [メトリクス]画面での機械学習モデル情報の表示

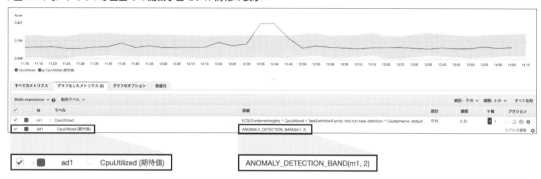

| 図15 | モデルのカスタマイズ画面

まとめ

　本節では、CloudWatchの機能を利用した
データ収集・ダッシュボードでの可視化・ア
ラームといったモニタリングの設定について解
説してきました。

　CloudWatchはかなりの勢いで機能が追加さ
れているサービスです。Container Insightsや
異常検出も2019年にリリースされた新機能で
す。そのほかに、別のアカウントやリージョンの
情報を1つのダッシュボードに組み込めるクロ
スアカウント・クロスリージョンの機能も2019

年11月に追加されました。

　これからも便利な機能が追加されていくと思
われますが、クラスメソッドのブログ「Develo
pers.IO」ではそうした情報を適宜発信していま
す。ぜひ定期的にチェックしてみてください。

- Developers.IO：クラスメソッド発「やって
  みた」系技術メディア
  https://dev.classmethod.jp/

2.6 アプリケーションセキュリティ

本節では、アプリケーションのセキュリティについて解説します。どのような対策が可能なのか、そのための機能やオプションについて見ていきます。

臼田 佳祐 *Keisuke Usuda* **Web** https://dev.classmethod.jp/author/usuda-keisuke/

アプリケーションに対するセキュリティについてはオンプレミスと基本的な考え方は同じです。低レイヤーではTCP/IPレベルでのアクセス制御（ファイアウォールの制御）から、高レイヤーでは各言語の実装レベルでの対策が必要になります。Amazon EC2の場合はOS上のセキュリティも必要です。また、継続的なモニタリングを行いつつ、メトリクスおよびログも取得しなければなりません。

AWSのマネージドサービスを利用すれば、これらのセキュリティに関わるタスクを簡単に実行できます。たとえばアプリケーションレイヤーでは、AWSが提供するWebアプリケーション向けのファイアウォール、AWS Web Application Firewall（WAF）を利用できます。さらに、分析ツールとしてAmazon Athena、コンテナ管理としてAmazon ECRのイメージスキャン機能を紹介します。

また、AWSのセキュリティを確保するときにはパートナーエコシステムの活用も役立ちます。AWS上でコンテナのセキュリティを確保する製品として「Aqua Container Security Platform」を紹介します。

以下では、これらのAWSのセキュリティを強固にする機能および製品について解説していきます。

 WAFとAWS WAF

一般に、Webアプリケーションファイアウォール（WAF）は、アプリケーションレイヤーを保護します。

低レイヤーではファイアウォールやIDS/IPS[注1]で「ポートスキャン」やDDoS攻撃[注2]などを防いでいます。AWS上でファイアウォール機能は、セキュリティグループやネットワークACLが担っています。IDS/IPS機能はサードパーティ製品が中心になりますが、部分的には脅威検出サービスのAmazon GuardDutyも利用されます。

注1　IDSはIntrusion Detection Systemの略で、「不正侵入検知システム」とも呼ばれている。IPSはIntrusion Prevention Systemの略で「不正侵入防御システム」とも呼ばれている。

注2　DDoSはDistributed Denial of Serviceの略。DoS攻撃は、サーバーなどに過負荷を与えたり脆弱性を突いたりしてサービスを利用不可能にする攻撃のこと。DDoS攻撃は、大量のマシンに「分散して」特定のサーバーなどを攻撃するというもの。

しかしこれらはアプリケーションレイヤーに対する攻撃は基本的に防ぐことができないためWAFも併用します。いわゆる多層防御です。

WAFはアプリケーションレイヤーのさまざまな攻撃を防ぎます。たとえば、SQLインジェクションやクロスサイトスクリプティング（Cross Site Scripting：XSS）などが挙げられます。これらはWebシステムやユーザーのデータを搾取したりできる脆弱性です。

一般的に、アプリケーションに脆弱性が見つかった場合、実装でカバーすることになりますが、その実装に漏れがあると攻撃で被害が発生します。そのような場合でもWAFを前段に置いておくことで攻撃を防げるようになります。

これまで、WAFは一般的に高価で高機能なものと考えられていましたが、現在では廉価で利用できるWAFも増えてきました。その1つがAWS WAFです。

従来の高機能なWAFと比べると機能は限定的ですが、十分に強力なアプリケーション保護が可能です。AWSサービスとの相性も良く、Amazon CloudFront（以下、Cloud Front）やアプロケーションロードバランサー（Application Load Balancer：ALB）に直接アタッチできます。マネージドサービスのため自動的にスケールされ、料金も従量課金制です。コストパフォーマンスに優れたWAFとして、従来からWAFを使うような環境ではもちろん、これまでWAFを検討してこなかった規模のアプリケーションでも利用できます。

AWS WAFの設定

それでは、AWS WAFを実際に設定していきましょう。今回は、次の設定を行ってみます。

- Web ACLの作成
  - ALBに割り当て
  - SQLインジェクションを防ぐルールを設定
- ロギングを設定する

Web ACLの作成

AWSのマネジメントコンソールから［WAF & Shield］のページにアクセスします（**図1**）。入り口はAWS Shieldと同じ画面になっています。

AWS WAFのコンソールにアクセスすると、Web ACLを作成するよう［Create web ACL］と表示されます（**図1❶**）。Web ACLはAWS WAFの一番大きな単位で、このACLの設定を

| **図1** | WAFコンソール

CloudFrontやALBに紐づけて利用します。

なお、AWS WAFは2019年11月より新しいWAFがリリースされていて「AWS WAF v2」と呼ばれています。また、それまでのAWS WAFを「AWS WAF Classic」と呼ばれています。今回はAWS WAF v2を前提に説明します。WAFコンソールを開いて、左側に「Switch to new AWS WAF」と表示されていれば、これを押してv2に切り替えてください。

まずは［Create web ACL］ボタンをクリックして作成していきます。

Step 1の設定

Step 1では、Web ACLを設定します（図2）。［Name］欄❶に適当な名前を入力すると［CloudWatch metric name］欄❷にも自動的に入力されます。［Resource type］❸では、どのリソースにWeb ACLを割り当てるか選択します。ラジオボタンは、「CloudFront」か「Regional resources（ALBもしくはAPI Gateway）」のどちらかを選択できます。今回は［Regional resources］を選択します。

CloudFrontを選択しない場合、［Region］❺は非常に重要な設定です。AWS WAFはCloudFrontとALBにアタッチできますが、ALBにアタッチする場合には該当リージョンに作成する必要があります。［Associated AWS resources］は、すでに作成済みのリソースに対してWeb ACLをアタッチする設定ですが、これは任意です。今回は［Add AWS resources］から対象のALBを選択して次へ進みます。

Step 2の設定

Step 2はルールとルールグループの設定です。ルールはWAFで検知する1つのルールの塊で、ルールグループは複数のルールを束ねたものです。ルールグループにはAWSやサードパーティが提供しているマネージドルールがあり、これを活用することによりWAFの細かい設定の追加や維持管理を楽に行えます。

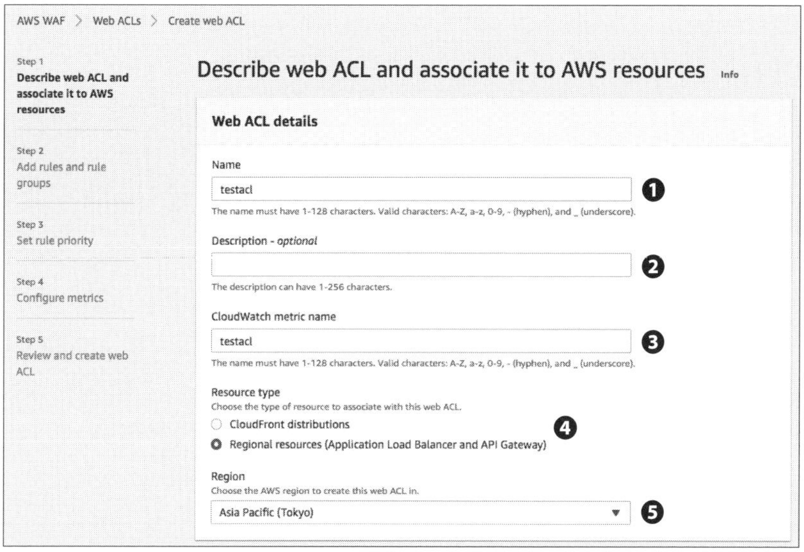

図2　Web ACL設定

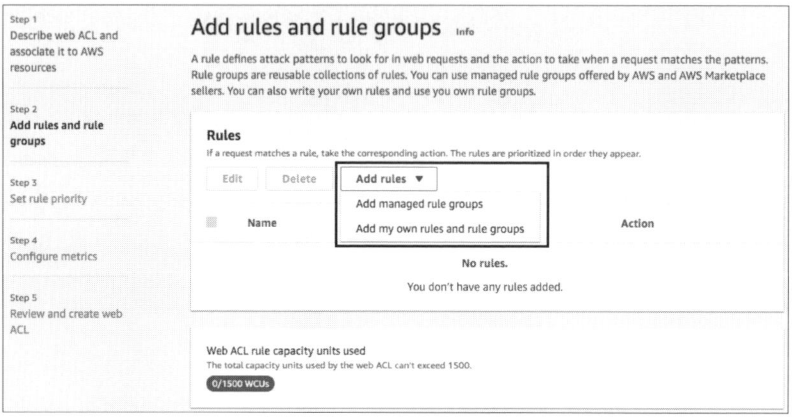

図3　｜　ルール設定

図4　｜　マネージドルール設定

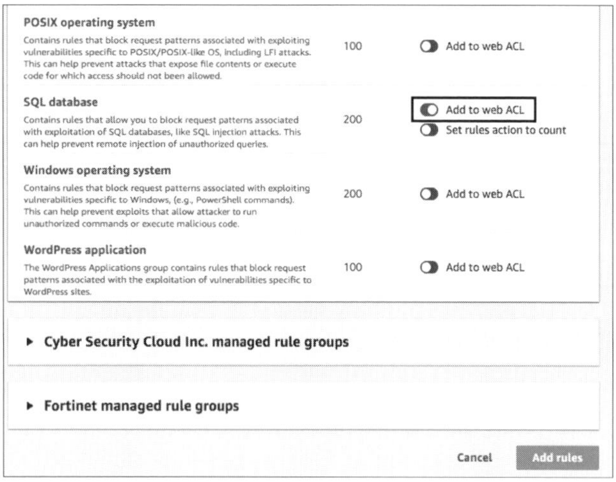

今回はAWSが提供するマネージドルールの中から、SQLインジェクションを防ぐルールを適用します。ルールを追加するには、[Add rules]プルダウンメニューから[Add managed rule groups]を選択します（図3）。

複数表示されているマネージドルールの種類から[AWS managed rule groups]をクリックして開きます（図4）。さまざまなルールグループが表示されますが、[SQL database]ラベルの右にある[Add to web ACL]をクリックして右下の[Add rules]ボタンをクリックして追加

します。

前の画面に戻ると[Web ACL rule capacity units used]のWCUの値が0から200に増えていることが確認できます（図5）。WCUとは、設定できるルールのキャパシティの単位です。ここでは、各ルールの合計が上限に収まるように追加する必要があります。

[Default web ACL action for requests that don't match any rules]はどのRuleにも該当しなかったパケットをどう扱うかという設定です。マネージドルールはすべて[Block]ルールなので、今回の設定は[Allow]として次へ進めます。

Step 3/4の設定

Step3と4はそのままで大丈夫なので進めます。確認画面で設定を確認したら[Create web ACL]で作成を完了します。

これでWeb ACLの作成が完了しました。ルールの割り当ては、既存のマネージドルール

を利用して簡単にできました。マネージドルール以外に手動で作成したルールを使うこともできます。手動の場合、きめ細かい設定ができる利点がありますが、設定作業は難しくなります。はじめのうちはマネージドルールを使うように

したほうがよいでしょう。

◇ ロギングの設定

　続いてロギングの設定を行います。AWS WAFのログを取得するには、Amazon Kinesis Data FirehoseとAmazon S3の設定も必要です。Kinesis Data Firehoseはデータをストリームで流すことができるサービスで、AWS WAFからログを受け取ります。この保存先をAmazon S3にします。

　保存先のS3バケットを作成します。サービスからAmazon S3コンソールにアクセスし、[今すぐ始める]をクリックし、[バケットの作成]画面で任意のバケット名で作成します。ここではACLなどの細かい設定はしなくても大丈夫です。

　[サービス]メニューから[Kinesis]をクリックして、Amazon Kinesisのコンソールを開きます。[今すぐ始める]をクリックし、Kinesis Firehoseの[配信ストリームの作成]をクリックします（図6）。

| 図5 | ルールとルールグループの設定

| 図6 | Amazon Kinesisの設定

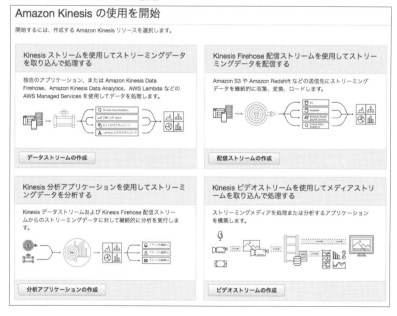

Step 1では、[Delivery stream name]に入力するKinesis Firehoseのストリーム名は「aws-waf-logs-」で開始する必要があるので注意してください（図7❶）。[Sources]の設定はそのままにして[Next]ボタンをクリックして次へ進みます（図7❷❸）。

Step 2は次は途中で加工する設定なのでデフォルトのまま[Next]ボタンをクリックします。

Step 3の保存先の設定では、[Amazon S3]ラジオボタンを選択して先ほど作成したS3バケットを選択して[Next]ボタンをクリックします。

Step 4の構成情報の設定では、[Buffer size]（バッファーサイズ）はとりあえずデフォルトのまま、[Buffer interval]は60秒と短くしておくとすぐに結果を見られます。[Permissions]では[Create new or choose]をクリックしてIAMロールを作成します。[許可]をクリックして元に画面に戻ったら[Next]ボタンをクリックして確認画面へ進みます。

Step 5（Review）の画面で内容を確認したら、[Create delivery stream]をクリックして作成を完了します。

Kinesis Data Firehoseが作成されたらAWS

| 図7　| Kinesis Firehoseの設定：Step 1

| 図8 | WAFのログ設定

WAFの画面へ戻ります。作成したWeb ACLの詳細画面の［Logging and metrics］タブに移動して［Enable logging］をクリックします（図8❶❷）。

［Enable logging］画面に切り替わったら、［Logging details］ブロック内の［Amazon Kinesis Data Firehose Delivery Stream］に先ほど作成したFirehoseのリソースを選択し、［Enable logging］ボタンをクリックします。

これでロギングの設定は完了です。

 Amazon Athenaによるログの確認

次に、Amazon Athenaを利用してデータの分析を行うことにします。AWS WAFのロギングの設定を行うと、Amazon S3にログが貯められていきます。ログはJSON形式で、詳細なフォーマットは「Logging Web ACL Traffic Information」[注3]に解説があります。単純にログを見るだけならAmazon S3に蓄積されているファイルをダウンロードすればよいのですが、

注3　https://docs.aws.amazon.com/waf/latest/developerguide/logging.html

多数のファイルに分割されているためまとめて見るには現実的ではありません。そこで登場するのがAmazon Athenaです。

Amazon AthenaはAmazon S3に保存されているデータに対してSQLでクエリをかけることができます。AWS WAFの他にもAmazon S3にログが保存されるサービスは、Amazon CloudFront、AWS CloudTrailなど多数あり、これらのログを分析する使い方が可能です。

分析データ準備

それでは使ってみましょう。Amazon Athenaのコンソールにアクセスします（図9）。［新しいクエリ1］タブのボックスに**リスト1**の内容を入力します。これはAWS WAFのログを分析するためのテーブルを作成するクエリです。

リスト1の末尾の［バケット名］の箇所にAWS WAFログが保管されているS3バケット名を上書きします。日時を絞る場合は、そのprefixまで入力して［クエリの実行］ボタンをクリックします（図9❶）。

テーブルが作成されると、左側の［テーブル］欄に作成したテーブル「waflogs」が表示され

リスト1　AWS WAFのログを分析するためのテーブルを作成する

```
CREATE EXTERNAL TABLE IF NOT EXISTS waflogs
(
`timestamp` bigint,
formatVersion int,
webaclId string,
terminatingRuleId string,
terminatingRuleType string,
action string,
httpSourceName string,
httpSourceId string,
ruleGroupList array < struct <
    ruleGroupId: string,
    terminatingRule: string,
    nonTerminatingMatchingRules: array < struct < action: string, ruleId: string > >,
    excludedRules: array < struct < exclusionType: string, ruleId: string > >
> >,
rateBasedRuleList array < struct < rateBasedRuleId: string, limitKey: string, ➡
maxRateAllowed: int > >,
nonTerminatingMatchingRules array < struct < action: string, ruleId: string > >,
httpRequest struct <
    clientIp: string,
    country: string,
    headers: array < struct < name: string, value: string > >,
    uri: string,
    args: string,
    httpVersion: string,
    httpMethod: string,
    requestId: string
>
)
ROW FORMAT SERDE 'org.openx.data.jsonserde.JsonSerDe'
LOCATION 's3://[バケット名]/';
```

図9 ｜ Amazon Athenaでクエリを作成

ます（図9❷）。このテーブル名右側の［∶］を
クリックしてから［テーブルのプレビュー］をク
リックすると、直近10件のログを取得するSQL
が発行されます（図9❸❹）。これで正常にリク
エストが返ってこればテーブルの作成は成功で
す。

　どのようなクエリをかけていくかの細かいと
ころはアプリケーションによって異なりますが、

よく使われるクエリをいくつか紹介します。

timestampによる絞り込み

　特定の時間のログを表示するクエリです（**リ
スト2**）。timestampがUNIX時間（unixtime）
になっているためJST（日本標準時）に変換し
ています。

Column

Sumo Logic による継続的なログの可視化

　ログ分析の仕組みはAWSと親和性の高い
ものがいくつかありますが「Sumo Logic」は
SaaSのログ分析基盤で手軽にログの可視化
や分析を始めることができます。
　たとえばAWS WAFのログを取り込んで

図10のように可視化ができます。Amazon
Athenaは単発でクエリを実行することはで
きますが、継続的に眺める場合には簡単に可
視化できるSumo Logicがお勧めです。

| 図10 | Sumo Logic　出典：https://www.sumologic.jp/

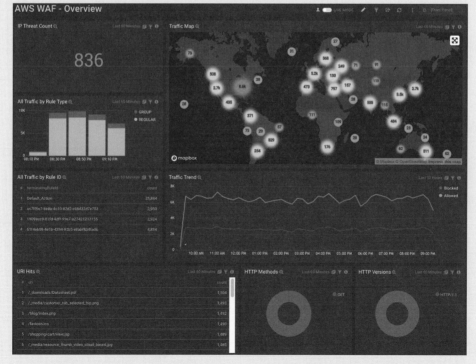

リスト2　AWS WAFのログを分析するためのテーブルを作成する

```
SELECT from_unixtime(timestamp/1000, 'Asia/Tokyo') AS JST, * FROM waflogs WHERE date➡
(from_unixtime(timestamp/1000, 'Asia/Tokyo')) = date '2019-11-30' ORDER BY timestamp;
```

リスト3　AWS WAFのログを分析するためのテーブルを作成する

```
SELECT from_unixtime(timestamp/1000, 'Asia/Tokyo') AS JST, * FROM waflogs WHERE ➡
action = 'BLOCK';
```

リスト4　COUNTのログ

```
SELECT from_unixtime(timestamp/1000, 'Asia/Tokyo') AS JST, * FROM waflogs, UNNEST➡
(nonTerminatingMatchingRules) t(nonTermRule) WHERE nonTermRule.action = 'COUNT';
```

リスト5　日本から来ていてBLOCKされたログ

```
SELECT from_unixtime(timestamp/1000, 'Asia/Tokyo') AS JST, * FROM waflogs WHERE ➡
httpRequest.country = 'JP' AND action = 'BLOCK';
```

ブロックされたログ

AWS WAFのルールでブロック（BLOCK）されたログを表示します（**リスト3**）。どのような攻撃が行われているか確認できます。

COUNTのログ

COUNTはブロックと異なり、actionに記載されないため少しコツがいります（**リスト4**）。

日本から来ていてブロックされたログ

ログの中にcountry情報があるため、国別に見ることが可能です（**リスト5**）。日本から来ていてBLOCKは誤検知の可能性があるので注意する必要があります。

AWS WAFのクエリをいくつか紹介しました。なにか不審な動きがあったときにAmazon Athenaを使って何が起きていたか確認できます。また、定期的にどのようなログがあるか確認すれば攻撃の傾向をつかむこともできます。

たとえば、国内向けサービスで海外から不審なログが多いのであれば、そもそもAWS WAFでGeoIP[注4]を利用したブロックも入れるなどの対策も有効でしょう。

コンテナセキュリティの概要

コンテナ技術が浸透してきた昨今では、コンテナ環境のセキュリティについて課題になっています。コンテナ環境では従来と同じようにサーバーが稼働していてOSやミドルウェアの管理も残っています。それに加えてコンテナレイヤーやリポジトリなど管理する領域が増えています。具体的にどのような項目に気をつければいいかという情報は、アメリカの政府機関の1つであるNIST（National Institute of Standards and Technology）が「NIST Special Publication 800-190: Application

---

注4　IPアドレスからアクセス元の国や地域の情報を調べる手法のことです。

Container Security Guide」(NIST SP 800-190) 注5 というドキュメントで公表しています。

このドキュメントではセキュリティ対策を実施すべき領域として、次の5つの分野が挙げられています。

- イメージリスク
- レジストリリスク
- オーケストレーターリスク
- コンテナリスク
- ホストOSリスク

それぞれの大まかな特徴と対策を説明します。

イメージリスクは、コンテナイメージに含まれるミドルウェアの脆弱性やマルウェアです。後述するスキャンツールで対応できます。

レジストリリスクは、イメージを管理するレジストリ自体のセキュリティです。AWSの場合はAmazon ECRを利用することが多く、IAMでアクセス制御を適切に行えば特に問題はありません。

オーケストレーターリスクは、オーケストレーターへのアクセス管理などに関わるものです。Amazon ECSやAmazon EKSの場合は、IAMでの制御がメインになります。

コンテナリスクは動作しているい実態としてのコンテナのセキュリティです。従来のサーバーリソースでは単純にアンチマルウェアやIDS/IPSなどを利用して対応していましたが、コンテナの場合はすべてのコンテナにこの機能を搭載するのは推奨されません。ホストOSが

操作できる場合は、OS上でコンテナ対応のセキュリティ製品を動作させます。AWS FargateなどのホストOSが見えないサービスを利用している場合は、サイドカーコンテナとして機能するものを利用します。コンテナリスクについては基本的に商用製品での対応になります。

ホストOSリスクはコンテナが稼働するホスト側のOSセキュリティです。従来どおりのホストの管理が必要になります。AWS Fargateの場合にはホストがAWSに管理されているため気にしなくても大丈夫でしょう。

AWSの各種サービスを適切に利用していれば気にしなくていい領域もあるので、積極的にマネージドサービスを利用しましょう。

Amazon ECR のイメージスキャン

Amazon ECRにはイメージスキャン機能があります。この機能を利用し、格納されているイメージの脆弱性をスキャンすれば、セキュリティを確保できます。たとえばコンテナの中に古いApacheのバージョンが入っていて脆弱性がある場合などに検知できるため、デプロイされて実際に攻撃を受ける前に修正できます。

イメージスキャンの方法としては、次の2つがあります。

- 手動でスキャンする方法
- リポジトリにプルされた段階で自動的にスキャンする方法

リポジトリ作成時に、[プッシュ時にスキャン]のスイッチを入れ、有効にしておくだけで、プッシュされたときにスキャンできます (**図11**)。こ

注5　https://csrc.nist.gov/publications/detail/sp/800-190/final

の方法を使うと楽に利用できます。

　スキャンした結果はコンソールや`aws ecr describe-image-scan-findings`コマンドなどで確認できます。このコマンドで確認された脆弱性は、Critical、High、Medium、Low、Informational、Undefinedの6段階で分けられています（**図12**）。特にCriticalとHighに区分された脆弱性がないか確認するようにしてください。詳細な動作イメージについては、クラスメソッドのブログ記事を参照してください。

- 【超待望アップデート】ECRに対する脆弱性スキャン機能が提供されました ｜ Developers.IO（クラスメソッド）
  https://dev.classmethod.jp/cloud/aws/ecr-repository-scan/

| **図11** | Amazon ECRでイメージスキャンを有効化

| **図12** | Amazon ECRでのイメージスキャンの結果

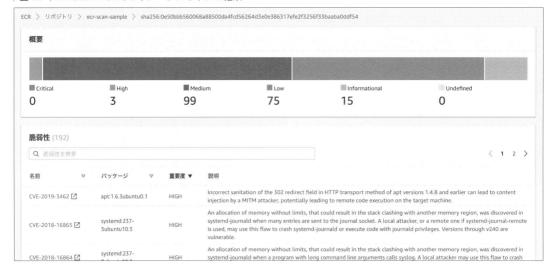

Aquaによるコンテナ環境の保護

　AWSのサービスを利用しても保護が難しい領域はいくつかあります。特に大きいのはコンテナリスク部分、つまり動いている環境でのセキュリティです。コンテナセキュリティのサードパーティ製品である「Aqua Container Security Platform」（Aqua Security Software社）はコンテナのセキュリティを確保するのに役立つ製品です。

　この製品を導入すると、Aqua EnforcerというエージェントがホストOSやサイドカーコンテナとして動作し、動的に環境を保護します。こ

のほかにもCI/CD[注6]の維持、実行時アプリケーションの保護、セキュリティ脅威の検出とブロック、可視化、およびコンプライアンスの監査の提供など幅広い機能を提供しています。

　詳細については、クラスメソッドのブログ記事を参照してください。

- コンテナセキュリティの決定版「Aqua Container Security Platform」を試してみた（インストール～イメージスキャン編）｜ Developers.IO（クラスメソッド）
  https://dev.classmethod.jp/cloud/aws/about-aqua-csp/

注6　CI/CDは、それぞれContinuous IntegrationおよびContinuous Deliveryの略で、「継続的インティグレーション」「継続的デリバリー」と訳されます。

2.7　コードによるインフラの運用管理

現代の情報システムでは運用管理コストの軽減が課題となっています。本節では、そのための切り札として大きな期待が寄せられているIaCについて解説します。

濱田 孝治　*Koji Hamada*　〔Web〕 https://dev.classmethod.jp/author/hamada-koji/

「コードによるインフラ構築」と聞いて、皆さん何をイメージするでしょうか？「実際にやるにはすごく難しい」「現実的に運用するには無理がある」「わきまえて使うには簡単」「そもそも無理に導入する必要ない」。これらのイメージはすべて正しいとも言えますし、それに関わる人によっても答えが違うのもまた事実です。

筆者のイメージは「使いこなせれば非常に強力。しかし、下手に導入するとめっちゃしんどい」です。AWSにおけるアプリケーションやインフラ運用のさらなる効率化を目指すならば、IaC (Infrastructure as Code) の導入は必須と言えます。その効果は絶大ですが、下手に導入してしまうと逆に運用管理自体の硬直化を招きます。

本節では、「コードによるインフラの運用管理」の手段として、AWSのサービスとして提供されているAWS CloudFormationについて解説していきます。非常に歴史が長く、機能も多彩なサービスです。本節の紹介をきっかけにCloudFormationの奥深い世界に踏み込んでもらえれば幸いです。

AWS CloudFormationとは

AWS CloudFormationとは、一言で言えば「コードでAWSを定義するサービス」です。IaCを実現する仕組みであり、JSONやYAMLといったフォーマットで記述された設定ファイルを用いてAWSのインフラを定義します。

AWS上でリソースやネットワークを作成する手段として代表的なのが、AWSマネジメントコンソールです。ほかにも、各種プログラミング言語のSDKを導入すれば、AWSが用意しているAPIを使ってAWSのインフラを構築することも可能です。

ここで、プログラミング言語のコードとIaCのコードは何が違うのかと疑問に思われる方もいるかもしれません。そこで、実例を挙げて説明しておきましょう。

リスト1は、非常に簡単なCloudFormationのテンプレートです。このテンプレートを使うと、CIDRの値が`10.0.0.0/16`のVPC (Virtual Private Cloud) が1つ作成されます。IaCの特徴ですが、このテンプレートを何度実行しても最初作られたあとは、テンプレートの内容

を変えない限り、AWSインフラ側（ここでは
VPC）は変更されません。これを冪等性と言
い、テンプレートの状態とAWSインフラが同
一の状態を保つような動作をします。

今度は、AWS CLIによるVPCの作成をみ
てみましょう。**リスト2**のシェルスクリプトに
記述している ec2 create-vpc コマンドを使
えば、**リスト1**で紹介したものと同じVPCが
作成されます。

ここで**リスト2**のコマンドを再度実行してく
ださい。すると、同じVPCがもう1つ作成され
たと思います。これは、AWS CLIでは「処理」
を定義しているため、実行時のインフラの状況
に関わらず、その処理を実行します。そのため、
実行するたびにVPCが増えていくのです。

これからCloudFormationを学んでいくにあ
たって、必ず次の点を押さえておいてください。

- インフラをコード（JSONやYAMLの設定ファ
  イル）で定義する
- コードとインフラの間には冪等性があるため
  コードを変更しない限りは何度実行してもイ
  ンフラ側は変更されない

リスト1 template.yaml

```
Resources:
  FirstVPC:
    Type: AWS::EC2::VPC
    Properties:
      CidrBlock: 10.0.0.0/16
```

リスト2 create_vpc.sh

```
aws ec2 create-vpc --cidr-block 10.0.0.0/16
```

CloudFormationのシステム概要

最初にAWS CloudFormationの概要をおさ
えておきましょう。CloudFormationでは、**テン
プレート**というテキストファイルからスタック
が作成され、そこからAWSリソースが作成さ
れます（**図1**）。

料金体系で特徴的なのが、CloudFormation
の利用に関して追加料金は不要という点です。

CloudFormationの テンプレートの基礎を理解する

CloudFormationの根幹を成すのがテンプ
レートファイルです。まずはテンプレートファイ

| **図1** | AWS CloudFormationのシステム概要

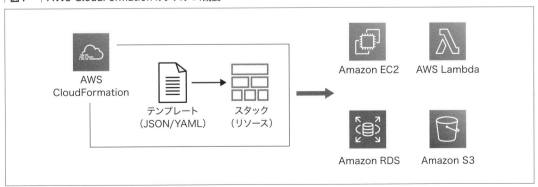

107

ルの構造を押さえておきましょう。**リスト3**に、テンプレートファイルのサンプルを挙げておきます。

テンプレートに記載可能な要素は多数あり、特に重要と考えられるものとして次の5つがあります。Conditionsについては、特に注意が必要なので後ほど詳しく説明します。

- AWSTemplateFormatVersion（推奨）
- Parameters（ほぼ必須）
- Conditions（取り扱い注意）
- Resources（必須）
- Outputs（ほぼ必須）

CloudFormationはAWSのすべてのリソースに対応しているわけではない点も注意が必要です。といっても、通常使用するリソースはほぼ対応しているため困ることはあまりないでしょう。リソースの一覧は以下のAWSのページに掲載されています。

- AWSリソースおよびプロパティタイプのリファレンス｜AWS

https://docs.aws.amazon.com/ja_jp/AWSCloudFormation/latest/UserGuide/aws-template-resource-type-ref.html

CloudFormationをAWSマネジメントコンソールから実行する

実際にテンプレートを作成してから、そのテンプレートを読み込んで実際にAWSのリソースを作成する方法には大きく次の2つがあります。

- AWSマネジメントコンソールから実施する
- CLIから実行する

ここでは、前者のAWSマネジメントコンソールから実施する方法について説明します。なお、本節の画面は、2020年3月時点の英語版のコンソールを利用しています。

まず、CloudFormationのコンソールを開き、［CreateStack］→［With new resources (standard)］[注1]を選択します（**図2**）。

すると、［Create stack］[注2]画面に遷移します（**図3**）。

リスト3　テンプレートファイルのサンプル：template.yaml

```yaml
AWSTemplateFormatVersion: '2010-09-09'
Description: ecr
Parameters:
  accountAlias:
    Type: String

Resources:
  ecr:
    Type: AWS::ECR::Repository
    Properties:
      RepositoryName: !Sub ${accountAlias}-ecr

Outputs:
  ecr:
    Value: !GetAtt ecr.Arn
    Export:
      Name: ecr
```

図2　スタックの作成コマンド

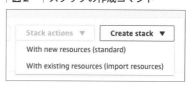

注1　日本語版のコンソールの場合、［スタックの作成］→［新しいリソースを使用（標準）］

注2　日本語版のコンソールの場合、［スタックの作成］

まずは、[Prerequisite - Prepare template]で[Template is ready][注3]を選択します。今回はテンプレートファイルはクライアントからアップロードするため、[Choose file][注4]ボタンをクリックして、テンプレートファイルをアップロードします。[Next]ボタンをクリックします。

次の画面で[Stack name][注5]にスタック名を入力します。このスタック名が、テンプレートに紐づくAWSリソースを管理するときに使われるのでメモしておきましょう。その他の項目はそのままにしておいて、以降の画面でも[Next][注6]

ボタンをクリックしていき[注7]、無事スタック作成が開始したら終了です（図4）。

CloudFormationのコンソールで[Stack details]を確認すると、今まで作成した自分のスタックの一覧が表示されており、それぞれのスタックに紐づいたパラメータや実行時に指定したテンプレート、アウトプットや実際に作成されたリソースなどがすべて表示されています。まずはコンソールでいろいろ試してみてCloudFormationに慣れていただければと思います。

図3　｜[スタックの作成]画面

Create stack

Prerequisite - Prepare template

Prepare template
Every stack is based on a template. A template is a JSON or YAML file that contains configuration information about the AWS resources you want to include in the stack.

- ● Template is ready
- ○ Use a sample template
- ○ Create template in Designer

Specify template
A template is a JSON or YAML file that describes your stack's resources and properties.

Template source
Selecting a template generates an Amazon S3 URL where it will be stored.

- ○ Amazon S3 URL
- ● Upload a template file

Upload a template file
Choose file 🔼　*No file chosen*
JSON or YAML formatted file

S3 URL: Will be generated when template file is uploaded　　View in Designer

Cancel　**Next**

図4　｜スタック作成中

tem-stack　　　　　　　　　　　　　　◎
2019-12-25 06:34:19 UTC+0900
ⓘ CREATE_IN_PROGRESS

注3　日本語版のコンソールの場合、[前提条件 - テンプレートの準備]で[テンプレートの準備完了]

注4　日本語版のコンソールの場合、[テンプレートソース]で[テンプレートファイルのアップロード]を選択し、[ファイルの選択]ボタンをクリックする

注5　日本語版のコンソールの場合、[スタックの名前]

注6　日本語版のコンソールの場合、[次へ]

注7　日本語版のコンソールの場合、最後の画面で[スタックの作成]ボタンをクリックする

CloudFormationをCLIから実行する［推奨］

　次に、CloudFormationを実行するもう1つ別の方法、CLIからの実行を見ていきましょう。本書では、基本的にCLIからの実行を推奨します。その理由は、CloudFormationを使うメリットでも述べましたが、テンプレートにインフラの状態を落とし込み、そのテンプレートに則って同じものが作成されるように整備したとしても、実行方法がコンソールのままだと、作業の再現性が確実でないためです。

　この現象は、パラメータが多数あるテンプレートを利用している場合に、「コンソールから渡すパラメータがAさんとBさんで違っていた」という形でよく表面化します。

　AWS CLIを使ってCloudFormationを実行する場合、`cloudformation`コマンドを使います。`cloudformation`には大量のサブコマンドがあります。ここで特に注意していただきたいのが、サブコマンドには`create-stack`や`update-stack`ではなく`deploy`を使うことを推奨します。

　なぜなら、`create-stack`、`update-stack`にはコマンドそのものに冪等性がないため、スタックの有無によって両方のコマンドを使い分ける必要がありますが、`deploy`サブコマンドは、その使い分けが不要なため、非常に使いやすくなっています。`deploy`コマンドの特徴を以下に挙げます。

- 新規スタックも既存スタックの更新もこのコマンドで完結する

- チェンジセット（後述）が必ず作成される
- `validate-template`[注8]コマンドの実行も基本的に`deploy`するだけでエラーの把握が可能
- コマンドが同期的に実行される ➡ スタック作成完了時に結果が戻る

チェンジセットの活用

　CloudFormationを扱うときに必ず知っておく必要があるものとして**チェンジセット**があります。チェンジセットとは、スタックを作成、あるいは更新するときに必ず作成されるリソースで、そのスタックに対する変更点を出力する機能です。

　`deploy`コマンドはデフォルトの挙動では、チェンジセット作成後、それをすぐにスタックに対して適用します。これはこれで便利なのですが、チェンジセットを確認しないままスタックの更新をするのは非常に危険な行為です。特に実際に運用環境で稼働しているリソースに対してCloudFormationを実行する場合、チェンジセットの確認は必須です。そのため`deploy`コマンドには、チェンジセットだけ出力してスタックに適用させないために、`--no-execute-changeset`というオプションが用意されています（**図5**）。

　では、実際にCLIでCloudFormationを実行するシェルスクリプトを紹介します。このスクリプトでは、引数に`deploy`が渡されていたときだけ、スタックを更新するようにします。

　次のようにスクリプトを実行すると、チェンジセット作成するだけでスタックの更新はしま

注8　テンプレート構文を検証するサブコマンド。

図5 チェンジセットの動作

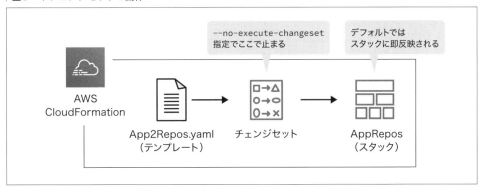

せん。

```
$ 010-vpc.sh
```

次のようにスクリプトを実行すると、スタック
の更新まで実行します。

```
$ 010-vpc.sh deploy
```

シェルスクリプトの内容を**リスト4**に示しま
す。引数判定してその文字列がdeployと指定
されているときのみ、CHANGESET_OPTIONを空

文字列にしてスタックを更新します。

CloudFormationで 複数リソースを作成する

CloudFormationに慣れてくると、いろんな
リソースを作りたくなってきます。VPC、ネッ
トワーク、セキュリティグループ、ALB、EC2、
RDSのリソースをCloudFormationで作る場
合、これらを1つのテンプレートに書いてもよ

リスト4 CloudFormationを実行するシェルスクリプト

```
#!/bin/bash

CHANGESET_OPTION="--no-execute-changeset"

if [ $# = 1 ] && [ $1 = "deploy" ]; then
  echo "deploy mode"
  CHANGESET_OPTION=""
fi

CFN_TEMPLATE=vpc.yml
CFN_STACK_NAME=vpc

# テンプレートの実行
aws cloudformation deploy --stack-name ${CFN_STACK_NAME}➋
 --template-file ${CFN_TEMPLATE} ${CHANGESET_OPTION} \
  --parameter-overrides \
  NameTagPrefix=prd \
  VPCCIDR=10.70
```

いのですが、全部含めるとおそらく1000行を超えるテンプレートになります。そのようなテンプレートを漏れなくメンテナンスするのは至難の業です。

したがって、ある程度の規模のリソースを扱うのであれば、まずテンプレートやスタックの分割をどうするか考える必要があります。

どのようにスタックを分けるか、具体例をもとに考えてみましょう。まずは各リソースの依存関係を図示してみます（**図6**）。こうすると、どのリソースから作っていくのが良さそうかイメージが湧きやすいですね。

具体的なシェルとテンプレートのファイル一覧をtreeコマンドで見てみましょう（**リスト5**）。

各ファイルの種類とスタック名などを一覧に

したものを**表1**に示します。スタックは**表1**のように分割しましたが、今度はスタックを分けたときのスタック間でのリソースの参照方法をどうするのかという問題が生じます。

たとえば、EC2リソースを作るときのサブネットのIDはどのように参照すればよいので

リスト5　treeコマンドでファイル一覧を出力

```
$ tree
.
├── 010-vpc.sh
├── 020-security-group.sh
├── 030-alb.sh
├── 040-ec2.sh
├── 050-rds.sh
├── alb.yml
├── ec2.yml
├── rds.yml
├── securitygroup.yml
├── vpc.yml
```

図6　リソースの依存関係

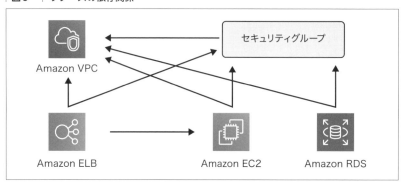

表1　各ファイルの種類とスタック名、含まれるリソース

実行シェル	テンプレート	スタック名	含まれるリソース		
010-vpc.sh	vpc.yml	vpc	・VPC ・Nat Gateway ・Subnet	・Intarnet Gateway ・Route Table ・EIP	
020-security-group.sh	securitygroup.yml	securitygroup	・Security Group		
030-alb.sh	alb.yml	alb	・Application Load Balancer ・Target Group		
040-ec2.sh	ec2.yml	ec2	・EC2	・IAM Role	・IAM Policy
050-rds.sh	rds.yml	rds	・RDS ・Parameter Group	・Subnet Group	

しょうか？ このスタック間のリソースを参照するための方法は、いくつか種類がありますがここでは3つ挙げておきます。

方法1：クロススタック参照
方法2：ダイナミック参照（動的な参照）
方法3：シェルスクリプトの利用

方法1　クロススタック参照

最も汎用的な方法です。最初に作るスタックのテンプレートOutputsにExportでパラメータ名を付与します（リスト6）。ここではパラメータ名をPublicSubnet1aとしています。

リスト6　YAMLテンプレート：Output

```
Outputs:
  PublicSubnet1a:
    Value: !Ref PublicSubnet1a
    Export:
      Name: PublicSubnet1a
```

別のテンプレートで!ImportValue句を使うと、パラメータ名を指定した参照が可能になります（リスト7）。

リスト7　YAMLテンプレート：!ImportValue句

```
Type: AWS::EC2::Instance
  Properties:
    SubnetId: !ImportValue PublicSubnet1a
```

このように便利に使えるクロススタック参照ですが、注意点が1つあります。パラメータを参照しているスタックがあると元のスタックの参照元リソースの変更や削除ができないようになっています（図7）。

これは安全設計という点で優れていますが、運用時に困難をきたす場合があります。図7のように参照元を先に変更する必要があるリソースはクロススタック参照が使えません。

方法2　ダイナミック参照（動的な参照）

テンプレートからAWS Systems Managerのパラメータストアや、AWS Secrets Managerを直接参照する方法です。なお、AWS Systems ManagerはAWSのインフラストラクチャを管理するサービスで、AWS Secrets Managerは認証情報、パスワード、APIキーなどのシークレットを管理するサービスです。

使い方としては、あらかじめシェルやAWS

図7　クロススタック参照の注意点

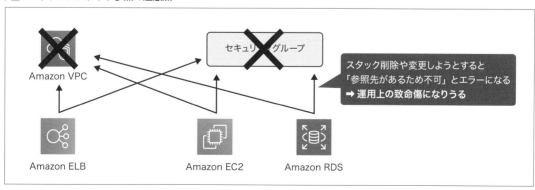

セキュリティグループ

Amazon VPC

スタック削除や変更しようとすると
「参照先があるため不可」とエラーになる
➡ 運用上の致命傷になりうる

Amazon ELB　　　　　　Amazon EC2　　Amazon RDS

Secrets Managerのコンソールなどから、パラメータストアやAWS Secrets Managerに値を登録しておきます。そうすると、テンプレートでその値を参照できます（**リスト8**）。ダイナミック参照を指定するには次の書式に従います。

▶ダイナミック参照の書式

```
{{resolve:サービス名:リファレンスキー}}
```

方法3　シェルスクリプトを利用する方法

これはシェルスクリプトに記述するという愚直な方法です。CloudFormationでリソースを作ってもすべてのプロパティがエクスポートできるわけではありません。そういった値を別のテンプレートで参照したい場合は、シェルスクリプトの中で自分でパラメータを取得する必要があります。

リスト9の例では`IMAGE_URI`をCLIで取得しています。`describe-repositories`コマンドはリポジトリ内を参照し、ここでは`app-ecr`という名前のリポジトリから指定したプロパティの値を取り出し、テキスト形式で出力しています。

シェルを使っているとこういう場合に融通がきくので、クロススタック参照やダイナミック参照だけでは、パラメータの参照が難しい場合の方法として利用してください。

リスト8　YAMLテンプレート：ダイナミック参照

```
Resources:
  rds:
    Type: AWS::RDS::DBInstance
    Properties:
      MasterUserPassword: {{resolve:ssm-secure:RDSMasterUserPassword:10}}
```

リスト9　シェルスクリプトでリソースを参照

```
# タスク設定用パラメータ
CPU=256
MEMORY=512
IMAGE_URI=$(eval aws ecr describe-repositories --repository-names app-ecr --query ➡
'repositories[0].repositoryUri' --output text)

# テンプレートの実行
aws cloudformation deploy --stack-name ${CFN_STACK_NAME} --template-file ${CFN_TEMPLATE} \
  --capabilities CAPABILITY_NAMED_IAM \
  --parameter-overrides \
  cpu=${CPU} \
  memory=${MEMORY} \
  imageUri=${IMAGE_URI}
```

2.8 CloudFormationを利用したコンテナアプリケーション構築

本章の最後に、これまで説明してきたものもいくつか取り込んだ、コンテナアプリケーションの構築をハンズオン形式で解説していきます。

濱田 孝治　*Koji Hamada*　Web https://dev.classmethod.jp/author/hamada-koji/

いよいよ本節では、本章で説明してきた各種AWSのサービスを利用したアプリケーションを、AWS CloudFormationを用いてハンズオン形式で作成します。これまでの各AWSサービスの解説を理解していただいていることを前提として進めていきますので、ご了承ください。

ハンズオンの目的

このハンズオンの目的は、典型的なコンテナアプリケーション一式をCloudFormationで構築することで**はありません**。真の目的は、段階を追ってAWSの各リソースを作成することで、CloudFormationの実践的な利用方法を体感すること、そして各AWSリソースの知識を深めていくことです。

各リソース作成後は、作成されたリソースが実際にどのような設定になっているか、これまでの本書の解説を振り返りながら、実践的な理解を深めていただくことをお勧めします。

ハンズオンで作成する AWSサービスの構成図

今回ハンズオンで作成するAWS構成図を**図1**に示します。

PHPを利用した簡単なWebサービスですが、機能は大きく分けて2つあります。

- **管理者用管理画面**：データベース設定変更に利用するPhpMyAdminが用意された画面。管理者のみが利用するため特定のIPアドレスからのみアクセスを許可します
- **アプリケーション画面**：データベースの中を参照する画面。一般ユーザーが利用することを想定しています

アプリケーション画面は、AWS CodeCommitへのソースコード変更を自動的にアプリケーションに反映するためAWS CodePipelineを利用したCI/CDパイプラインもあわせて構築します。

ハンズオンに必要な環境の用意

ハンズオンの実施には、以下の準備が必要です。

- Administrator権限があるIAMユーザー
  事前にAWSアカウントとAdministrator権限を持っているIAMユーザーを用意してください。
- AWS CLIバージョン1の最新版
  各クライアント環境において、AWS CLIバージョン1の最新バージョンをインストールしておいてください。本章では、AWS CLIのバージョン1.17.5で動作確認をしています。

AWS CLIのバージョンを確認するには次のコマンドを実行します。

```
$ aws --version
aws-cli/1.17.5 Python/3.7.4 Darwin/19.↩
2.0 botocore/1.14.5
```

AWS CLIのインストールについて、詳細はAWSの公式ドキュメントを参照してください。

- Installing the AWS CLI | AWS
  https://docs.aws.amazon.com/cli/latest/user
  guide/cli-chap-install.html

- GitおよびDockerのインストール
  途中、AWS CodeCommitへのソースコード登録、およびDockerによるイメージのビ

| 図1 | 本節で作成するアプリケーションのAWS構成図

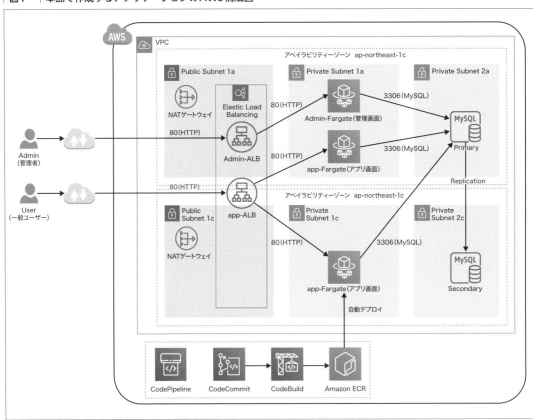

ルドが必要となるため、各クライアント環境にGitおよびDockerをインストールしておきます。

Bashの動作環境

本ハンズオンは、macOS環境下のBashシェルを実行しつつ、AWS CLIを利用してCloudFormationを使いながらAWSの各リソースを構築していきます。macOSのバージョンを確認するには、**リスト1**のように`sw_vers`コマンドを実行します。

リスト1　動作環境の確認

```
$ sw_vers
ProductName:    Mac OS X
ProductVersion: 10.15.2
BuildVersion:   19C57
```

Windowsで実行する場合は、別途Windows Subsystem for Linux (WSL) などが必要になります。

ハンズオンで利用するソースコードの取得方法、および内容の解説

まず、ハンズオンで利用するコード類を取得します[注1]。ダウンロードしたソースコードのディレクトリ構造は**リスト2**のとおりです。各CloudFormationを実行するためのシェルスクリプトはディレクトリ直下にあり、そこから呼び出されるテンプレートはtemplateディレクトリ

注1　https://github.com/classmethod/aws-for-every one/chapter02
本書で紹介しているコードはすべてGitHubで公開しています。ダウンロード方法については、3ページの「本書のサンプルコードのダウンロード方法」をご覧ください。

配下に格納しています。また、アプリケーション画面で利用するソースコードはappContainerディレクトリ配下に格納しています。

リスト2　ハンズオンで利用するソースコード

```
$ tree
.
├── 010-vpc.sh
├── 020-securitygroup.sh
├── 030-coddcommit.sh
├── 040-ecr.sh
├── 050-rds.sh
├── 060-ecs-cluster.sh
├── 070-admin-alb-fargate.sh
├── 080-app-alb-fargate.sh
├── 090-app-codepipeline.sh
├── appContainer
│   ├── Dockerfile
│   ├── buildspec.yml
│   └── index.php
└── template
    ├── admin-alb-fargate.yml
    ├── app-alb-fargate.yml
    ├── app-codepipeline.yml
    ├── cloudwatch.yml
    ├── codecommit.yml
    ├── ecr.yml
    ├── ecs-cluster.yml
    ├── rds.yml
    ├── securitygroup.yml
    └── vpc.yml
```

ハンズオンの実行方法

次の内容は重要です。必ず事前に確認してください。

基本は、ディレクトリ直下に格納されているシェルを数字順に実行していくだけです。ただし、実行方法には注意点があります。**シェルスクリプトをそのまま実行した場合、AWSのリソースは作成されません。**このとき、CloudFormationのチェンジセットが作成されますが実際のAWSリソースの作成や更新は行われません。**リスト3**はシェルの実行例です。

117

このとき、AWSマネジメントコンソールからCloudFormationを参照すると、当該スタックにチェンジセットが作成されています。このチェンジセットを確認することで、これからCloudFormationを実行したときに作成されるリソースを事前に確認できます（図2）。

チェンジセットの内容を確認し、実際にAWSリソースを作成するには、シェルに引数deployをつけて実行します（リスト4）。

CloudFormationメニューのスタックを参照し、正常に関連リソースが作成されていることを確認してください。

エラーが起こったときの対処方法

CloudFormationの実行時、なんらかの理由でエラーが発生する場合があります。その場合は、実行したスタックの［Events］タグをクリックし、［Status reason］にエラー内容が表示されているので、その内容を確認します。

なぜCloudFormationだけで全環境を構築する構成にしなかったか

これから作成するAWS構成をCloudForma

| 図2 | チェンジセットを確認

tionの1テンプレートに全リソースを格納してCloudFormationだけで作成することも可能です。しかし、今回はその方式は採用しませんでした。その理由は、大きすぎるCloudFormationは学習に不向きで、実運用上も適切ではないからです。実際問題、メンテナンス性を考慮するならば、全リソースを1つのテンプレートに書くようなことはしません。

今回のように、各リソースを段階を追って作成していきながら、作成されたリソースを確認することにより、各リソースの関連や設定内容の把握が容易になります。

今回のCloudFormationのスタックのテンプレートの分割、シェルスクリプトの内容は実際の運用にたえる構成を意識して作成しています。もちろんこれが唯一の正解というわけではありませんが、是非、参考にしていただければ

リスト3　シェルスクリプトの実行：010-handson-vpc.sh

```
$ ./010-handson-vpc.sh

Waiting for changeset to be created..
Changeset created successfully. Run the following command to review changes:
```

リスト4　シェルスクリプトの実行：010-handson-vpc.sh deploy

```
$ ./010-handson-vpc.sh deploy
deploy mode

Waiting for changeset to be created..
Waiting for stack create/update to complete
Successfully created/updated stack - handson-vpc
```

と思います。

手順1：VPCの作成

ここからが、実際のハンズオン手順となります。最初はVPCの作成です。

- 実行するシェルスクリプト：010-vpc.sh
- 指定必須パラメータ：特になし
- 想定実行時間：5分

シェルスクリプト010-vpc.shを実行して、ハンズオンで作成するアプリケーションを格納するネットワークリソース一式を作成します。作成されるリソースは以下のとおりです。

- VPC
- InternetGateway
- NatGateway
- EIP
- Subnet
- RouteTable

CloudFormationでAWSリソースを作成するとき、最初にVPCとその他ネットワーク関連のリソースを作成することが多いです。汎用性が高くカスタマイズもしやすいテンプレートになっているため、template/vpc.ymlの内容と作成されるリソースを確認し、テンプレートの書き方の基礎を習得してください。

手順2：SecurityGroupの作成

- 実行するシェルスクリプト：
020-securitygroup.sh
- 指定必須パラメータ：ADMIN_IPADDRESS
- 想定実行時間：1分

シェルスクリプト020-securitygroup.shを実行して、ハンズオンで作成するリソースに対して付与するセキュリティグループを先に作成します。作成されるセキュリティグループの関係は図3のようになります。

セキュリティグループを作成するときは、それぞれのセキュリティグループ同士の関連をポート番号含めて示すようにします。こうしておくと全体の構成が捉えやすくなり、CloudFor

|図3　|セキュリティグループの関係

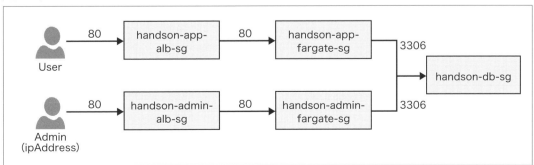

mationのテンプレートも作成しやすくなります。

　ここでは、管理用アプリケーションへ接続する管理者のクライアント側のIPアドレスを020-securitygroup.shに指定します。こうすることで、管理者用ロードバランサーへは指定のIPアドレスからのみ接続が可能となります。020-securitygroup.sh内の以下の部分のIPアドレスを皆さんの環境に合わせて変更してください。

リスト5　IPアドレスの変更：020-securitygroup.sh

```
ADMIN_IPADDRESS=255.255.255.255/32
```

 手順3：CodeCommitの作成

- 実行するシェルスクリプト：
  030-coddcommit.sh
- 指定必須パラメータ：特になし
- 想定実行時間：30秒

　PHPアプリケーションのソースコードを格納するCodeCommitを作成します。

 手順4：ECRの作成

- 実行するシェル：040-ecr.sh
- 指定必須パラメータ：特になし
- 想定実行時間：30秒

　PHPアプリケーションのコンテナを格納するAmazon ECRを作成します。作成するECRには自動の脆弱性スキャン設定を有効化しま

す。この設定のためのAPIは2020年1月現在CloudFormationに対応していないため、CloudFormationでリポジトリ作成後、シェルの中でAWS CLIを利用してこの設定を実施しています。

 手順5：RDSの作成

> ここでは事前作業として、コンソールからの作業があることに注意してください

　Amazon RDSの作成時、必須パラメータとしてデータベース接続に利用するパスワードがあります。このパスワードは、Amazon RDSのコンソールからの設定を推奨します。データベース接続パスワードは非常に機密性の高い情報で漏洩時の被害が非常に大きいためプライベートリポジトリへの登録も避けるべきです。そのため、ここではAWS上で機密情報を扱うときのベストプラクティスに則って、以下の手順でRDSを作成します。

1. コンソールからSystems Managerのパラメータストアにセキュアストリングとしてデータベース接続パスワードを登録
2. CloudFormationではRDS作成時にDB接続パスワードをパラメータストアからダイナミック参照してRDSを作成

◇ **コンソールからパラメータストアへのデータベース接続パスワード登録**

　AWSマネジメントコンソールからSystems Managerにアクセスします。続いて、[Parameter Store]を開き、[Create parameter]ボ

タンをクリックします。

[Parameter details]画面が表示されるので、以下を入力していきます。

- [Name]：handson-DBPassword
- [Tier]：Standard
- [Type]：SecureString
- [KMS key source]：My current account
- [KMS Key ID]：alias/aws/ssm
- [Value]：DBRootPassword1234（データベース接続に利用する任意のパスワード文字列を指定）

コンソールから作業することで、AWSアカウントのパラメータストアにアクセス権限があるユーザーのみにパスワードの参照権限を制限できます。

CloudFormationからのRDS作成

- 実行するシェル：050-rds.sh
- 指定必須パラメータ：特になし
- 想定実行時間：10分

このシェルの実行でRDSを作成します。作成するRDS（MySQL）の主要パラメータは以下のとおりです。

- データベースインスタンスID：
  自動採番（CloudFormationの）
- データベースエンジン：MySQL
- バージョン：8.0.16
- マルチAZ構成
- データベースユーザー名：MasterUser
- データベースパスワード：前手順でSystems

Managerのパラメータストアに格納した文字列

データベースパスワードは、RDSのCloudFormationテンプレート中でダイナミック参照を利用して次のように設定しています。

```
MasterUserPassword: '{{resolve:ssm-sec➡
ure:handson-DBPassword:1}}'
```

こうすることで、リポジトリへの登録やログなどへの書き込みがなくなりセキュアに秘匿情報を利用したAWSリソースの作成が可能です。

RDSをマルチAZ構成で作成する場合、約10分程度かかるのでCloudFormationの実行が完了するにもその程度の時間がかかります。

 ## 手順6：ECSクラスターの作成

- 実行するシェル：060-ecs-cluster.sh
- 指定必須パラメータ：特になし
- 想定実行時間：20秒

いよいよアプリケーションの要となるコンテナ環境を作っていきます。といっても最初のECSクラスターの作成は、そもそもECSのクラスターのみを作成するのですぐに完了します。

手順7：管理者用コンソール画面の作成

管理画面（phpMyAdmin）ページの作成

- 実行するシェル：070-admin-alb-fargate.sh
- 指定必須パラメータ：特になし
- 想定実行時間：5分

ここまででアプリケーションの下回り（ネットワーク、セキュリティグループ、データベース、ECSのクラスターなど）の作成が完了したので、いよいよアプリケーション（ECSのFargateを利用した管理画面の構築）を実施していきます。

この手順で、管理画面用のロードバランサー、ECSのタスク、およびサービスの構築が完了し、管理画面のphpMyAdminがコンテナで起動します。CloudFormationのスタックhandson-admin-alb-fargateの作成が開始され無事作成が完了すると、[Outputs]タブにadminALBUrlが表示されます。これが管理画面用ロードバランサーへアクセスするURLとなっており、このURLにアクセスし、無事phpMyAdminの初期画面が表示されれば問題ありません（**図4**）。

| 図4 | phpMyAdminの初期画面

この管理画面へのアクセスは管理画面用ロードバランサーを経由して接続していますが、このロードバランサーには020-securitygroup.shで作成したhandson-admin-alb-sgが適用されており、このセキュリティグループは、指定必須パラメータADMIN_IPADDRESSからのアクセスからののみを許可しています。もし、接続できない場合は、セキュリティグループの設定を確認して自身の環境にあったIPアドレスに変更し、再度020-securitygroup.shを実行してください。

アプリケーションから利用するテーブルの作成

phpMyAdminには、コンテナ起動時にすでに接続先であるデータベースのエンドポイントを設定しています。RDSの作成時に指定したユーザー名（MasterUser）とパスワード（DBRootPassword1234）を入力し、無事データベースに接続できれば管理画面の動作確認は完了です。

データベースに接続できたら、アプリケーションコンテナから利用するテーブルを作成します。左側のペインの[handsondb]を開いて、[SQL]タブをクリックし、**リスト6**のようにテーブルhandsonUserを作成してください。

リスト6 テーブルhandsonUserhを作成

```
create table handsonUser ( id int, name char(100) );
```

リスト7 テーブルにデータ挿入

```
INSERT INTO `handsonUser`(`id`, `name`) VALUES (1,'hamada');
INSERT INTO `handsonUser`(`id`, `name`) VALUES (2,'maturi');
INSERT INTO `handsonUser`(`id`, `name`) VALUES (3,'wassyoi');
```

テーブルの作成が完了したら、**リスト7**のように適当なデータを挿入しておきます。

これでテスト用データの登録が完了です。

🔲 phpMyAdminで利用しているコンテナの解説

今回phpMyAdminはDockerHubで公式に提供されている、以下のイメージを利用しています。

- phpmyadmin/phpmyadmin | Docker Hub
https://hub.docker.com/r/phpmyadmin/phpmyadmin/

このイメージを利用するECSタスク定義は、template/admin-alb-fargate.ymlに記載されています（**リスト8**）。Image:の部分でphpmyadmin/phpmyadmin:latestとDocker HubのURIを指定しています❶。また起動に必要な接続先の環境変数PHA_HOSTとPMA_PORTも、Environmentプロパティ内で、RDS作成時のエクスポート値を参照して設定しています❷。

リスト8 template/admin-alb-fargate.yml

```
adminTask:
  Type: AWS::ECS::TaskDefinition
  Properties:
    Family: !Sub ${SystemName}-admin-task
    RequiresCompatibilities:
      - FARGATE
    NetworkMode: awsvpc
    TaskRoleArn: !Ref adminTaskExecutionRole
    ExecutionRoleArn: !Ref adminTaskExecutionRole
    Cpu: 256
    Memory: 512
    ContainerDefinitions:
      - Name: phpmyadmin
        Image: phpmyadmin/phpmyadmin:latest ❶
        PortMappings:
          - Protocol: tcp
            HostPort: 80
            ContainerPort: 80
        LogConfiguration:
          LogDriver: awslogs
          Options:
            awslogs-group:
              Fn::ImportValue:
                !Sub ${SystemName}-loggroup
            awslogs-region: !Sub "${AWS::Region}"
            awslogs-stream-prefix: adminTask
        Environment:
          - Name: PMA_HOST ❷
            Value:
              Fn::ImportValue: !Sub ${SystemName}-db-endpoint
          - Name: PMA_PORT ❷
            Value:
              Fn::ImportValue: !Sub ${SystemName}-db-port
```

手順8：**アプリケーション画面の作成**

次に、一般利用ユーザー向けのアプリケーション画面を作成します。簡単なPHPコンテナを作成してからデータベースおよびテーブルに接続し内容を表示します。ここでは、以下の手順で作業をしていきます。

1. PHPコンテナのビルドとECRへのプッシュ
   Dockerがインストールされた環境で自身で実施します。
2. アプリケーションの公開（ALB、ECSタスク、ECSサービスの作成）
   これまでと同じく、CloudFormationを実行して作業します。

1. PHPコンテナのビルドとECRへのプッシュ

事前にクライアント端末にDockerをインストールしておきます。以下の公式ページよりDocker Desktopをインストールしてください。

- Docker Engine overview | Docker Documentation
  https://docs.docker.com/install/

インストールが完了したら、AWSマネジメントコンソールにアクセスし、事前に作成しておいたECRのhandson-ecr-php-appを選択し、[View push commands]ボタンをクリックすると、このコンテナレジストリにイメージをビルドしてプッシュするコマンドが表示されます。これを利用すると、簡単にECRへコンテナイメージを登録できます。最初に、複製したリポジトリのappContainerに移動してから、このpushコマンドを実行してください。

リスト10は、ECRにプッシュするまでのmacOS/Linuxのコマンド例です。**アカウントIDの123456789012が、実際には皆さんの環境のアカウントID**となります。

無事、docker pushコマンドが完了したら、コンソールでhandson-ecr-php-appリポジトリを確認してください。[Image tag]の[latest]に先ほど作成したイメージが表示されていれば成功です。このImage URIは後ほどアプリケーションの公開で利用するのでメモしておいてください。

また、一覧中右側の[Vulnerabilities]に、自動スキャン結果としての脆弱性一覧が表示されているでしょうか。今回は詳細について説明しませんがこのイメージに含まれる脆弱性の一覧も記載されているのであわせて確認することを推奨します。

リスト10　ECRにプッシュするまでのコマンド例 (macOS/Linux)

```
$ cd appContainer
$ $(aws ecr get-login --no-include-email --region ap-northeast-1)
$ docker build -t handson-ecr-php-app .
$ docker tag handson-ecr-php-app:latest 123456789012.dkr.ecr.ap-northeast-1.amazonaws.↵
com/handson-ecr-php-app:latest
$ docker push 123456789012.dkr.ecr.ap-northeast-1.amazonaws.com/handson-ecr-php-app:la↵
test
```

2. アプリケーションの公開（ALB、ECSタスク、ECSサービスの作成）

- 実行するシェルスクリプト：
080-admin-alb-fargate.sh
- 指定必須パラメータ：特になし
- 想定実行時間：5分

　前の手順でECRへのイメージプッシュが完了したら、そのイメージを利用したアプリケーションを公開していきます。

　他のシェルスクリプトと同じように実行してください。handson-app-alb-fargateスタックの実行が完了すると、[Outputs]にアプリケーション用ロードバランサーのappALBUrlが表示されています。そのURLをクリックすると、handsonUserテーブル内容を表示するアプリケーション画面が表示されます。画面のPHPコードは**リスト11**のようになります。

　ポイントは、データベース接続に必要な環境変数はすべてECSのタスク定義内で指定し

リスト11　画面のPHPコード

```php
<?php

echo 'ECSタスク定義（コンテナ定義）の環境変数<br />';
echo 'app-alb-fargate.ymlのType: AWS::ECS::TaskDefinitionのEnvironment、⮐
およびSecretsで指定した内容が環境変数として取得されます。<br />';

echo '<p>DB関連環境変数一覧</p>';

$DBHOST = getenv('DBHOST');
$DB = getenv('DB');
$DBUSER = getenv('DBUSER');
$DBPASSWORD = getenv('DBPASSWORD');

echo 'DBHOST='.$DBHOST.'<br />';
echo 'DB='.$DB.'<br />';
echo 'DBUSER='.$DBUSER.'<br />';
echo 'DBPASSWORD='.$DBPASSWORD.'<br />';

try {
    // DB接続処理
    $dsn = 'mysql:dbname='.$DB.';host='.$DBHOST.';charset=utf8mb4';
    $pdo = new PDO($dsn, $DBUSER, $DBPASSWORD);

    $stmt = $pdo -> query('SELECT id, name FROM handsonUser');
    $stmt -> execute();

    //テーブル内容表示
    echo '<p>handsonUserテーブル内容</p>';
    while ($row = $stmt->fetch()) {
  printf("id:%s, name:%s<br />\n", $row['id'], $row['name']);
    }

} catch (PDOException $e) {
    exit($e->getMessage());
}

?>
```

リスト12　データベース接続パスワード：app-alb-fargate.ymlテンプレート

```
Secrets:
  - Name: DBPASSWORD
    ValueFrom: !Sub ${SystemName}-DBPassword
```

ていることです。そのため、このPHPコード内ではその環境変数が設定されている前提でデータベースに接続しています。また、機密情報のデータベース接続パスワードは、app-alb-fargate.ymlテンプレートでは、**リスト12**のように定義されています。

こうすることで、RDSのテンプレートでも解説したとおり、Systems Managerのパラメータストアのセキュアストリングの値を直接環境変数に読み込むことができます。これにより機密情報をソースコードやテンプレートに直接記載することなく秘匿情報を扱えます。これは、ECSで実際にデータベース接続するアプリケーションを利用する際の必須機能なので、是非この手法を覚えておいてください。

CloudWatch Logsの確認

管理画面やアプリケーションなどのコンテナのログは標準出力からaqslogsドライバ経由でCloudWatch Logsのhandson-loggroupに出力されています。CloudWatchのメニューを開き、[Log groups]メニューから[/handson-loggroup]を選択すると、handson-cluster内で起動した全タスクのログを確認できます。

Container Insightsによる
コンテナ環境のメトリクスの確認

今回ECSサービスを作成したクラスターhandson-clusterは、Container Insightsの設定を

オンにしています。AWSマネジメントコンソールからCloudWatchサービスにアクセスします。画面上部の[CloudWatch: Overview]の表示をクリックし、[Container Insights]を選択すると、Container Insightsの画面に遷移します。ここで、対象のクラスター名やサービス名、タスク名でフィルターすることにより、任意のサービスやタスクの各種メトリクスを取得できます。

 手順9：CI/CDパイプラインの作成

いよいよ最後の手順、CI/CDに必要なパイプラインを構築します。CodeCommitリポジトリhandson-codecommit-php-appへのmasterブランチへのプッシュをトリガーに、イメージビルド、ECRへのプッシュからECSサービスへのデプロイがすべて自動化されます。手順は以下のようになります。

1. CodeCommitリポジトリへのソースコード格納
2. CodePipelineの作成

1. CodeCommitリポジトリへの
ソースコード格納

最初にCodeCommitのリポジトリにソースコードを格納します。任意の場所にCodeCommitのhandson-codecommit-php-appリポジトリをクローンします（**リスト13**）。クローン

リスト13　handson-codecommit-php-appリポジトリをクローン

```
$ git clone https://git-codecommit.ap-northeast-1.amazonaws.com/v1/repos/handson-code↩
commit-php-app
```

するURLとして、CodeCommitコンソールの
［CodeCommit］メニューの［リポジトリ］から当
該リポジトリのHTTPSのURLをコピーしてお
きます。

　そして、今クローンしたリポジトリに、app
Containerディレクトリ内のファイル3つをコ
ピーします。このファイルは手順8でアプリケー
ション画面を作成するためのコンテナイメー
ジをビルドしたときのファイルです。ここでは、
CodeCommitにソースコードとして登録し、コ
ンテナのビルド、ECRへのプッシュ、ECSへの
デプロイをすべてCodePipelineで自動化しま
す。ファイル構成をtreeコマンドで確認してみ
ましょう。

リスト14　treeコマンドでファイル構成を出力

```
$ tree
.
└── handson-codecommit-php-app
    ├── Dockerfile
    ├── buildspec.yml
    └── index.php
```

　あとはコミットして、CodeCommitにプッ
シュしたら、前準備は完了です（**リスト15**）。

リスト15　コマンドを実行して前準備は完了

```
$ git add .
$ git commit -m 'first commit'
$ git push
```

2. CodePipelineの作成

- 実行するシェルスクリプト：

090-app-codepipeline.sh
- 指定必須パラメータ：特になし
- 想定実行時間：5分

　いよいよ、最後の手順です。シェルスクリプト
を実行してCodePipelineを作成してください。

　シェルスクリプトを実行すると、CloudForma
tionスタックからhandson-app-codepipeline
が作成され、各種IAMロール、CodeCommit
からCodePipelineを起動するCloudWatch
Events、CodeBuildプロジェクト、そしてCode
Pipeline一式が作成されます。スタックの作
成が完了したら、CodePipelineのコンソール

図5　作成されたパイプライン

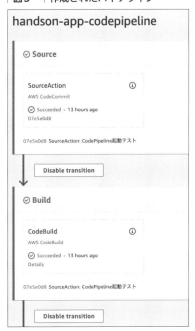

でhandson-app-codepipelineを開くと、そこに作成されたパイプラインが表示されています（図5）。

CodePipelineは以下の3つのステージに分かれています。

- Source：パイプラインのもととなるリポジトリ
- Build：ソースコードからDockerイメージをビルドしてECRにプッシュ
- Deploy：ECSのタスク定義変更、ECSのサービス定義変更によるデプロイ

作成直後、自動的にパイプラインが起動しているので、最後のDeployまで無事に完了したらOKです。このパイプラインが正常に動作しているか確認するために、CodeCommitに対して変更を加えてみてみましょう。

先ほどクローンしたリポジトリ内のindex.phpには、アプリケーション画面に表示する内容をテキストで表示している箇所があります。適当に文言を変えてCodeCommitのmasterブランチにプッシュしてみてください。リポジトリへのプッシュ後、CloudWatch EventsからCodePipelineが自動的に起動します（図6）

無事、CodeCommitにプッシュした内容が、アプリケーション画面に反映されたでしょうか。ソースコードリポジトリにコードをプッシュする

だけでアプリケーション画面に即反映される開発フローを是非体験してみてください。

 ## ハンズオン環境に対するブラッシュアップの方向性

今回は、ハンズオンという制約上触れなかった点なのですが、全体構成としてさらにブラッシュアップしたほうがよい点が多々あります。たとえば、以下のようなものです。

- 任意のドメインでアクセスできるようにする
- ロードバランサーへの外部からのアクセスをHTTPS化
  - ドメインのロードバランサーへの割り当て
  - 証明書の取得
  - ロードバランサーへの配置、リスナーの登録変更

これらについては2.2節「AWSのネットワーク基礎」でも解説しているので、是非、このあたりの設定変更も試してみていただければと思います。

 ## ハンズオン環境の削除方法

ハンズオンお疲れさまでした。最後に、今回作成した環境の削除方法を解説します。

今回のハンズオン環境は、各サービスのコンソールから作業したもの（Systems Managerのパラメータストア）以外は、すべてCloudFormationによって作成しています。そのため、リソースの削除もCloudFormationから実施するのが簡単です。

図6　パイプラインの起動

AWSマネジメントコンソールからCloud Formationを開いて、スタックの一覧を表示してください。「handson-」という接頭辞が付いているものが、今回のハンズオンで作成したスタックになります（**図7**）。

スタックは、新しいもの順で並んでいます。削除する場合は、新しいものから順番に削除していく必要があるため、上からスタックを順番に選択し、コンソール上の［Delete］ボタンをクリックし削除処理を進めてください。

| 図7 | ハンズオン関連スタック

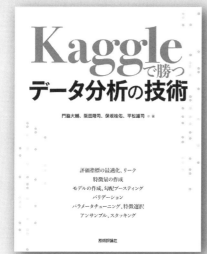

```
Stacks (9)

Q  Filter by stack name

    Stack name                      Status

○   handson-app-codepipeline        ⊘ UPDATE_COMPLETE

○   handson-app-alb-fargate         ⊘ UPDATE_COMPLETE

○   handson-admin-alb-fargate       ⊘ UPDATE_COMPLETE

○   handson-ecs-cluster             ⊘ UPDATE_COMPLETE

○   handson-rds                     ⊘ UPDATE_COMPLETE

○   handson-ecr                     ⊘ UPDATE_COMPLETE

○   handson-codecommit              ⊘ UPDATE_COMPLETE

○   handson-securitygroup           ⊘ UPDATE_COMPLETE

○   handson-vpc                     ⊘ CREATE_COMPLETE
```

🗁 スタック削除時の注意点

一部、Amazon S3やAmazon ECRなどは内部にリソースが残っている場合はCloudFormationから削除することができません（handson-app-codepipelineなど）。スタックの削除中にエラーが出た場合は、当該リソースの中身を空にして再度スタックの削除を実施してみてください。

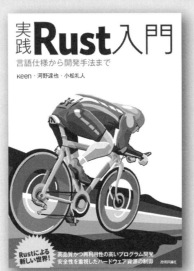

第 **3** 章

サーバーレスプラットフォームで作る
モバイル向けアプリケーション

本章では、AWSのサーバーレスプラットフォームを利用したモバイル向けWebア
プリケーションの構築方法を学びます。フロント側のアプリケーションはVue.js、
アプリケーション実行環境にはAWSのサーバーレスプラットフォーム、アプリケー
ションのデプロイにはクラウド開発キット（CDK）を利用しています。前章と同様
に、自身の手でアプリケーションを構築して理解を深めていってください。

3.1 サーバーレスアーキテクチャとは

AWSの優れた特徴の1つがサーバーレスアーキテクチャです。サーバーレスアーキテクチャとはどのようなものなのか、何が有用なのかについて解説します。

城岸 直希　*Naoki Jogan*　Web https://dev.classmethod.jp/author/jogan-naoki/
加藤 諒　*Ryo Kato*　Web https://dev.classmethod.jp/author/kato-ryo/

 なぜサーバーレスを選択するか

サーバーレスサービス登場以前

サーバーレスの話をする前に、AWSなどのクラウドサービスの登場以前のことを考えてみましょう。

これまではユーザーにアプリケーションを提供するために物理サーバーを用意していました。それは、企業の基幹システムからスマートフォン用のバックエンドまで、用途に関わらずそうでした。物理サーバーには直接OSをインストールして単体で利用していましたが、仮想化技術が進歩してからは、1つの物理サーバーに複数のOSを稼働できるようになりました。そして、サーバー利用者は、データセンターが提供するホスティングサービスを利用することで、物理サーバーの構築・運用を外部にアウトソースしていました。

Amazon Virtual Private Cloud (VPC)、EC2-VPC（インスタンス）が登場してからは、プライベートネットワークで通信できるサーバーを必要なときに必要なだけ調達できるよう

になりました。EC2（サーバー）利用者は、OS以上のレイヤーを自由に使うことができるため、HTTPリクエストを受け付けたいならWebサーバーを、データを保存したいならデータサーバーを構築するなど、用途に応じてサーバーを構築・運用できるようになりました。

提供したい価値と、それを実現するための効率的な手段

アプリケーションを開発するのは、何かユーザーに届けたい価値や体験があるからです。つまり、最もコアな作業は機能の開発です。

ユーザーの立場で考えれば、そのゲームが面白いか、そのアプリケーションが便利かが重要で、サーバーがAWSで動いているかオンプレミスで動いているかは関係ありません。

しかし、情報漏えいやサービス断が発生すれば、ユーザーが離れてしまう危険があります。ユーザーにとって直接的に価値や体験にはつながらないとしても、しっかりと構築・運用しないとトラブルが発生しユーザーが離れてしまいます。そんなサーバーやOS、アプリケーション実行環境の部分をクラウドに任せて自分

たちは機能を開発することに集中する、それを
実現するための仕組みでありサービスがAWS
Lambdaに代表されるサーバーレスサービスに
なります。サーバーは存在するが自分たちで管
理をしないのでサーバーレスと言います。

　開発者がサーバーレスサービス（およびサー
バーレスアーキテクチャ）を選択する主な動機
は以下になります。

- 提供するアプリケーションの価値につながら
ない作業を最小限にすることができる
- 提供するアプリケーションの価値向上に
フォーカスすることができる

 ## サーバーレスアーキテクチャの定義

　サーバーレスという概念および仕組みはまだ
発展途上段階で、これが正しいという全員が合
意できる明確な定義は存在しません。筆者の考
えをもとに、本章ではサーバーレスアーキテク
チャを以下のように定義します。なお、この定
義は主にコンピューティングリソースに対して
で、特にストレージリソースなどは除外して考
えます。

【サーバーレスアーキテクチャの定義】

1. マネージドサービスのみで構築されている
2. イベントドリブンなアーキテクチャ
3. 実使用リソース量・時間に対する従量課金
（最大値に対する課金ではない）
4. スケーリングが自動で行われる

　サーバーレスはすべてのワークロードに向い

ている訳ではありません。環境を構築する際に、
サーバーレスありきでアーキテクチャの設計を
しばってしまうと、問題が発生する場合があり
ます。

　ではコンテナを利用すればいいかというと、
デプロイフローが複雑化したり、利用するサー
ビスが増えて混乱を招く恐れがあります。これ
は、ケースバイケースで判断するしかありませ
ん。

　サーバーレスでない要素は一部分だけだか
らと言って、システムはサーバーレスアーキテ
クチャで構築されている、と他者に伝えると誤
解を招きます。「大部分はサーバーレスで構築
していて、一部分はコンテナとRDBを使ってい
る」などと正しく伝えましょう。

　次に、サーバーレスアーキテクチャの定義の
内容について掘り下げて説明していきます。

マネージドサービスのみで構築されている

　OSやミドルウェアを自分で構築せずに、機
能だけを使えるAWSサービスをマネージド
サービスと言います。

　たとえば、AWS Lambdaはコードを書くだけ
で、アプリケーションが動作するので、マネー
ジドサービスです。

　また、多くのマネージドサービスはユーザー
が深く意識しなくとも、バックエンドでスケーリ
ングが行われます。

イベントドリブンなアーキテクチャ

　まず、外部から動画を受け取り、サムネイル
とエンコードを行うアーキテクチャを考えてみ
てください（図1）。

このアーキテクチャに、機械学習によって動画のカテゴリを新たにタグとして追加したいという要望がありました。機械学習のモデルおよび推論するための環境は完成しています。

リクエスト・リプライ方式（イベントドリブンの対義となるアーキテクチャ）で実現する場合は、動画受け取り・受け渡し部分（以降、エンドポイント）を改修して、データの受け渡しを行う必要があります（**図2**）。

イベントドリブン方式の場合、機能を追加する際は、追加機能の開発のみで、エンドポイントへの改修は必要ありません。数個程度の機能であれば、エンドポイントの改修も容易ですが、数が増えるほど複雑になります。

このようなアーキテクチャをイベントドリブンなアーキテクチャと言います（**図3**）。

⬡ 実使用リソース量・時間に対する従量課金（最大値に対する課金ではない）

従量課金とは、必要なときに必要な分だけリソースを確保し、使用したリソース量（CPUやメモリまたはそれをベースとした単位）・使用時間に対して従量で課金が行われるという意味です。最大で必要なリソースが100だから常に100のリソースを確保するという課金方式（事前確保）ではありません（**図4**）。

ワークロードによりますが、必要最低限のリソースを使用するため、利用費が削減できる場

| **図1** | リクエスト・リプライ方式の既存構成図

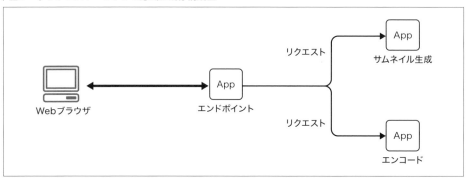

| **図2** | リクエスト・リプライ方式

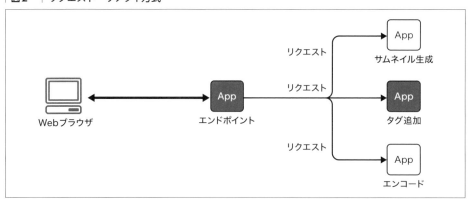

合があります。

スケーリングが自動で行われる

　これは、負荷が増加した場合に、スケールアップあるいはスケールアウトが自動的に行われ、サービスの品質を維持したまま稼働し続けることができるという意味です。

　スケールアップ・スケールアウトした分の料金はかかりますが、最大負荷に合わせてサイジングする場合と比べてコストを抑えることができ

きます。

　サービスによっては、設定ミスや外部から悪意のある攻撃を受けた場合を考慮して、過剰スケーリングを防ぐために上限が設定されています。どういった場合にどれぐらいスケールするかは、しっかりと確認・設定変更する必要があります。

| 図3 | イベントドリブン方式

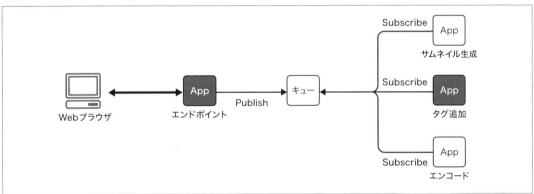

| 図4 | 事前課金と従量課金

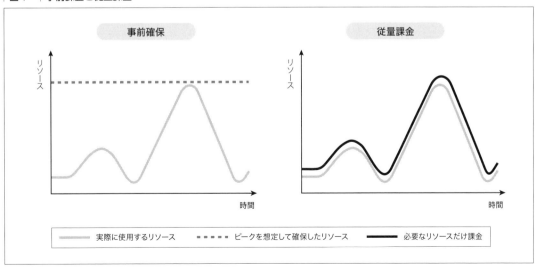

3.2 サーバーレスを実現する AWSサービス

本節では、サーバーレスアプリケーションを構築するときに使用するAWSサービスの概要を紹介します。

城岸 直希　*Naoki Jogan*　Web https://dev.classmethod.jp/author/jogan-naoki/
加藤 諒　*Ryo Kato*　Web https://dev.classmethod.jp/author/kato-ryo/

本節では、サーバーレスアプリケーションを実現するための代表的なAWSサービスを紹介します。

- AWS Lambda
- Amazon API Gateway
- Amazon DynamoDB
- Amazon S3
- Amazon CloudFront

いずれも本章のサンプルアプリケーションで利用するサービスになります。

AWS Lambda

AWS Lambda（以下、Lambda）は、自身で定義した関数を実行するためのサービスです。実行するにあたりEC2などのサーバーは必要ありません。Lambda関数は特定のイベント（S3にオブジェクトが作成されるなど）をトリガーにラインタイムがセットアップされたコンテナ内で実行され、イベント数に応じて自動的に水平スケールします。そのため、ユーザーは

Lambdaのスケールを強く意識する必要はありません。一方、ユーザーはLambdaがスケールされることを考慮し「ステートレス」なコードを記述する必要があります。

Lambdaはイベントに対する処理実行時間に対してコストが発生するサービスであるため、常にコンピュートリソースを用意する必要があるEC2やECSなどに比べコストが安くなる傾向にあります。

2020年3月現在、以下の7つの言語をネイティブでサポートしています。

- Java
- Go
- PowerShell
- Node.js
- C#
- Python
- Ruby

ネイティブサポートされていない言語はカスタムランタイムを実装することで利用可能になります。

Lambdaの特徴

Lambdaには、次のような特徴があります。

- 対応言語で記述したコードを保存し、リクエスト（トリガーイベント発生）の都度自動実行するサーバーレスコンピューティングサービス
- 高可用性を発揮するよう設計されており、定期的なダウンタイムはない
- リクエスト受信の回数に合わせて自動的にスケール
- リクエストとコードを実行するために要した処理時間の分のみ料金が発生
- 最長15分まで実行可能

Lambdaの基本操作

では実際にLambda関数を作成してみましょう。以下の操作で関数を作成します。

1. AWSマネジメントコンソールにログインする
2. AWS Lambdaのコンソールを開く
3. 画面右上の［関数の作成］をクリックする

4. 基本的な情報を入力し、画面右下の［関数の作成］ボタンをクリックする（図1）

これでLambda関数が作成されます（図2）。

関数を作成する際には［関数名］、［ランタイム］、［実行ロール］（IAMロール）を指定する必要があります（図1❶❷）。［実行ロール］として［基本的なLambdaアクセス権限で新しいロールを作成］（図1❸）を選択すると、CloudWatch Logsにログを出力するためのロールが作成されます。

作成する関数がS3にアクセスする場合には、S3に対するアクセス権限を持つポリシーを、DynamoDBにアクセスする場合にはDynamoDBに対するアクセス権限を持つポリシーをIAMロールにアタッチします。その他ポリシーについても必要に応じてアタッチします。

作成したLambda関数は、次のようにしてテストできます。

図1　Lambdaのコンソール画面

関数名
関数の目的を名前として入力します。

myFunction ❶

半角英数字、ハイフン、アンダースコアのみを使用でき、スペースは使用できません。

ランタイム　情報
関数を記述する言語を選択します。

Node.js 12.x ❷

アクセス権限　情報
Lambda は、Amazon CloudWatch Logs にログをアップロードするアクセス権限を持つ実行ロールを作成します。トリガーを追加すると、アクセス権限をさらに設定および変更できます。

▼ 実行ロールの選択または作成

実行ロール
関数のアクセス許可を定義するロールを選択します。カスタムロールを作成するには、IAM コンソールに移動します。

◉ 基本的な Lambda アクセス権限で新しいロールを作成 ❸
○ 既存のロールを使用する
○ AWS ポリシーテンプレートから新しいロールを作成

ⓘ ロールの作成には数分かかる場合があります。新しいロールの範囲は現在の関数になります。このロールを他の関数で使用する場合は、IAM コンソールで変更できます。

Lambda は、Amazon CloudWatch Logs にログをアップロードするアクセス権限を持つ、myFunction-role-8amzqsvs という名前の実行ロールを作成します。

キャンセル　　関数の作成

1. 画面右上の［テスト］をクリックする（図2❶）
2. テストイベントを作成する（ここで定義した JSONはLambda関数実行時の引数となる）（図3、図4）
3. 作成したテストイベントを指定し、［テスト］をクリックする

テストを実行すると実行結果がコンソール上に出力されます（図5）。CloudWatch Logsでもログを確認することができます（図6）。

　テストイベントではなく何かしらのイベントを契機にLambdaを呼び出すためには、トリガーを設定する必要があります。

1. ［トリガーを追加］をクリックする（図2❷）
2. 対象となるトリガーを選択する（図7）

図2　作成したLambda関数

図3　作成したLambda関数のコード

図4　テストイベントの設定

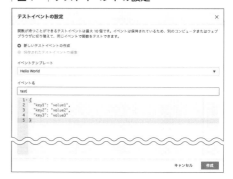

図5　実行結果

このとき、S3に対する操作をトリガーとして Lambdaを実行させる場合は、対象のバケット やイベントタイプ、プレフィックスなどを指定し ます（**図8**）。

トリガーが正しく設定された場合は、**図9**のように トリガーとして「S3」が追加されています。

│ 図6 │ CloudWatch Logsでログを確認

│ 図7 │ トリガーの選択

│ 図8 │ トリガーの詳細設定

│ 図9 │ トリガー設定後の状態

Lambdaのトリガーとなるイベントソース

Lambda は AWSのサービスから同期的・非同期的に呼び出すことができます。

「Lambda関数を同期的に呼び出すサービス」は8つあり、「Lambda関数を非同期的に呼び出すサービス」は9つあります（**表1**）。

同期的に呼び出す場合、Lambdaはキューイングされず直接実行されます。非同期で呼び出す場合、呼び出し元にはリクエストの実行結果は返却されず、正常に受け付けられたかどうかのみが返却されます。

Lambdaはキューから実行され、処理に失敗した場合は、自動的に2回再試行されます。初回起動含め、関数の実行に3回失敗した場合、イベントは破棄されます。破棄対象のイベントは、デッドレターキュー（Dead Letter Queue）を指定することで、Amazon SQSやAmazon SNSを経由してユーザーに通知することができます。

🔷 Lambdaのユースケース

Lambdaは複数のAWSサービスから呼び出せるということもあり、その利用シーンは多岐にわたります。その中でもよく利用される3つのユースケースを紹介しましょう。

- Webサービスのバックエンド
- データの整形・変換処理
- 定期的な処理

Webサービスのバックエンド

Lambdaの最も代表的な使い方は「Webサービスのバックエンド」としての利用です。Lambdaはフロントのアプリケーション（React、Vue.js、Angularなど）からAmazon API Gateway経由で呼び出されます（**図10**）。

処理フローは以下のようになります。

1. ブラウザは特定のイベントをトリガーにAPI Gatewayのエンドポイントに対してHTTPSリクエストを送信する
2. API GatewayはリクエストにマッピングされたLambdaを起動する
3. Lambdaは与えられたリクエストを元になんらかの処理（DynamoDBからの値読み込みなど）を行い、API Gatewayに JSONデータ

| 表1 | Lambda関数を呼び出すサービス

同期的に呼び出すサービス	非同期的に呼び出すサービス
Elastic Load Balancing (Application Load Balancer)	Amazon Simple Storage Service
Amazon Cognito	Amazon Simple Notification Service
Amazon Lex	Amazon Simple Email Service
Amazon Alexa	AWS CloudFormation
Amazon API Gateway	Amazon CloudWatch Logs
Amazon CloudFront (Lambda@Edge)	Amazon CloudWatch Events
Amazon Kinesis Data Firehose	AWS CodeCommit
AWS Step Functions	AWS Config
	AWS IoT Events

| 図10 | WebサービスのバックエンドとしてLambdaを使う

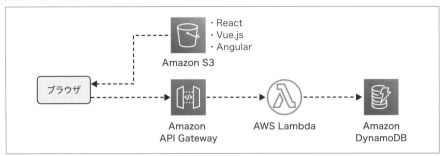

| 図11 | データの整形・変換処理

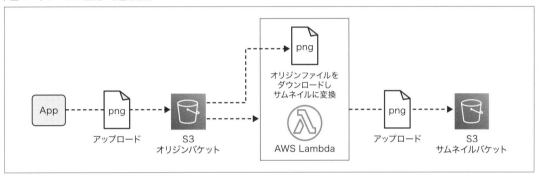

を返す

4. API GatewayはLambdaの結果をhttpのレスポンスとしてブラウザに返す

5. ブラウザ（Single Page Application：SPA）は、レスポンスのJSONデータを元にコンテンツを書き換える

Lambdaはコンテンツそのもの (html) ではなく、動的に変更するための情報 (JSON) のみを返却します。 フロントのアプリケーションをReact、Vue.js、Angular等で作成する場合は、このような構成とするのが一般的です。

本章のサンプルアプリケーションも同様の構成となります。

データの整形・変換処理

「データの整形・変換処理」もLambdaの代表的な使い方です。以下はサムネイルの作成におけるアーキテクチャになります（**図11**）。

処理フローは次のようになります。

1. アプリケーションがS3のオリジンバケットに元画像をアップロードする

2. オリジンバケットへのプット処理をトリガーとしてLambdaが起動する。

3. Lambdaは与えられたリクエストを元にオリジンバケットから元画像を取得しサムネイルを作成する。作成したサムネイルはサムネイル用のバケットにアップロードされる

ログデータの整形などサムネイルの作成以

外の「データの整形・変換処理」においてもLambdaはよく利用されます。

定期的な処理

　「定期的な処理」にもLambdaはよく使われます（**図12**）。Amazon CloudWatchを使えば簡単に設定できます。

　処理フローは以下のようになります。

1. CloudWatch Eventsが定期的にLambdaを起動する
2. Lambdaは特定の処理を行う

　EC2上でcronで実行しているような処理はLambdaにオフロードできます。EC2上で実行する場合に比べコスト面および可用性の部分でメリットがあります。ただしLambdaの実行時間は15分までなので注意が必要です[注1]。

Lambda開発におけるポイント

　Lambda開発におけるポイントをいくつか紹介します。

LambdaからRDSへの接続

　LambdaのデータストアとしてRDSを利用するケースはよくあります。この場合、Lambdaはデフォルトの設定（VPC外で起動する）ではなく、VPC Lambdaとして起動します。ですが、このVPC Lambdaは以下のような課題を抱えており、VPC LambdaからRDSの呼び出しはアンチパターンとも言われていました。

注1　15分以上かかるような場合は、AWS Fargateやタスクスケジュールの導入を検討してください。

図12　定期的な処理

CloudWatch Events　→ Lambdaを定期実行 → Lambda

- 特定の状態において10〜20秒程度の大きな遅延が発生していた（ENI作成に伴うコールドスタート）
- Lambdaの同時実行によりVPC内のプライベートIPを消費するため、サブネット内のIPアドレス管理を行う必要がある
- RDSの最大同時接続数以上にLambdaが起動した場合にRDSへの接続エラーが発生する

　しかし、近年これらの課題が次のようなAWSのアップデートにより解消されつつあります。

- Lambda実行環境とVPCの接続にHyperplane ENI（Elastic Network Interface）を利用可能（2019年9月のアップデート）
- RDS Proxy（プレビュー）の新規リリース（2019年12月のアップデート）

　「VPC Lambdaはアンチパターンであるから採用しない」ではなく、自身のアプリケーション特性と、現状のLambda関連のアップデートを鑑みてどのような構成にするか検討すべきでしょう。これらの機能の詳細については、クラスメソッドのブログ記事を参照してください。

- 【速報】もうアンチパターンとは呼ばせない！！VPC Lambdaのコールドスタート改善が正式アナウンスされました！！｜Developers.

IO（クラスメソッド）

https://dev.classmethod.jp/cloud/aws/announced-vpclambda-improved/

- ■ [速報]これでLambdaのコネプー問題も解決？! LambdaからRDS Proxyを利用できるようになりました（まだプレビュー）#reinvent｜Developers.IO（クラスメソッド）

https://dev.classmethod.jp/cloud/aws/lambda-support-rds-proxy-beta/

Lambdaコールドスタート対策

Lambdaには「コールドスタート」という概念が存在します。これはLambdaの初回実行時に内部的に以下の処理が行われることで、コードが実行されるまでに時間がかかる現象のことを言います。特にVPC Lambdaの場合はENIの作成などに10秒程度かかるなど無視できない時間がかかっていました。

- ■ ENIの作成（VPC Lambdaの場合のみ）
- ■ コンテナの作成
- ■ デプロイパッケージのロード
- ■ デプロイパッケージの展開
- ■ ランタイム起動・初期化

このコールドスタートの回避策として、先ほど紹介した「CloudWatch EventsからLambdaを定期実行する」というテクニックが広く使われてきました。これは同一Lambda関数の実行コンテナはすぐに廃棄される訳ではなく一定時間内は再利用される性質を利用したものです。

このような状況の中、AWS re:Invent 2019カンファレンスで、コールドスタート対策の機能Provisioned Concurrency（プロビジョニングされた同時実行）が発表されました。この機能を利用することで、Lambdaがスケールアップするのを待たずに多数の同時リクエストを処理することができます。

Lambdaのコールドスタートが許容できない場合は、Provisioned Concurrencyの利用を検討してみてください。詳細についてはクラスメソッドのブログ記事を参照してください。

- ■ [速報]コールドスタート対策のLambda定期実行とサヨナラ!! LambdaにProvisioned Concurrencyの設定が追加されました#reinvent｜Developers.IO（クラスメソッド）

https://dev.classmethod.jp/cloud/aws/lambda-support-provisioned-concurrency/

Lambda Layers

Lambda Layersは、複数のLambda関数でコードやライブラリを共有する仕組みです。これにより複数のLambda関数で共有するカスタムコードやライブラリをビジネスロジックから使うことができるようになります。

共有コンポーネントは1つのZIPファイルに固めてLambda Layerとしてアップロードします。共有コンポーネントを利用するLambda関数では、対象のレイヤーとバージョンを指定します。最大5つのLayersを利用することができます。これにより、開発者はビジネスロジックに集中することができます。

機能の詳細についてはクラスメソッドのブログ記事を参照してください。

- ■ Lambda Layerの基本的な仕組みを確認する #reinvent｜Developers.IO（クラスメソッド）

https://dev.classmethod.jp/cloud/aws/lambda-layer-basics-how-it-works/

Amazon API Gateway

Amazon API Gateway (以下、API Gateway) は、REST および WebSocket の API を作成、公開、保守、モニタリング、および保護するためのサービスです。API Gateway は単体で利用するサービスではなく、クライアントとバックエンド (Lambda や NLB、その他 Web サービスなど) の間に位置し、ゲートウェイとして機能します。

API Gateway も Lambda と同様、インフラの管理が不要なサーバーレスなサービスであり負荷に応じて自動でスケールします。利用料は API の使用量に対して発生します。

API Gateway の特徴は以下のとおりです。

- API の作成およびデプロイが容易
- REST API、WebSocket API をサポート
- バックエンド保護のための DDoS 対策やスロットリング機能がある
- Amazon Cognito などと連携して API の認証機能も実装可能
- リクエストルーティングのマネージドサービス

API Gateway の基本操作

API Gateway を作成してみましょう。API Gateway から Lambda を実行してみます。手順は以下のようになります。

1. AWS マネジメントコンソールにログインする
2. API Gateway のコンソールを開く
3. [API Gateway の作成] をクリックする
4. 遷移した画面で、プロトコル、API 名、説明、エンドポイントタイプを設定し、[API の作成] ボタンをクリックする (図13)

プロトコルは、[REST] か [WebSocket] のどちらかを選択します。

[エンドポイントタイプ] は [リージョン] [エッジ最適化] [プライベート] のいずれかを選択します。

[リージョン] を選択した場合は現在選択しているリージョンに API が作成されます。

[エッジ最適化] を選択した場合は、Cloud Front のネットワークに API が作成されます。

| 図13 | API の作成

APIが地理的に分散したクライアントから実行
される場合は［エッジ最適化］を、そうではな
くアクセス元が同一のリージョンとなる場合は
［リージョン］を選択してください。

　［プライベート］は、VPC内からインターネッ
トを経由せずにAPIを実行する場合に利用しま
す。

HTTPのメソッドを定義

　次に、API Gatewayがリクエストを受け付
けるHTTPのメソッドを定義します。今回は特
定のURLでGetリクエストを受けたときにバッ
クエンドのLambdaを起動するように設定しま
す。手順は以下のとおりです。

1. ［アクション］メニューから［メソッドの作成］
   をクリックする（**図14**）
2. メソッドの種類として、メニューから［GET］
   を選択し、チェックボタンをクリックする（**図
   15**）
3. バックエンドのLambdaを選択し（ここ
   では本節の冒頭で作成したLambda関数
   myFunctionを指定している）、［保存］ボタ
   ンをクリックする（**図16**）
4. **図17**のようなダイアログボックスが表示さ
   れたら［OK］ボタンをクリックして、API Gate
   wayにLambda関数の呼び出し権限を付与
   する

API Gatewayのテスト

　では、作成されたAPI Gatewayをテストして
みましょう。

　図18の画面で［テスト］をクリックします。す

| 図14 | メソッドの作成

| 図15 | メソッドの種類を選択

| 図16 | メソッドの詳細設定

| 図17 | Lambda関数の呼び出し権限を付与

図18 | メソッドのテスト1

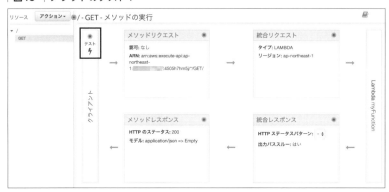

図19 | メソッドのテスト2

ると**図19**のように画面が切り替わります。ここ
で画面下部の［テスト］ボタンをクリックします。

　これでLambda関数が実行され、画面右側
のテスト結果からレスポンスが返却されている
ことが確認できます。

APIのデプロイ

　APIをデプロイすると、インターネットから
APIを呼び出せるようになります。以下に手順
を示します。

1. ［アクション］メニューから［APIのデプロイ］
をクリックする（**図20**）
2. ［APIのデプロイ］画面で［デプロイされるス
テージ］を指定し、［ステージ名］を入力して
［デプロイ］ボタンをクリックする（**図21**）

　これでAPIが公開され、インターネットから
呼び出せる状態となります（**図22**）。APIを使
うには、［URLの呼び出し］に表示されている
URLをブラウザに入力します。

　このようにAPI Gatewayを使えば、簡単に

図20 | APIのデプロイ

図21 | APIのデプロイ：ステージ設定

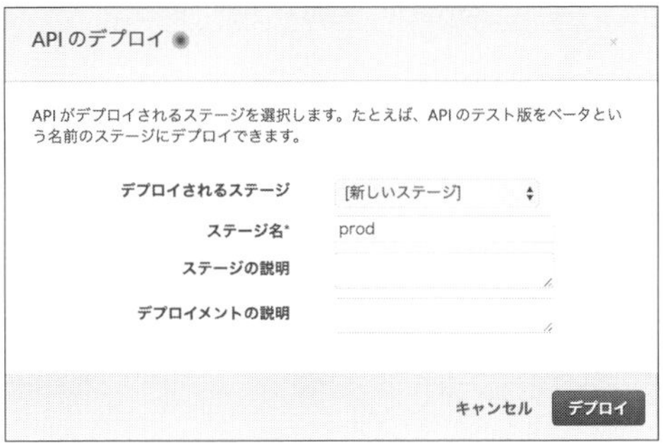

図22 | URLの呼び出し

APIを公開できます。

API Gateway利用時のポイント

API Gatewayを利用するときのポイントをいくつか紹介します。

メソッド設定

REST APIを公開する場合、そのリソースおよびメソッドごとに4つの処理（メソッドリクエスト、メソッドレスポンス、統合リクエスト、統合レスポンス）を設定できます（前掲の**図18**を参照）。

API Gatewayに到達したリクエストは、メソッドリクエスト→統合リクエスト→統合レスポンス→メソッドレスポンスの順に処理されます。それぞれで実施する内容は以下のとおりです。

- **メソッドリクエスト**

  リクエスト受付に関する条件を設定します。「クエリ文字列パラメータおよびヘッダーの検証」や、「APIキーの設定を必須化」などを設定することができます。

- **統合リクエスト**

  このメソッドが呼び出すターゲットとなるバックエンドを設定します。バックエンドのリソースとしてLambdaや外部のWebサービスなどを指定します。

- **統合レスポンス**

  バックエンドからのレスポンスの変換ルールを設定します。バックエンドからのレスポンスを特定のJSONフォーマットに変換するといった処理を指定できます。

- **メソッドレスポンス**

  クライアントへのレスポンスに関する設定です。HTTPのステータスコードに応じてデー

タを置き換えるなどを設定できます。

APIに対する認証機能の追加

API Gatewayには認証機能を組み込むことができます。具体的な手段として以下のものがあります。

- IAMアクセス権限を利用する
- Lambdaオーソライザーを利用する
- Cognitoオーソライザーを利用する

最初の「IAMアクセス権限を利用する」は、IAMユーザーやIAMロールを利用してAPI Gatewayにアクセスする方式です。

この方式では、IAMユーザーのアクセスキーなどから生成した署名を利用しAPIにアクセスします。単純にIAMユーザー権限を利用しSDKでAPIを呼び出すことも可能ですが、フェデレーテッドアイデンティティを利用して外部の認証プロバイダにIAM権限を付与することも可能です。

2つ目の「Lambdaオーソライザーを利用す

る」は、認証処理を実施するLambda関数と外部認証プロバイダを利用しAPIにアクセスする方式です。処理フローは次のとおりです（図23）。

1. クライアントは、外部認証プロバイダで認証される
2. クライアントは外部認証プロバイダで払い出されたトークンを付与することでAPIにアクセスする
3. API GatewayがLambdaオーソライザー（自身で作成する必要あり）を呼び出す
4. Lambdaオーソライザーがトークンを検証し、API Gatewayにポリシードキュメントを返却する
5. ポリシードキュメントに従ってAPI Gatewayが認可を実施する

2つ目の方式の場合、自身でLambdaオーソライザーを作成する必要がありますが、処理の中で取得した情報を後続のLambdaに引き渡せます。また、Lambdaオーソライザーで認証

図23 │ Lambdaオーソライザーを利用する

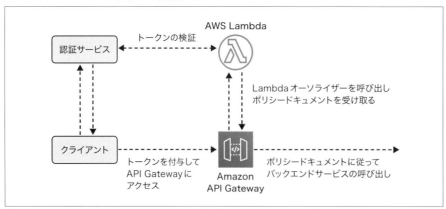

が失敗した場合のエラーメッセージをカスタマ
イズすることもできるようになります。

詳細については、次のクラスメソッドのブロ
グ記事を参照してください。

- Amazon API Gateway で Custom Autho
  rization を使ってクライアントの認可を行う
  ｜ Developers.IO（クラスメソッド）
  thttps://dev.classmethod.jp/cloud/aws/api-gat
  eway-custom-authorization/

最後の「Cognitoオーソライザーを利用する」
は、Cognitoユーザープールを利用してAPIに
アクセスする方式です（**図24**）。処理フローは
以下のとおりです。

1. クライアントはCognitoユーザープールで認
   証する
2. クライアントはAuthorizationヘッダーに
   Cognitoから払い出されるIDトークン／ア
   クセストークンを付与され、APIにアクセス
   する
3. API Gatewayがトークンを検証し、Cognito
   ユーザープールからポリシードキュメントを
   受け取る

4. API Gatewayがポリシードキュメントで認
   可されたバックエンドサービスを呼び出す

認証処理の部分をAPI Gatewayで行います。
認証に成功した（トークン検証を通った）リクエ
ストは、Cognitoユーザープールで認証された
IAMロールの権限でそのバックエンドのサービ
スを呼び出すことができます。

詳細については、クラスメソッドのブログ記
事を確認してください。

- Amazon API Gateway で Custom Autho
  rization を使ってクライアントの認可を行う
  ｜ Developers.IO（クラスメソッド）
  https://dev.classmethod.jp/client-side/unity-cli
  ent-side/unity-userpool-userid/
- UnityでCognito UserPoolsから得たトー
  クンでリクエストし、API Gatewayでsubを
  受け取る｜ Developers.IO（クラスメソッド）
  https://dev.classmethod.jp/client-side/unity-cli
  ent-side/unity-userpool-userid/

なお、API GatewayにはAPIキーを払い出
す機能がありますが、これは利用量を計測する
ための機能であるため、認証用途での利用は
推奨されていません。

｜図24｜ Cognitoユーザープールの利用

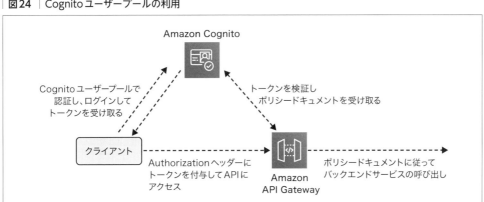

WAFによるセキュリティ対策

　API GatewayはAWS WAF (Web Application Firewall) と統合できます。WAFは、SQLインジェクションやクロスサイトスクリプティングなどWebアプリケーションに対する悪意のある通信をブロックします。

　AWS WAFはマネージドなWAFであるため、WAF自体のスケールを意識する必要はなく、また料金も他のサービスと比べて廉価です。いくつか制限事項もありますが、アプリケーションの前段（API Gateway）で悪意のある攻撃を防ぎたい場合は、導入を検討するとよいでしょう。

　ただし、WAFですべての悪意のある通信をブロックできる訳ではありません。開発するアプリケーションでもセキュアなコーディングを記述する必要があります。

　詳細については、クラスメソッドのブログ記事を参照してください。

- 【新機能】API GatewayのステージにAWS WAFを直接関連づけられるようになりました｜Developers.IO（クラスメソッド）
https://dev.classmethod.jp/cloud/aws/api-gateway-stage-waf/

 Amazon DynamoDB

　Amazon DynamoDB（以降、DynamoDB）は、「Key-Valueストア」の非リレーショナルデータベースです。データはKeyのハッシュ値を元に分散して格納されるため、ミリ秒単位のアクセス速度が求められるシステムにも対応することができます。

　テーブルサイズに実用的な制限はなく、大量データを扱うことできるという利点があります。

　なお、DynamoDBはデータストアとしてのアーキテクチャがRDBMSとは異なるためSQLを発行してデータを取得することはできません。

▱ DynamoDBの特徴

　DynamoDBには次のような特徴があります。

- データの格納と取得に特化（高度な最適化）されている（ただし、柔軟なクエリを発行するのは不得意）
- 「値」とそれを取得するための「キー」だけを格納するというシンプルな機能を持った「Key-Valueストア」である
- 半構造化データをドキュメントとして保存する「ドキュメントデータベース」でもある
- 1桁ミリ秒単位の速度を要求するアプリケーションにも対応
- 期限切れになった項目を自動的にテーブルから削除することも可能
- 結果整合性のある読み込み（通常の読み込み）に加え、整合性のある読み込みも可能

▱ DynamoDBの基本操作

　DynamoDBを作成してみましょう。以下の操作でテーブルを作成します。

1. AWSマネジメントコンソールにアクセスする
2. DynamoDBのコンソールを開く
3. ［テーブルの作成］をクリックする
4. テーブル名、プライマリーキーを入力し、［作成］ボタンをクリックする（図25）

　これでテーブルが作成されます（図26）

| 図25 | DynamoDBテーブルの作成

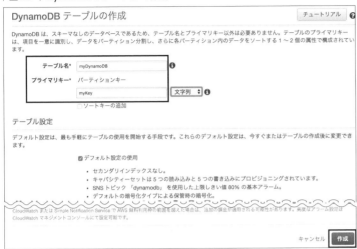

| 図26 | テーブル作成後の状態

プライマリーキーはテーブルの中でデータを一意にするためのキーになります。データの登録・更新・削除をするときは、プライマリーキーを指定します。また、プライマリーキーとは別にソートキーも指定できます。ソートキーを指定するとプライマリーキー、ソートキーの複合キーとなります。

次に、作成されたテーブルに値を登録していきましょう。

1. [項目の作成]をクリックする（図26❶）
2. プライマリーキーの値を入力し（必須項目）、その他の値（アトリビュート）は必要に応じ

| 図27 | 項目の作成

て登録する（図27）

3. 右下の［保存］ボタンをクリックする

これでテーブルに項目が作成されました（図28）。

| 図28 | 項目追加後のテーブルの状態

RDBMSとは違い、プライマリキー以外のアトリビュートをテーブル作成時に指定する必要はありません。また、各項目で異なるアトリビュートを指定することも可能です。DynamoDBを利用すれば簡単にNoSQLのデータベースを作成することができます。

DynamoDB利用におけるポイント

DynamoDBを利用におけるポイントをいくつか紹介します。

キャパシティーユニット

DynamoDBの料金を決める要素は大きく3つになります。

- キャパシティーユニット
- ストレージ容量

データ転送量

そのうち、試算が難しいキャパシティーユニットについて紹介します。

キャパシティーユニットは簡単に言うと読み込みおよび書き込みの容量です。ベーシックな使い方（プロビジョニング済みキャパシティーモード）をする場合、ユーザーが事前にキャパシティーユニットを決めます（表2）。

1KBや4KBなど指定の容量を超えた場合は、追加でキャパシティーユニットが消費されます。設定したキャパシティーユニットを超えるようなリクエストを送った場合はキャパシティーユニットが所定の容量になるまで処理が遅延します。そのためキャパシティーユニットはある程度余裕を持って設定するようにしてください。

| 表2 | キャパシティーユニット

プロビジョニングする スループットタイプ	時間あたりの料金	パフォーマンス
書き込みキャパシティーユニット （WCU）	0.000742USD/WCU	1WCUで1秒あたり1回の書き込みが可能（1KBまで）
読み込みキャパシティーユニット （RCU）	0.0001484USD/RCU	1RCUで1秒あたり2回の読み込み、または結果整合性のある1回の読み込みが可能（4KBまで）

アクセスが大きく変動するようなサービスの場合は、プロビジョニングモードではなく、DynamoDB On-Demandを利用する選択肢もあります。

DynamoDB On-Demandは、事前にキャパシティーユニットを定義することなくキャパシティーユニットのプロビジョニング、スケールを行ってくれる機能です。これを指定することで突発的な負荷にも耐えられる構成となります。ただし、スケーリングが請求額に跳ね返ってくるので適切に監視する必要があります。

DynamoDBへの負荷が基本的に一定の範囲で推移する場合はプロビジョニングモードを、DynamoDBへの負荷がスパイクするようなアプリケーションはDynamoDB On-Demandを指定するとコストを削減できます。

まずはDynamoDB On-Demandでしばらく様子をみて、一定の範囲で推移することが確認できたらプロビジョニングモードに移行するというのが最も運用が容易で、コスト効率が良いでしょう。

詳細については、以下のクラスメソッドのブログ記事を参照してください。

- DynamoDBの料金を最適化しよう【初級編】｜ Developers.IO（クラスメソッド）
https://dev.classmethod.jp/cloud/aws/optimize-costs-of-dynamodb/

- Amazon DynamoDB On-Demandをためしてみた！ #reinvent｜ Developers.IO（クラスメソッド）
https://dev.classmethod.jp/cloud/aws/amazon-dynamodb-on-demand-reinvent/

結果整合性のある読み込みと強力な整合性のある読み込み

DynamoDBのデータは3箇所のAZ（アベイラビリティーゾーン）に保存されます。単一障害点（Single Point of Failure：SPOF）は存在しない構成になっており、各AZのデータは非同期レプリケーションされます。

そのような構成となっているDynamoDBのテーブルに対する読み込みリクエストは、結果整合性ある読み込みになります。結果整合性のある読み込みとは、最終的には整合性のあるデータが取得できる読み込みということです。つまり、書き込みオペレーション直後に読み込みを行うと、直近の書き込みが反映されておらず古いデータが取得される可能性があるということです。書き込みデータが反映される（整合性のある状態となる）までにそこまで多くの時間を要しませんが、ミリ秒レベルで頻繁にアクセスされ、かつ常に最新のデータの取得が必須であるサービスには、結果整合性のある読み込みは向いていません。

そのような読み込みではアプリケーションの要件に合わないという場合、強力な整合性のある読み込みを利用することで問題を解決します。

強力な整合性のある読み込みとは、すべての書き込みオペレーションが反映された最新データを取得できる読み込みです。しかし、以下のようなデメリットもあります。

- ネットワークの遅延または停止があった場合には利用できなくなる可能性がある
- 結果整合性のある読み込みよりも遅延が大きくなる場合がある
- 結果整合性のある読み込みよりも多くのキャパシティを消費する

- グローバルセカンダリインデックス（GSI）ではサポートされていない

　強力な整合性のある読み込みを行う場合は上記に注意する必要があります。

　機能の詳細については、クラスメソッドのブログ記事を参照してください。

- DynamoDBの強力な整合性のある読み込みでの料金｜Developers.IO（クラスメソッド）
https://dev.classmethod.jp/cloud/aws/pricing_dynamodb-strongly-consistent-read/

 Amazon S3

　Amazon S3（以下、S3）は、AWSが提供するオブジェクトストレージです。データを容量無制限に保存でき、イレブンナイン（99.999999999%）の堅牢性も持ち合わせています。それに加え格納したオブジェクトに対する費用は約0.025USD/GBとなっており、かなり利用しやすいサービスになります。

　S3の特徴として、以下のものが挙げられます。

- 容量無制限（1ファイル最大5TBまで）
- イレブンナイン（99.999999999%）の堅牢性
- 利用しやすい価格体系

S3の基本操作

　では、S3を作成してみましょう。作成する基本的な手順は以下のようになります。

1. AWSマネジメントコンソールにアクセスする
2. S3のコンソールを開く
3. ［バケットを作成する］をクリックする

4. バケット名とリージョンを入力し、［作成］ボタンをクリックする

　これでS3が作成されます。なお、S3バケットの名前はすべてのAWSアカウントで一意にする必要があります。そのため場合によってはバケット名の末尾にAWSアカウント番号を付与するなどの考慮も必要になります。

S3のユースケース

　S3の3つのユースケースを紹介します。

- データのバックアップ
- ログの保存
- コンテンツの配信

データのバックアップ

　S3は高い堅牢性を持つデータストアです。そのためさまざまなデータのバックアップストレージとして利用されます。ユーザーは特別意識しませんが、RDSやElastiCache (Redis) など、サービスとして設定可能なバックアップはS3に指定した期間保存されます。また、ユーザーが明示的にRDSからデータベースをエクスポートしてそのデータをS3にアップロードすることも可能です。

ログの保存

　S3は安価なログ保管場所としてもよく利用されます。ELBやCloudFrontなどのサービスでは簡単な設定でアクセスログをS3へ保存することができます。また、EC2やLambdaなどがCloudWatch Logsに出力したログをKinesis

経由でS3にアーカイブするといった使い方も可能です。

コンテンツの配信

S3に配置したオブジェクトはインターネットに公開できます。ログインしたユーザーにのみ公開するなどの特別な要件がない場合は、CSSやJavaScriptなど、ユーザーによって変える必要のないコンテンツをS3に配置します。クライアントからはEC2経由でそれらのコンテンツにアクセスするのではなく、クライアントから直接S3にアクセスさせます。

S3を利用するときのポイント

以下では、S3を利用するときの選択ポイントをいくつか紹介します。

バージョニング

S3バケット内のオブジェクトはバージョニングの設定できます。こうすることでS3のオブジェクトを上書きしたとしても旧バージョンに戻すことが可能になります。ただし、S3の料金は旧バージョン分に対しても発生するので、後述のライフサイクルにより定期的に削除する必要があります。

ライフサイクル、ストレージタイプ

S3のオブジェクトのライフサイクルを定義することができます。たとえばログの保存期間は365日にするという要件がある場合は、オブジェクトを配置して365日以上経過したデータは削除するなどの設定が可能です。

また、S3には「ストレージクラス」という用途に合わせたクラスが存在します（**表3**）。ライ

| 表3 | S3のストレージクラスと仕様

ストレージクラス	対象	AZ	最低ストレージ期間	請求可能な最小オブジェクトサイズ	モニタリングとオートメーションの料金	取り出し料
標準	頻繁にアクセスされるデータ	3以上	—	—	—	—
Intelligent - Tiering	アクセスパターンが変化する、または不明な、存続期間が長いデータ	3以上	30日間	—	オブジェクト単位の料金が適用されます	—
標準-IA※	存続期間が長く、あまり頻繁にアクセスされないデータ	3以上	30日間	128KB	—	GB単位の料金が適用されます
1ゾーン-IA	存続期間が長く頻繁にアクセスされない、重要性の低いデータ	1以上	30日間	128KB	—	GB単位の料金が適用されます
Glacier	数分から数時間の範囲の取り出し時間でデータをアーカイブ	3以上	90日間	40KB	—	GB単位の料金が適用されます
Glacier Deep Archive	アクセスする必要がほとんどないデータを数時間の取り出し時間でアーカイブ	3以上	180日間	40KB	—	GB単位の料金が適用されます
低冗長化（非推奨）	頻繁にアクセスされる重要度が低いデータ	3以上	—	—	—	—

※IAはInfrequent Accessの略で「低頻度アクセス」のこと。

フサイクルの設定によって特定の期間が過ぎた
データーを低いストレージクラスに移行するこ
とで、S3の料金を削減すことも可能です。

Amazon CloudFront

　Amazon CloudFront（以降、CloudFront）
は、AWSが提供するCDN（Content Delivery
Network：コンテンツデリバリーネットワーク）
のサービスです。CloudFrontはオリジンサー
バーが保持するコンテンツを地理的に分散した
サーバー群（エッジサーバー）にキャッシュす
ることで高速な配信します。このため、コンテ
ンツを保持するオリジンサーバーの負荷が軽減
されます。CloudFrontはクライアントからのリ
クエストに対して以下のような処理を行います
（図29）。

- クライアントからCloudFrontへのコンテン
  ツ取得リクエスト（初回）
  - CloudFrontはオリジンサーバー（EC2な
    ど）からコンテンツを取得
  - コンテンツをキャッシュ
  - クライアントにコンテンツを返却
- クライアントからCloudFrontへのコンテン
  ツ取得リクエスト（2回目以降）
  - CloudFrontはキャッシュ済みのコンテン
    ツをクライアントに返却（キャッシュが消
    えた場合は初回と同じ挙動）

　CloudFrontではコンテンツごとにキャッ
シュ時間を指定することができ、変更頻度の
少ない静的コンテンツなどは長期間（数日～
数か月）CloudFrontにキャッシュさせることも
可能です。CloudFrontを有効に使うためには
CloudFrontでのキャッシュヒット率を高める必

| 図29 | クライアントからのリクエストに対するCloudFrontの処理

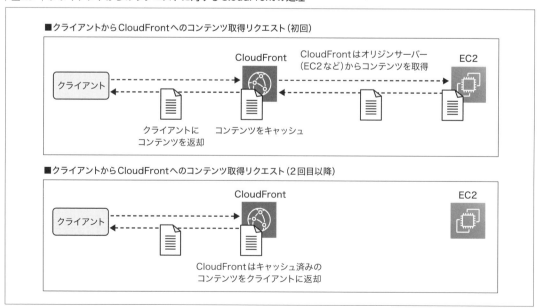

要があります。

CloudFrontの特徴

CloudFrontには次のような特徴があります。

- 高性能な分散配信（199のエッジロケーションからコンテンツを配信）
クライアントの画像ファイルなどの読み込み時間を短縮
- 高いパフォーマンス
大量アクセスを処理することが可能（デフォルトの状態で40Gbps、1秒あたりのリクエスト数100,000までの配信が可能）
- セキュリティ機能
AWS WAFをアタッチ可能、AWS ShieldによるDDoS対策が組み込まれている
- 従量課金で利用可能（インターネットへのリージョンデータ転送アウト、およびHTTP（S）リクエスト数による課金）

CloudFrontの基本操作

CloudFrontのディストリビューションを作成

してみましょう。以下の操作でWeb用のCDNを作成します。CloudFrontのバックエンドには先ほど作成したS3を指定します。

1. AWSマネジメントコンソールにログインする
2. CloudFrontのコンソールを開く
3. ［Create Distribution］をクリックする
4. ［Web］の［Get Started］をクリックする
5. ［Create Distribution］画面の［Origin Settings］にCloudFrontのバックエンドに配置するサービスの情報を以下のように入力する（図30❶～❺）

- ［Origin Domain Name］：CloudFrontのバックエンドに指定するドメインを指定する。ALBやS3のドメインなどを指定する❶
- ［Origin Path］：設定内容なし❷
- ［Origin ID］：CloudFrontによって自動的に付与される❸
- ［Restrict Bucket Access］：S3への直接のアクセスを制限する場合に利用する❹
- ［Origin Custom Headers］：必要に応じてカスタムヘッダーを指定する（後述）❺

図30 CloudFrontディストリビューションの作成：［Origin Settings］

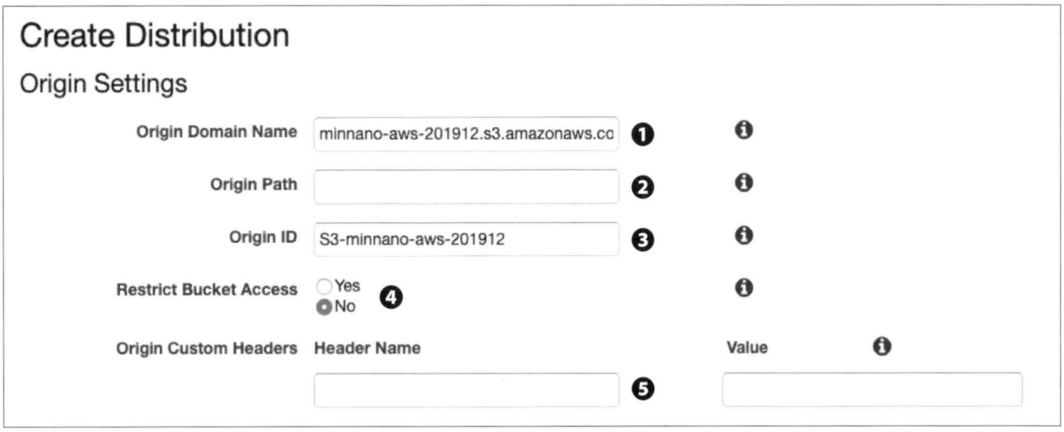

6. ［Create Distribution］画面の［Default Ca
che Behavior Settings］にキャッシュさせる
ための情報を入力する（図31❶〜❻）。ここ
では主要な項目のみ説明する

- ［Path Pattern］：Behaviorに対応するリ
クエストのパスを指定する❶
- ［Viewer Protocol Policy］：CloudFront
にHTTP(S)でアクセスが来た際にフロント
部分でどのように処理するかを指定する❷

- ［Allowed HTTP Methods］：許可する
HTTPのメソッドを指定する❸
- ［Cache Based on Selected Request
Headers］：CloudFrontがヘッダー値に基
づいてオブジェクトをキャッシュするかどう
かを選択します。Noneを指定した場合はヘッ
ダー値に基づくキャッシュは行わない（どの
ようなヘッダーであっても単一のキャッシュ
を利用する）❹
- ［Forward Cookies］：CloudFrontがCook

| 図31 | CloudFrontディストリビューションの作成：［Default Cache Behavior Settings］

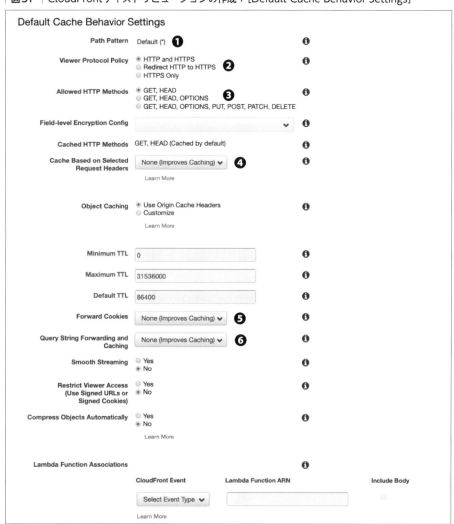

iesに基づいてオブジェクトをキャッシュするかどうかを選択する。[None] を指定した場合はCookiesに基づくキャッシュは行わない（どのようなCookiesであっても単一のキャッシュを利用する）❺

- [Query String Forwarding and Caching]：CloudFrontがクエリーに基づいてオブジェクトをキャッシュするかどうかを選択する。[None] を指定した場合はQueryに基づくキャッシュは行わない（どのようなQueryであっても単一のキャッシュを利用する）❻

ヒント [Cache Based on Selected Request Headers]、[Forward Cookies]、[Query String Forwarding and Caching]の設定は、言葉の意味と設定値の関係がわかりにくいですが、Noneを指定した場合は各要素ごとにキャッシュするのではなく、すべて同じキャッシュが利用されます。そもそもアプリケーションとしてどの単位でキャッシュさせたいのかを明確にしてから設定する項目になります。

図32 | CloudFrontディストリビューションの作成：[Distribution Settings]

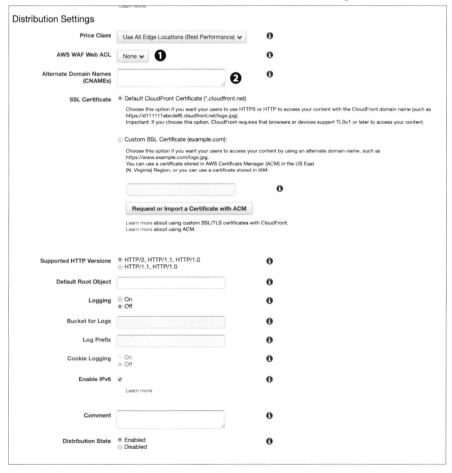

159

7. ［Create Distribution］画面の［Distribution Settings］にディストリビューションの情報を入力する（図32❶❷）

- ［AWS WAF Web ACL］：CloudFrontにアタッチするWAFを指定する❶
- ［Alternate Domain Names (CNAMEs)］：独自ドメインを指定する❷

8. 画面右下の［Create Distribution］ボタンをクリックする

正しく作成できた場合は、**図33**のような状態となります。作成には15分程度の時間がかかります。

🗌 CloudFront利用におけるポイント

CloudFrontを利用におけるポイントをいくつか紹介します。

ディストリビューションとビヘイビアー

CloudFrontを利用するためには、まずディストリビューションを作成する必要があります。このディストリビューションにはCloudFront独自のドメインが割り当てられます。このディストリビューションに対してカスタムドメインを指定することも可能です。

ディストリビューションには1つ以上のビヘイビアーを設定します。ビヘイビアーにはS3やEC2などのオリジンを指定できます。ディストリビューションに対するリクエストはパスパターンによっていずれかのオリジンに振り分けられます（**図34**）。

キャッシュ対象のコンテンツとキャッシュさせないコンテンツが明確に分かれている場合は、キャッシュ対象のコンテンツ用にサブドメインを切り（もしくはCloudFront独自のドメインをそのまま利用する）、それ単体でディストリ

| **図33** | CloudFrontディストリビューション作成後の状態

| **図34** | ディストリビューションとビヘイビアー

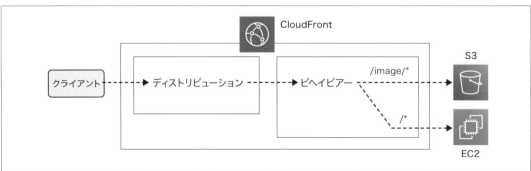

ビューションを作成するというのも1つの選択肢になります。

　CloudFrontでは、キャッシュしないコンテンツでもオリジンとの通信最適化によって配信自体は高速化されるため、それ自体にメリットはありますが、意図しないコンテンツがキャッシュされるのを防いだり、キャッシュヒット率を正確に見たい場合はこのようなアーキテクチャを採用してもよいでしょう。（**図35**）。

カスタムエラーページ

　CloudFrontでは、オリジンサーバーから

HTTPレスポンスステータスとして5xxが返却された場合にカスタムエラーページを表示させる機能が存在します。デフォルトのエラーページなどを表示させたくない場合は設定するようにしましょう（**図36**）。

　詳細については、クラスメソッドのブログ記事を参照してください。

- CloudFrontのCustom Error Responseを利用して、S3上にあるSorryページを表示する | Developers.IO（クラスメソッド）
  https://dev.classmethod.jp/cloud/aws/cloudfront_customerrorresponse_s3/

| **図35** | キャッシュコンテンツのみディストリビューション経由で配信

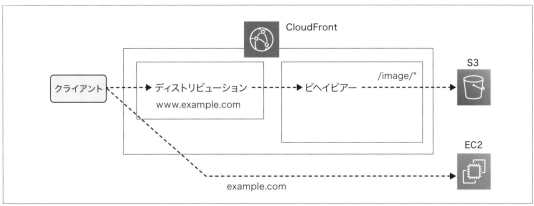

| **図36** | カスタムエラーページ

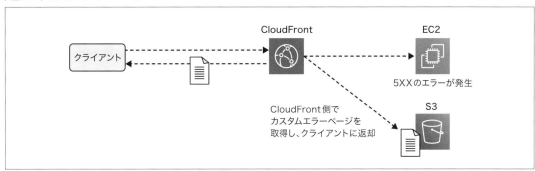

カスタムヘッダー

CloudFrontでは、オリジンサーバーに対するリクエストにヘッダーを付与することができます。オリジン側ではこのヘッダーのあるなしを判断することにより、CloudFrontからの接続のみを受け付けるように設定することも可能になります（図37）。

詳細については、クラスメソッドのブログ記事を参照してください。

- CloudFront専用のALBをリクエストルーティングで設定してみた｜Developers.IO（クラスメソッド）
  https://dev.classmethod.jp/cloud/aws/restrict-elb-origin-advanced-request-routing/

│ 図37 │ カスタムヘッダー

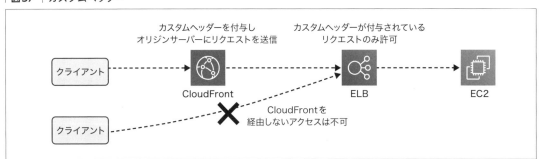

3.3 構築するアプリケーションの全体構成

本節では、これから本章で作成するモバイル向けWebアプリケーションの全体構成と作業手順をまとめておきます。

城岸 直希　*Naoki Jogan*　　Web https://dev.classmethod.jp/author/jogan-naoki/
加藤 諒　*Ryo Kato*　　Web https://dev.classmethod.jp/author/kato-ryo/

本節以降では、これまで説明してしたAWSサービスを利用しモバイル向けWebアプリケーションを構築します。

フロントエンドはCDNで配信し、バックエンドにAPIを配置するサーバーレスWebアプリケーションという、標準的なアーキテクチャです（**図1**）。アプリケーションのデプロイにはクラウド開発キット（CDK）を利用します。

作業手順は以下のようになります。

1. クラウド開発キット（CDK）の準備
2. API Gateway・Lambda・DynamoDB でバックエンドのアプリケーション（API）を構築
3. フロントエンドのアプリケーション（Vue.js、PWA）を作成
4. CloudFrontとS3でフロントエンドのアプリケーション（Vue.js、PWA）を配信

| **図1** | **本章で作成するWebアプリケーションの全体構成**

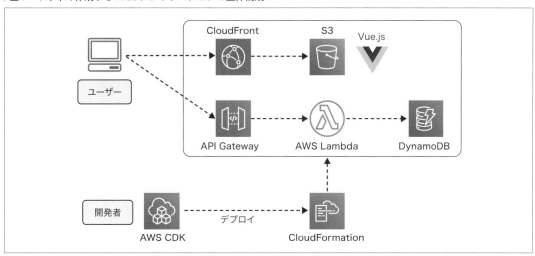

これから作るWebアプリケーションには、次の2つの画面があります。

- ［ユーザーの追加］画面（図2）
- ［ユーザーの一覧］画面（削除機能あり）（図3）

| 図2 | ［ユーザーの追加］画面

| 図3 | ［ユーザーの一覧］画面（削除機能あり）

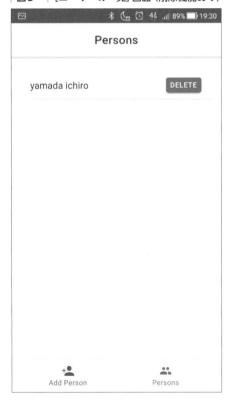

3.4 クラウド開発キット (AWS CDK) の準備

実際に開発を進める前に開発環境を整えていきます。AWS CDKやNode.jsやGo言語をインストールしたり、各種ツール (anyenv、npx) を使って環境を整備します。

城岸 直希　*Naoki Jogan*　Web https://dev.classmethod.jp/author/jogan-naoki/
加藤 諒　*Ryo Kato*　Web https://dev.classmethod.jp/author/kato-ryo/

本章で作成するモバイルアプリケーションの開発は、AWS CDKというツールを使って行います。本節では、AWS CDKの簡単な説明とセットアップ方法を紹介します。

- **AWSクラウド開発キット | AWS**
https://aws.amazon.com/jp/cdk/

AWS CDKとは

AWS CDK (Cloud Development Kit) はAWSが提供する、プログラミング言語でAWSの構築を行うツールです。PythonやMicrosoftのTypeScriptに正式対応しており、まだプレビュー版ですが、C#、.NETおよびJavaに対応しています。

プログラミング言語を使うため、if文による条件式やforループなどのロジックを使えます。また、AWS CDKはIaCに対応しておりコードでの管理が可能なため、アプリケーションと同様のワークフローに従ってコードレビューを行うことができます。

AWSリソースは抽象化された1つのモジュールとして用意されており、必要最低限の

パラメータを設定するだけで簡単にリソースを構築できます。さらに、モジュールを継承してプロジェクトの要件に応じてカスタマイズできるため、多数のサービスを使うプロジェクトでも、コードの肥大化・複雑化を防ぐことができます。

デプロイには、AWS CloudFormationを使用します。つまりAWS CDKはプログラミング言語でCloudFormationテンプレートを生成し、デプロイを行うツールです。AWS CDKの登場以前から、Document Object Models (DOM) と呼ばれるプログラミング言語でCloudFormationを生成するツールは存在しましたが、それらよりも抽象化された状態でAWSサービスを定義できます。

一般に、Amazon EC2数台 + α 程度の構成で、AWS CDKを利用するのは、たいていのプロジェクトではオーバースペックですが、サーバーレスアプリケーション開発のような多種多様なAWSサービスを利用する場合は、効率的な開発が期待できます。

AWS CDKで使用する IAMユーザーの作成

AWS CDKを使うには、ローカル端末がAWS認証情報を持っている必要があります。最初に、Administrator権限を持つIAMユーザーを作成し、ローカル端末に設定します。

元々AWS認証情報がローカル端末に設定されている場合は、この手順はスキップしても問題ありません。

1. AWSマネジメントコンソールにログインする
2. IAMのコンソールを開く
3. 左側のリストから[ユーザー]を選択する

4. [ユーザーを追加]をクリックする（図1）
5. [ユーザー詳細の設定]の[ユーザー名]に名前を入力し、[アクセスの種類]の[プログラムによるアクセス]にチェックを入れる（図2）。[次のステップ：アクセス権限]をクリックする
6. [アクセス許可の設定]では[既存のポリシーを直接アタッチ]を選択し、[ポリシーのフィルタ]欄に「AdministratorAccess」と入力（図3）。[ポリシー名]にチェックを入れて、[次のステップ：タグ]ボタンをクリックする
7. [タグの追加（オプション）]ではデフォルトのまま[次のステップ：確認]ボタンをクリックする（図4）。
8. [確認]では、内容が正しいことを確認してから[ユーザーの作成]ボタンをクリックする（図5）
9. ユーザーの作成が終了したら、[.csvのダウンロード]をクリックし、右下の[閉じる]をクリックする（図6）
10. ダウンロードしたCSVファイルを開き、アクセスキーIDとシークレットアクセスキーを確認する

| 図1 | IAMのコンソール画面

| 図2 | [ユーザーを追加] 画面：ユーザー詳細の設定

　ダウンロードしたCSVファイルの内容（アクセスキーIDとシークレットアクセスキー）は、~/.aws/credentialsを作成するときに使うのでメモしておきます。AWSの公式ページも確認しておいてください。

| 図3 | ［ユーザーを追加］画面：アクセス許可の設定

| 図4 | ［ユーザーを追加］画面：タグの追加（オプション）

| 図5 | ［ユーザーを追加］画面：確認

| 図6 | [ユーザーを追加] 画面：成功

■ AWS アカウントでのIAMユーザーの作成｜
AWS
https://docs.aws.amazon.com/ja_jp/IAM/
latest/UserGuide/id_users_create.html

credentialsファイルの作成

プログラムからAWSにアクセスするには、
AWS認証情報の設定が必要です。今回はロー
カル端末からAWS CDKを実行するので、ロー
カル端末に認証情報を設定します。

AWS CLIおよびAWS SDKを使用してAWS
にアクセスするときの認証情報は以下の優先順
位で読み込まれます。一部のプログラミング言
語やAWS上で動作させる場合とは異なるので
注意してください。

■認証情報の優先順位（優先度が高い順）

1. コマンドラインオプション
2. 環境変数： AWS_ACCESS_KEY_ID
   AWS_SECRET_ACCESS_KEY
   AWS_SESSION_TOKEN
3. 認証ファイル： ~/aws/credentials

4. 設定ファイル： ~/.aws/config

今回は、先ほど作成した、IAMユーザーのア
クセスキーIDとシークレットアクセスキーを認
証ファイルの~/.aws/credentialsを**リスト1**を
参考に設定します。

リスト1 ~/.aws/credentials ファイル

```
[default]
aws_access_key_id=[アクセスキーIDに置換]
aws_secret_access_key=[シークレットアクセス➡
キーに置換]
```

ランタイムのインストール

開発にはNode.jsとGoを使用します。AWS
CDKを実行するには、Node.jsは必須です。
GoはLambda Functionで使用します。本書で
使用しているランタイムのバージョンは以下の
とおりです。

- Node.js：v12.8.0
- Go：1.13.4

「anyenv」というツールを使うと、さまざま

なランタイムをバージョンを指定しつつ一括管理できます。anyenvを使ったインストール方法については、クラスメソッドのブログ記事を参考にしてください。

- anyenvを使って*env系をまとめて管理 │ Developers.IO（クラスメソッド）

https://dev.classmethod.jp/tool/tool-anyenv/

AWS CDKのテンプレート生成

通常、AWS CDKはグローバルインストールを行ってから使用しますが、今回はグローバル環境を汚染しないように、npxコマンドを使うことにします。

npxコマンドを使うと、一時的にAWS CDKをインストールしてテンプレート生成を行い、以降はローカルインストールされたAWS CDKを使用してデプロイなどを行います。これについては、クラスメソッドのブログ記事も参考にしてください。

- 知らないのは損！npmに同梱されているnpxがすごい便利なコマンドだった │ Developers.IO（クラスメソッド）

リスト2 TypeScriptのAWS CDKテンプレートを作成

```
$ mkdir aws-for-everyone-sls && cd aws-for-everyone-sls
$ npx cdk init app --language=typescript
```

リスト3 テンプレートの作成は成功

```
# Useful commands

 * `npm run build`   compile typescript to js
 * `npm run watch`   watch for changes and compile
 * `npm run test`    perform the jest unit tests
 * `cdk deploy`      deploy this stack to your defau➡
lt AWS account/region
 * `cdk diff`        compare deployed stack with cur➡
rent state
 * `cdk synth`       emits the synthesized CloudForm➡
ation template
```

https://dev.classmethod.jp/node-js/node-npm-npx-getting-started/

では、テンプレートを作成してみましょう。**リスト2**のコマンドで、TypeScriptのAWS CDKテンプレートを作成します。作業ディレクトリの作成と移動を行ってから実行してください。

リスト3のように「Useful commands」が表示されれば、テンプレートの作成は成功です。

Bootstrap処理

AWS CDKを利用する前に、AWSアカウントに対してBootstrap処理が必要です。この処理はCloudFormationで管理用のS3バケットを作成します。作成したバケットはLambda関数のコードのアップロードなどに使用されます。

AWS CDKを利用する際に、AWSアカウントに対して1回実行する必要があります。次のnpmコマンドを実行してください。

```
$ npm run cdk bootstrap
```

S3バケットを作成するため、利用費が発生します。AWS CDKを利用しなくなった場合は、バケット内のオブジェクトをすべて削除し、CloudFormationスタックを削除すれば、実行前の状態に戻すことができます。なお、バケット内のオブジェクトは一時的なデータなので、バックアップを行う必要はありません。

3.5 バックエンドアプリケーション (API) の構築

[API Gateway、Lambda、DynamoDB]

いよいよAWSのさまざまなサービスを使ってアプリケーション開発していきます。本節ではバックエンドで稼働するアプリケーションの構築について説明します。

城岸 直希　*Naoki Jogan*　(Web) https://dev.classmethod.jp/author/jogan-naoki/
加藤 諒　*Ryo Kato*　(Web) https://dev.classmethod.jp/author/kato-ryo/

はじめに

　本節では、Amazon API Gateway、AWS Lambda、Amazon DynamoDBを使って、バックエンドのアプリケーションを作成します。処理内容としては、ユーザーの作成・取得・削除の操作を行います。

　構築するのは、アプリケーションの全体構成で太枠で囲んだ部分になります (**図1**)。

　前節で作成した、AWS CDKのテンプレートをベースとして使用します[注1]。

　Lambda FunctionのランタイムはGoで記述し、APIごとにLambda Functionを作成せず、1つにまとめています。

| **図1** | **本章で作成するWebアプリケーションの全体構成：バックエンド**

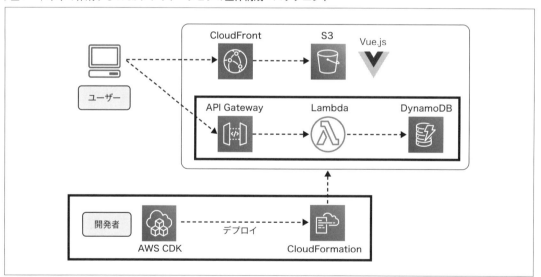

注1　本書で紹介しているコードはすべてGitHubで公開しています。ダウンロード方法については、3ページの「本書のサンプルコードのダウンロード方法」をご覧ください。

今回はサンプル実装なので、このような作り込みにしていますが、プロダクション環境では**表1**に挙げているようなデメリットがあるため、積極的な採用は避けてください。

単一のLambda Functionにしなくても、コールドスタートの発生確率を減らす事やビルド時間の短縮は別の方法で行うことができます。

- **コールドスタートの抑止**：Provisioned Concurrency（プロビジョニングされた同時実行）[注2]
- **ビルド時間の短縮**：ビルド環境のスペックアップや変更対象のみビルドを行う

本節で作成するAPIを**表2**に挙げておきます。

 必要なライブラリのインストール

AWS CDKは使用するサービス単位でライブラリが分かれています。このため、作成するアプリケーションに必要なライブラリを`npm install`コマンドを使って個別にインストールします（**リスト1**）。

| 表1 | 複数のAPIを単一のLambda Functionにまとめるメリット・デメリット

メリット	デメリット
● コールドスタートの発生確率が減少する ● ビルド時間が短縮される	● パスメソッドのルーティングをコードで記述する必要がある ● 単一のCloudWatch Logsのロググループに複数APIのログが混ざる

| 表2 | 本節で作成するAPI

メソッド	パス	内容
GET	/persons	ユーザーの一覧を取得する
POST	/persons	ユーザーを登録する
DELETE	/persons/{personId}	ユーザーを削除する

| 図2 | バックエンドアプリケーションの構成図

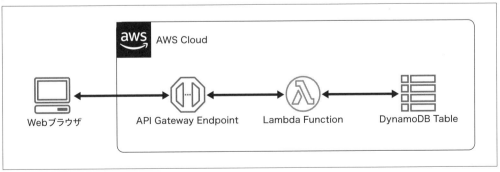

[注2]　Provisioned Concurrencyの詳細については、3.2節（143ページ）の説明を参照。

リスト1　必要なライブラリのインストール

```
$ npm install @aws-cdk/aws-apigateway
$ npm install @aws-cdk/aws-lambda
$ npm install @aws-cdk/aws-dynamodb
$ npm install @aws-cdk/aws-logs
$ npm install @aws-cdk/aws-ssm
$ npm install http-method-enum
```

バックエンドの作成

全体構成

　バックエンドに必要なAPI Gateway Endpoint、Lambda Function、DynamoDB Tableを1つのCloudFormation Stackで作成します。**リスト2** (lib/backend-stack.ts) がバックエンドを作成するためのTypeScriptのコードです。

API Gateway Endpointの作成 ❶

　今回は簡易的に作成するため、後ほど作成するフロントエンドとバックエンドのドメインが異なります。そのため、API Gateway EndpointはCORS[注3]対応を行っています。

　リスト2のdefaultCorsPreflightOptionsの部分でEndpointにCORSを設定できます。

　作成したAPI GatewayのURLをSystems Manager Parameter Storeにエクスポートします (**リスト2 ❺**)。エクスポートされた値は、フロントエンドをビルドするときに使用します。

DynamoDBテーブルの作成 ❷

　DynamoDBのテーブルを作成します。この

Tableには、次のような情報を格納します。

- PartitionKey：Id
- Attribute1：FirstName
- Attribute2：LastName

　人 (ユーザー) に関する情報なのでPersons Tableという名前で作成します。

　課金モードをPAY_PER_REQUESTモードに設定し、partitionKeyを指定して作成します。

　PAY_PER_REQUESTモードのテーブルはリクエストに対して自動でスケールが行われるモードです。

Lambda Functionの作成 ❸

　今回は、1つのLambda FunctionですべてのAPIを処理することにします。

　Goの場合、handlerはバイナリのファイル名です。

　DynamoDBテーブルにアクセスするために環境変数 (environment) でテーブル名を設定しています。

　personsTable.grantReadWriteData(personsFunc);は、テーブルに対して、このLambda Functionが読み書きできるIAMロールを作成し、付与します。

　Lambda FunctionのログはCloudWatch Logsに保存されますが、このサービスはログの挿入と保管にコストが発生します。2週間を保存期限とし、無駄なコストを抑えるようにしています。

注3　　CORS (Cross-Origin Resource Sharing) は、「オリジン間リソース共有」と訳され、現在と異なるWebページ (正確にはオリジン) にアクセスすることを可能にする仕組みです。

リスト2 lib/backend-stack.ts：バックエンドを作成する

```typescript
import {Code, Function, Runtime} from '@aws-cdk/aws-lambda';
import {Cors, LambdaIntegration, RestApi} from '@aws-cdk/aws-apigateway';
import {AttributeType, BillingMode, Table} from '@aws-cdk/aws-dynamodb';
import {Construct, Stack, StackProps} from '@aws-cdk/core';
import {StringParameter} from '@aws-cdk/aws-ssm'
import {RetentionDays} from '@aws-cdk/aws-logs';
import {HTTPMethod} from 'http-method-enum';


export class BackendStack extends Stack {
    constructor(scope: Construct, id: string, props?: StackProps) {
        super(scope, id, props);

        // API Gatewayの作成                                              ❶
        const api = new RestApi(this, 'RestApi', {
            restApiName: 'BackendApi',
            defaultCorsPreflightOptions: {
                allowOrigins: Cors.ALL_ORIGINS,
                allowCredentials: true,
                allowMethods: Cors.ALL_METHODS,
            }
        });

        // DynamoDBの作成                                                 ❷
        const personsTable = new Table(this, 'PersonsTable', {
            billingMode: BillingMode.PAY_PER_REQUEST,
            partitionKey: {name: 'Id', type: AttributeType.STRING}
        });

        // Lambda関数の作成                                              ❸
        const personsFunc = new Function(this, 'PersonsFunc', {
            code: Code.fromAsset('./src/backend/persons'),
            handler: 'persons',
            runtime: Runtime.GO_1_X,
            environment: {
                'TABLE_NAME': personsTable.tableName
            },
            logRetention: RetentionDays.TWO_WEEKS,
        });
        personsTable.grantReadWriteData(personsFunc);
        const personsInteg = new LambdaIntegration(personsFunc);

        // API GatewayとLambdaの関連付け                                 ❹
        const personsPath = api.root.addResource('persons');
        const personIdPath = personsPath.addResource('{personId}');
        personsPath.addMethod(HTTPMethod.GET, personsInteg);
        personsPath.addMethod(HTTPMethod.POST, personsInteg);
        personIdPath.addMethod(HTTPMethod.DELETE, personsInteg);

        // SSM Parameter StoreにAPIのURLをエクスポート                   ❺
        new StringParameter(this, 'ApiUrlParam', {
            parameterName: `/${this.stackName}/ApiUrl`,
            stringValue: api.url,
        });
    }
}
```

処理の実装

Goを使って、処理を実装します。APIリクエストに応じて、ユーザー登録・削除・一覧取得の処理を行います。本書では処理の詳細説明は省略します。

Goのコード (src/backend/persons/main.go) は**リスト3**のようになります。

AWS CDK Appの定義

ここで「App」とは1つのCDK全体を指しています。Appの中には複数のCloudFormation Stackを収めることができます。

TypeScriptのコード (bin/aws-for-everyone-sls.ts) を**リスト4**に示します。

スタックを1つ作成するには`new BackendStack(app, 'BackendStack', {env: {region: region}});`を使います❶。

リスト3　src/backend/persons/main.go：ユーザー登録・削除・一覧取得処理

```go
package main

import (
    "encoding/json"
    "fmt"
    "log"
    "net/http"
    "os"

    "github.com/aws/aws-lambda-go/events"
    "github.com/aws/aws-lambda-go/lambda"
    "github.com/aws/aws-sdk-go/aws/session"
    "github.com/google/uuid"
    "github.com/guregu/dynamo"
)

type PersonRequest struct {
    FirstName string `json:"firstName"`
    LastName  string `json:"lastName"`
}

type Person struct {
    Id        string `dynamo:"Id"`
    FirstName string `dynamo:"FirstName"`
    LastName  string `dynamo:"LastName"`
}

type AwsSession struct {
    Sess *session.Session
    Err  error
}

var awsSess AwsSession

func init() {
    awsSess.Sess, awsSess.Err = session.NewSession()
}
```

```go
func createResponse(code int, msg string) events.APIGatewayProxyResponse {
    header := map[string]string{
        "Content-Type":                     "application/json",
        "Access-Control-Allow-Origin":      "*",
        "Access-Control-Allow-Credentials": "true",
    }
    res := events.APIGatewayProxyResponse{
        StatusCode: code,
        Headers:    header,
        Body:       msg,
    }

    return res
}

func getPersons(table dynamo.Table) events.APIGatewayProxyResponse {
    var persons []Person

    err := table.Scan().All(&persons)
    if err != nil {
        return createResponse(http.StatusInternalServerError,
            fmt.Sprintf("scan error: %s", err.Error()))
    }

    json, err := json.Marshal(persons)
    if err != nil {
        return createResponse(http.StatusInternalServerError,
            fmt.Sprintf("create json error: %s", err.Error()))
    }

    return createResponse(http.StatusOK, string(json))
}

func addPerson(table dynamo.Table, reqBody string) events.APIGatewayProxyResponse {
    id := uuid.New()

    // Bodyを構造体に変換
    var personReq PersonRequest
    if err := json.Unmarshal([]byte(reqBody), &personReq); err != nil {
        return createResponse(http.StatusInternalServerError,
            fmt.Sprintf("decode json error: %s", err.Error()))
    }

    // 書き込むための構造体を作成
    person := Person{
        Id:        id.String(),
        LastName:  personReq.LastName,
        FirstName: personReq.FirstName,
    }

    err := table.Put(person).Run()
    if err != nil {
        return createResponse(http.StatusInternalServerError,
            fmt.Sprintf("add person error: %s", err.Error()))
    }
```

```go
    res, err := json.Marshal(person)
    if err != nil {
        return createResponse(http.StatusInternalServerError,
            fmt.Sprintf("create json error: %s", err.Error()))
    }

    return createResponse(http.StatusCreated, string(res))
}

func deletePerson(table dynamo.Table, id string) events.APIGatewayProxyResponse {
    err := table.Delete("Id", id).Run()
    if err != nil {
        return createResponse(http.StatusInternalServerError,
            fmt.Sprintf("delete person error: %s", err.Error()))
    }

    return createResponse(http.StatusNoContent, "")
}

func Handler(req events.APIGatewayProxyRequest) (events.APIGatewayProxyResponse, error) {
    // AWS SDKのセッション作成でエラーが発生した場合の処理
    if awsSess.Err != nil {
        log.Printf("create aws session error: %s", awsSess.Err.Error())
        return createResponse(http.StatusInternalServerError,
            fmt.Sprint("internal server error")), nil
    }

    ddb := dynamo.New(awsSess.Sess)
    table := ddb.Table(os.Getenv("TABLE_NAME"))

    switch {
    // GET /persons
    case req.HTTPMethod == http.MethodGet && req.Path == "/persons":
        return getPersons(table), nil
    // POST /persons
    case req.HTTPMethod == http.MethodPost && req.Path == "/persons":
        return addPerson(table, req.Body), nil
    // DELETE /persons/{personId}
    case req.HTTPMethod == http.MethodDelete &&
        req.Path == fmt.Sprintf("/persons/%s", req.PathParameters["personId"]):
        return deletePerson(table, req.PathParameters["personId"]), nil
    }

    return createResponse(http.StatusNotFound, "not found path or not allowed method")➋
, nil
}
func main() {
    lambda.Start(Handler)
}
```

リスト4 bin/aws-for-everyone-sls.ts：AWS CDK Appの定義

```
#!/usr/bin/env node
import 'source-map-support/register';
import {App} from '@aws-cdk/core';
import {BackendStack} from "../lib/backend-stack";

const app = new App();
const region: string = 'ap-northeast-1';
new BackendStack(app, 'BackendStack', {env: {region: region}}); ❶
```

 ## ビルド&デプロイの定義

Goはビルドが必要な言語であるため、デプロイ前にビルドし、バイナリを作成する必要があります。JSONファイル (./package.json) でビルドとデプロイのタスクを定義します (**リスト5**)。

"deploy:backend"に"cdk deploy BackendStack"と指定することで、任意のスタックのみをデプロイできます❶。複数のスタックを含むCDK Appの場合は必ずスタックを指定する必要があります。ただし、すべてのスタックをデプロイ対象にしたい場合は、次のようにワイルドカード (*) を使うこともできます。この場合、名称の最後が「Stack」のスタックがすべて対称となります。

```
cdk deploy *Stack
```

 ## デプロイの実行

デプロイを実行するには、npm runコマンドでdeployを指定します。

```
$ npm run deploy
```

このコマンドを実行すると、以下の順番でタスクが実行されます。

1. build：AWS CDKのビルド
2. build:backend：Goのビルド
3. deploy:backend：バックエンドのデプロイ

実行結果を**リスト6**に示しています。デフォルトでは、セキュリティリスクの高い変更が行われる際に確認が要求されます。セキュリティリスクとは主にIAMに関する設定を行うことを指しています。

IAM Statement Changesの直後に表が表

リスト5 ./package.json：JSONでビルドとデプロイのタスク定義

```
  "scripts": {
    "watch": "tsc -w",
    "cdk": "cdk",
    "build": "tsc",
    "build:backend": "GO111MODULE=off go get -v -t -d ./src/backend/persons/... && ➡
GOOS=linux GOARCH=amd64 go build -o ./src/backend/persons/persons ./src/backend/persons
/**.go",
    "deploy": "npm run build && npm run build:backend && npm run deploy:backend",
    "deploy:backend": "cdk deploy BackendStack" ❶
  },
```

リスト6　デプロイの実行結果

```
This deployment will make potentially sensitive changes according to your current secu➜
rity approval level (--require-approval broadening).
Please confirm you intend to make the following modifications:

IAM Statement Changes
# 付与する権限の情報
(NOTE: There may be security-related changes not in this list. See https://github.com/➜
aws/aws-cdk/issues/1299)

Do you wish to deploy these changes (y/n)?
```

示されますが、紙面に載せるには量が多すぎるため省略しています。コンソール上で確認してください。

最後に変更内容を確認して、yを入力します。

確認

エンドポイントが表示されたら、ターミナルでcurlを使ってAPIが動作するか確認しましょう（**リスト7**）。

初期状態ではPersonは登録されていません。このため、最初はPOSTメソッドで作成します。

その後GETメソッドで一覧取得を行い、最後にDELETEメソッドで作成したPersonの削除を行います。

また、具体的にどのようなリソースが作成されたか、CloudFormationのスタック一覧から確認します。それには、CloudFormationのスタック一覧[注4]を開いてから、[Backend]を選択します（図3❶）。

次に右側のペインで［リソース］タブを選択すると、リソース一覧が表示されます（図3❷）。物理IDにリンクが設定されているものに関しては、リンクからリソースの画面に遷移することができます。

リスト7　curlで確認

```
$ ENDPOINT_NAME=[表示されたAPI Gatewayのエンドポイントに置換]
$ curl -X POST -H 'Content-Type:application/json' -d '{"firstName":"taro","lastName":"➜
yamada"}' ${ENDPOINT_NAME}/persons
$ curl ${ENDPOINT_NAME}/persons
$ PERSONS_ID=[表示されたIDに置換]
$ curl -X DELETE ${ENDPOINT_NAME}/persons/${PERSONS_ID}
```

注4　https://ap-northeast-1.console.aws.amazon.
　　　com/cloudformation/home

図3　CloudFormationのFrontendStackスタック

3.6 フロントエンドアプリケーションの作成
[Vue.js、PWA]

前節ではバックエンドアプリケーションを作成したので、今度はフロントエンド側のアプリケーションを作成します。フレームワークとしてVue.jsを使用します。

城岸 直希　*Naoki Jogan*　[Web] https://dev.classmethod.jp/author/jogan-naoki/
加藤 諒　*Ryo Kato*　[Web] https://dev.classmethod.jp/author/kato-ryo/

　本節では、フロントエンドアプリケーションを作成していきます。フレームワークとしてVue.jsを採用し、PWA（後述）対応のアプリケーションを作成します。全体構成の中での本節の位置づけは、**図1**で太枠で囲んだVue.jsの部分になります。

　前節で作成したバックエンドのAWS CDKのテンプレートと同一のリポジトリにVue.jsのアプリケーションを追加していきます。

Vue.jsとは

　Vue.jsは、UI（User Interface）部分に特化したJavaScriptフレームワークです。React、Angularなどと並んで近年よく利用されるフレームワークとなっています。これらのフレームワークではJQueryのようにDOM要素を直接操作する必要はないため、扱いやすくフロント側のコードを簡潔に記述できます。

　なお、Vue.jsでビルドされるコンテンツは静

図1　本章で作成するWebアプリケーションの全体構成：フロントエンド [Vue.js]

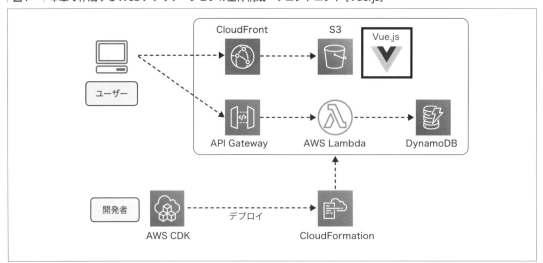

的なコンテンツとして出力されます。

　基本的な使い方についてはVue.jsの公式ド
キュメントで学ぶことができます。

- Vue.jsの公式ドキュメント
https://jp.vuejs.org/v2/guide/index.html

Vue.js登場前との比較

Vue.js、React、Angularの登場以前

　Vue.js、React、Angularの登場以前はサー
バーサイドでHTMLを生成する方式が一般的
でした（**図2**）。

　EC2やECSの部分で、Webアプリケーショ
ンを作成するためのフレームワーク「Ruby on
Rails」などを利用してアプリケーションを起動
させます。フロント側ではJavaScriptを利用し
簡単なバリデーションチェックなどを実装して
いましたが、メインの処理はあくまでもサーバー
サイドに存在していました。

Vue.js、React、Angularの登場以後

　Vue.js、React、Angular登場以後は、1つ
のページ（HTML）内で処理を完結させるSAP
（Single Page Application）による実装が多く
なっています（**図3**）。

　コントローラーはクライアントサイドで行い、
サーバーサイドはREST API（RESTful API）
などでレスポンスを返すような構成に変わりま
した。サーバーサイドの役割が減少したことで、
サーバーサイドのアーキテクチャもサーバーレ
ス（API Gateway、Lambda）で構築すること
も多くなってきています。

PWAとは

　PWA（Progressive Web Apps：プログレッ
シブウェブアプリ）は、AndroidやiOSのネイ
ティブアプリケーションのような操作感を提供
するWebアプリケーションです。アプリのUI

| **図2** | Vue.js、React、Angularの登場以前

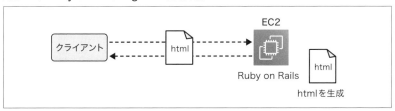

| **図3** | Vue.js、React、Angularの登場以後

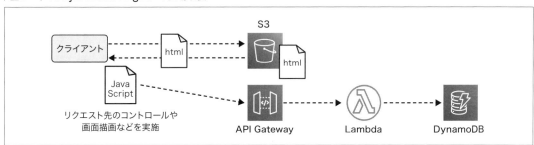

部分だけでなく、ホーム画面への追加やプッシュ通知なども実現することができます。

　アプリケーション次第ではありますが、1つのソースでAndroidやiOSのネイティブアプリを生成できるため、開発コストを減らし開発スピードを向上させることもできます。

　詳細については、Googleの公式ドキュメントを参照してください。

- はじめてのプログレッシブウェブアプリ｜Google Developers
https://developers.google.com/web/fundamentals/codelabs/your-first-pwapp?hl=ja

Vue.jsアプリケーションの作成

　Vue CLI[注1]を利用してPWAのアプリケーションを作成してみましょう。srcディレクトリで**リスト1**のようにコマンドを実行しVue.jsのプロジェクトを作成します。「`Check the features needed for your project`」で「`PWA`」を入力するのを忘れないでください。その他については必要なものを選択してください。

リスト1　PWAのアプリケーションを作成

```
$ npx -p @vue/cli vue create frontend

Vue CLI v4.1.2

? Please pick a preset: Manually select features
? Check the features needed for your project: Babel, PWA, Router, Linter
? Use history mode for router? (Requires proper server setup for index fallback in pro➡
duction) Yes
? Pick a linter / formatter config: Prettier
? Pick additional lint features: (Press <space> to select, <a> to toggle all, <i> to i➡
nvert selection)Lint on save
? Where do you prefer placing config for Babel, PostCSS, ESLint, etc.? In package.json
? Save this as a preset for future projects? N
```

　次に、src/frontendディレクトリで**リスト2**のコマンドを実行します。作成されたプロジェクトにUIのフレームワークである「Ionic」と、ブラウザで起動するHTTPクライアント「axios」をそれぞれ追加します。また、「core-js」の依存関係でエラーが発生するのを防ぐため、最新のcore-jsをインストールします。

リスト2　必要なフレームワークをインストール

```
$ npm install @ionic/vue@0.0.4
$ npm install axios
$ npm install core-js@latest
```

　Ionicは、クロスプラットフォームのモバイルアプリ向けフレームワークです。主にiOS/Android向けに、ワンソースコードでモバイルアプリを開発することができます。機能の詳細については、以下のページを参照してください。

- Ionic Frameworkとは
https://ionicframework.com/jp/docs/intro

- Ionic x Vueでモバイル向けWebアプリの爆速開発を始めよう！｜Developers.IO（クラスメソッド）
https://dev.classmethod.jp/client-side/ionic-vue-getting-started/

注1　Vue.js環境で使えるCLI（Command Line Interface）のこと。Vue.jsとは別にインストールする必要がある。

さらに、アプリケーションのボタンで利用するアイコン（ionicons）をインストールします（リスト3）。

リスト3 ioniconsフレームワークをインストール

```
$ npm install --save-dev ionicons@4.5.9-1;
```

これで下準備は完了です。ここからアプリケーションコードを記述していきますが、紙幅の都合上、ポイントとなる箇所のみ解説していきます。

以下のファイルを追加および変更します。

- frontend/src/main.js
- frontend/src/App.vue
- frontend/src/views/Tab.vue
- frontend/src/views/Home.vue
- frontend/src/views/Persons.vue
- frontend/src/router/index.js

main.js

main.jsを**リスト4**のように変更します。Vue.use()にIonicのプラグインを渡します❶。

リスト4 main.js [frontend/src/main.js]

```
import Vue from "vue";
import App from "./App.vue";
import "./registerServiceWorker";
import router from "./router";

import Ionic from "@ionic/vue";
import "@ionic/core/css/ionic.bundle.cs➡
s";

Vue.use(Ionic); ❶
Vue.config.productionTip = false;

new Vue({
  router,
  render: h => h(App)
}).$mount("#app");
```

App.vue

App.vueを以下のように変更します（**リスト5**）。これで画面をルーティングするためのコンポーネントであるion-vue-routerを利用できるようになります❶。

リスト5 App.vue [frontend/src/App.vue]

```
<template>
  <div id="app">
    <ion-app>
      <ion-vue-router /> ❶
    </ion-app>
  </div>
</template>

<style>
#app {
  font-family: "Avenir", Helvetica, Ar➡
ial, sans-serif;
  -webkit-font-smoothing: antialiased;
  -moz-osx-font-smoothing: grayscale;
  text-align: center;
  color: #2c3e50;
}

#nav {
  padding: 30px;
}

#nav a {
  font-weight: bold;
  color: #2c3e50;
}

#nav a.router-link-exact-active {
  color: #42b983;
}
</style>
```

Tab.vue

次に、画面のタブを定義するTab.vueを作成します（**リスト6**）。

［ユーザーの追加］画面のアイコンがクリックされたらHome.vueのコンテンツを表示し、［ユーザーの一覧］画面（削除機能あり）のアイコンがクリックされたらPersons.vueのコンテンツを表示するようにテンプレートを作成しま

リスト6　Tab.vue [frontend/src/views/Tab.vue]

```
<template>
  <div>
    <ion-tabs>
      <ion-tab tab="home">
        <Home />
      </ion-tab>
      <ion-tab tab="persons">
        <Persons />
      </ion-tab>
      <ion-tab-bar slot="bottom">
        <ion-tab-button tab="home">
          <ion-icon name="person-add">➡
</ion-icon>
          <ion-label>Add Person➡
</ion-label>
        </ion-tab-button>
        <ion-tab-button tab="persons">
          <ion-icon name="people">➡
</ion-icon>
          <ion-label>Persons</ion-label>
        </ion-tab-button>
      </ion-tab-bar>
    </ion-tabs>
  </div>
</template>

<script>
const Home = () => ➡
import("@/views/Home.vue"); ❶
const Persons = () => ➡
import("@/views/Persons.vue"); ❷
export default {
  name: "tab",
  components: { Home, Persons } ❸
};
</script>
```

す。

　scriptではHome.vue❶、Persons.vue❷
をcomponentsとして登録します❸。

Home.vue

　［ユーザーの追加］画面となるHome.vueを
作成します（**リスト7**）。

　メインの部分のロジックは以下のようになっ
ています。

- ion-item要素で、firstName、lastName
  を定義し❶、［Add］ボタンが押されたときに
  onClick()イベントを発火する❷
- script要素で定義したonClick()イベント
  で、firstName、lastNameを含んだPost
  リクエストを${baseUrl}personsに送信す
  る❸

Persons.vue

　［ユーザーの一覧］画面（削除機能あり）とな
るPersons.vueを作成します（**リスト8**）。

　Personsのメインの部分のロジックは以下の
ようになっています。

- 画面初期表示
  - 画面が生成されたタイミングでreload()
    イベントを発火する❶
  - script要素で定義したreload()イベ
    ントで、Getリクエストを${baseUrl}
    personsに送信しユーザー一覧を取得す
    る❷
  - ion-listでユーザー一覧を描画する❸
- ユーザー削除
  - ［delete］ボタンが押されたときにdelete
    User(person.Id)イベントを発火する❹
  - script要素で定義したdeleteUser(pe
    rson.Id)イベントで、Deleteリクエスト
    を${baseUrl}persons/${id}に送信
    しユーザーを削除する❺
  - deleteUser(person.Id)イベント内で
    reload()イベントを発火し、描画内容を
    更新する❻

リスト7 Home.vue [frontend/src/views/Home.vue]

```
<template>
  <div class="ion-page">
    <ion-header>
      <ion-toolbar>
        <ion-title>Add Person</ion-title>
      </ion-toolbar>
    </ion-header>
    <ion-content class="ion-padding">
      <ion-item>                                            ❶
        <ion-input
          :value="firstName"
          @ionInput="firstName = $event.target.value"
          placeholder="Enter first name"
        >
        </ion-input>
      </ion-item>
      <ion-item>
        <ion-input
          :value="lastName"
          @ionInput="lastName = $event.target.value"
          placeholder="Enter last name"
        >
        </ion-input>
      </ion-item>
      <ion-button @click="onClick()" full>Add</ion-button>   ❷
    </ion-content>
  </div>
</template>

<script>
import axios from "axios";
const baseUrl = process.env.VUE_APP_API_BASE_URL;
export default {
  name: "home",
  data: function() {
    return {
      firstName: "",
      lastName: ""
    };
  },
  methods: {
    async onClick() {                                       ❸
      try {
        const response = await axios.post(`${baseUrl}persons`, {
          firstName: this.firstName,
          lastName: this.lastName
        });
        this.firstName = "";
        this.lastName = "";
      } catch (e) {
        console.log(e);
      }
    }
  }
};
```

リスト8　Persons.vue [frontend/src/views/Persons.vue]

```
<template>
  <div class="ion-page">
    <ion-header>
      <ion-toolbar>
        <ion-title>Persons</ion-title>
      </ion-toolbar>
    </ion-header>
    <ion-content class="ion-padding">
      <ion-list v-bind:key="person.Id" v-for="person in persons">        ❸
        <ion-item>
          <ion-label>{{ person.FirstName }} {{ person.LastName }}</ion-label>
          <ion-button @click="deleteUser(person.Id)" full>delete</ion-button>  ❹
        </ion-item>
      </ion-list>
    </ion-content>
  </div>
</template>

<script>
import axios from "axios";
const baseUrl = process.env.VUE_APP_API_BASE_URL;
export default {
  name: "persons",
  data() {
    return {
      persons: null
    };
  },
  watch: {                                                                   ❼
    $route: "reload"
  },
  async created() {
    await this.reload();                                                     ❶
  },
  methods: {
    async reload() {
      console.log(baseUrl);
      if (this.$route.fullPath == "/persons") {
        try {
          const response = await axios.get(`${baseUrl}persons`);             ❷
          this.persons = response.data;
        } catch (e) {
          console.log(e);
        }
      }
    },
    async deleteUser(id) {
      try {
        await axios.delete(`${baseUrl}persons/${id}`);                       ❺
      } catch (e) {
        console.log(e);
      }
      await this.reload();                                                    ❻
    }
  }
};
</script>
```

186

- タブによる画面遷移
  - watchで変更を検知し、reload()イベントを発火を発火し、描画内容を更新する❼

index.js

ルーターを変更します（**リスト9**）。タブを表示するTab.vueを親コンポーネントとし、Home.vue、Persons.vueを子コンポーネントとします。こうすることで、どのパスを指定した場合も画面下部のタブが表示されるようになります。

以上でアプリケーションの作成は完了です。

ターミナルからnpm run serveを実行することで、ローカルマシン上で画面を確認することができます（**リスト10**）。

リスト10 最後にnpm run serveコマンドを実行

```
$ npm run serve
98% after emitting CopyPlugin

 DONE  Compiled successfully in 564ms


App running at:
- Local:   http://localhost:8080/
- Network: http://192.168.1.12:8080/
```

リスト9 index.js [frontend/src/router/index.js]

```
import Vue from "vue";
import { IonicVueRouter } from "@ionic/vue";

Vue.use(IonicVueRouter);

const routes = [
  {
    path: "/",
    redirect: "/home",
    component: () => import("@/views/Tab.vue"),
    children: [
      {
        path: "/home",
        name: "home",
        component: () => import("@/views/Home.vue")
      },
      {
        path: "/persons",
        name: "persons",
        component: () => import("@/views/Persons.vue")
      }
    ]
  }
];

const router = new IonicVueRouter({
  mode: "history",
  base: process.env.BASE_URL,
  routes
});

export default router;
```

3.7 フロントエンドアプリケーションの配信

[Amazon S3、AWS CloudFront]

本節では、前節で作成したフロントエンドアプリケーションを配信し、ブラウザから各種操作ができるようにしていきます。

城岸 直希　*Naoki Jogan*　Web https://dev.classmethod.jp/author/jogan-naoki/
加藤 諒　*Ryo Kato*　Web https://dev.classmethod.jp/author/kato-ryo/

　本節では、Amazon S3とAWS CloudFrontを使ってVue.jsのフロントエンドアプリケーションを配信する基盤を作成します。

　全体構成の中での本節の位置づけは、**図1**で太枠で囲んだ部分になります。

　前節と同様に、既存のリポジトリにフロントエンドのテンプレートを追加していきます。

必要なライブラリのインストール

　AWS CDKを使ってVueアプリケーションをCloudFront、S3にアップロードします。

　3.5節でバックエンドアプリケーションを作成したときと同じようにに、`npm install`コマンドを使ってルートディレクトリで必要なライブラリのインストールを行います（**リスト1**）。

| 図1 | 本章で作成するWebアプリケーションの全体構成：フロントエンド [Amazon S3、AWS CloudFront]

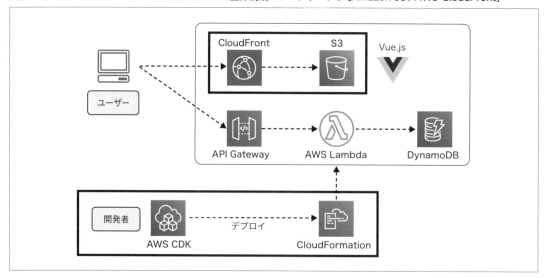

リスト1 必要なライブラリのインストール

```
$ npm install @aws-cdk/aws-cloudfront
$ npm install @aws-cdk/aws-s3
$ npm install @aws-cdk/aws-s3-deployment
```

フロントエンドの作成

S3とCloudFrontおよびCloudFormationスタックを作成します。

まだベータ版ですが、S3へのデプロイが行える`@aws-cdk/aws-s3-deployment`モジュールがあります[注1]。これを使うことで、CI/CDツールの記述を簡潔にすることができます。

全体構成

フロントエンドアプリケーションに必要な、S3バケット、CloudFront Distributionを1つのCloudFormation Stackで作成します。

S3バケットに置いた静的コンテンツにWebブラウザからアクセスできるようにCloudFront Distributionも使用しています。S3ではバケットに「静的Webサイトホスティング」を設定できます。このS3の機能を使えばCloudFront Distributionを使わずにWebブラウザからアクセスできます。CDNが必要か否かで構成を判断します。

S3バケットに直接のアクセスは許可せず、CloudFront Distribution経由のアクセスのみ許可するため、CloudFrontのオリジンアクセスアイデンティティ（Origin Access Identity：OAI）という仕組みを使っています。

S3バケットのバケットポリシーで、OAIを指定すると、OAIが関連付けられたDistribution経由のアクセスか判断してアクセス制御を行うことができます。

SPA（Single Page Application）を動作させるには、追加で対応が必要です。リクエストされたパスのファイル（バケット上ではオブジェクト）は実際には存在しないため、4XXエラーを返却します。

また、CloudFront DistributionがバケットからHTTPステータスコードの403: Forbidden, 404: Not Foundを受け取ったときは、/index.htmlにリダイレクトを設定することで回避できます。

リスト2（ib/frontend-stack.ts）は、フロントエンドアプリケーションを作成するためのコードです。

S3バケットの作成

S3バケットを作成します❶。OAIを作成し、S3のバケットポリシーにOAIが関連付けられたCloudFront Distributionからのアクセスを許可します❷。

CloudFront Distributionの作成❸

CloudFront Distributionをキャッシュなしで、OAIに関連付けて作成します。ここで4XX系エラーのリダイレクトを設定しています。

`priceClass`は使用するエッジロケーションに関する設定です。`PRICE_CLASS_200`は、米国、カナダ、ヨーロッパだけを利用する設定で、コストを抑えられます。日本からの利用を考えると不適切ですが、設定例として使っています。

[注1] https://docs.aws.amazon.com/cdk/api/latest/docs/aws-s3-deployment-readme.html

189

リスト2　frontend-stack.ts [ib/frontend-stack.ts]

```typescript
import {Bucket} from '@aws-cdk/aws-s3';
import {CfnOutput, Construct, Duration, RemovalPolicy, Stack, StackProps} from "@aws-c➡
dk/core";
import {BucketDeployment, Source} from '@aws-cdk/aws-s3-deployment';
import {CloudFrontWebDistribution, PriceClass, OriginAccessIdentity} from '@aws-cdk/aw➡
s-cloudfront'
import {CanonicalUserPrincipal, Effect, PolicyStatement} from '@aws-cdk/aws-iam';

export class FrontendStack extends Stack {
    constructor(scope: Construct, id: string, props?: StackProps) {
        super(scope, id, props);

        const websiteBucket = new Bucket(this, 'Website', {
            removalPolicy: RemovalPolicy.DESTROY
        });

        const OAI = new OriginAccessIdentity(this, 'OAI');

        const webSiteBucketPolicyStatement = new PolicyStatement({
            effect: Effect.ALLOW,
            actions: ['s3:GetObject'],
            resources: [`${websiteBucket.bucketArn}/*`],
            principals: [
                new CanonicalUserPrincipal(OAI.cloudFrontOriginAcc➡
essIdentityS3CanonicalUserId)
            ]
        });
        websiteBucket.addToResourcePolicy(webSiteBucketPolicyStatement);

        const distribution = new CloudFrontWebDistribution(this, ➡
'WebsiteDistribution', {
            originConfigs: [
                {
                    s3OriginSource: {
                        s3BucketSource: websiteBucket,
                        originAccessIdentity: OAI
                    },
                    behaviors: [{
                        isDefaultBehavior: true,
                        minTtl: Duration.seconds(0),
                        maxTtl: Duration.seconds(0),
                        defaultTtl: Duration.seconds(0),
                    }]
                }
            ],
            errorConfigurations: [
                {
                    errorCode: 403,
                    responsePagePath: '/index.html',
                    responseCode: 200,
                    errorCachingMinTtl: 0,
                },
                {
                    errorCode: 404,
                    responsePagePath: '/index.html',
                    responseCode: 200,
```

❶
バケットの作成

❷
OAI用のバケット
ポリシーを作成

❸
CloudFront
Distribution
の作成

```
                errorCachingMinTtl: 0,
            }
        ],
        priceClass: PriceClass.PRICE_CLASS_200
    });

    new BucketDeployment(this, 'DeployWebsite', {
        sources: [Source.asset('src/frontend/dist')],
        destinationBucket: websiteBucket,
        distribution: distribution,
        distributionPaths: ['/*']
    });

    new CfnOutput(this, 'URL', {value: `https://${distribution.domainName}/`})
    }
}
```

リスト3　aws-for-everyone-sls.ts [bin/aws-for-everyone-sls.ts]

```
#!/usr/bin/env node
import 'source-map-support/register';
import {App} from '@aws-cdk/core';
import {BackendStack} from "../lib/backend-stack";
import {FrontendStack} from '../lib/frontend-stack';

const app = new App();
const region: string = 'ap-northeast-1';
new BackendStack(app, 'BackendStack', {env: {region: region}});
new FrontendStack(app, 'FrontendStack', {env:{region: region}});
```

◇ AWS CDK Appの定義

AppにフロントエンドのCloudFormation Stackを追加します。aws-for-everyone-sls.tsを作成します（**リスト3**）。

ビルド&デプロイの定義

Vue.jsはビルドが必要です。このため、デプロイ前に、ビルドする必要があります。package.jsonでビルドとデプロイのタスクを定義します（**リスト4**）。

❶の箇所では、AWS CLIを使用してAWS Systems Manager (SSM) のパラメータストアからAPIのURLを取得し.envに出力していま

す。これによってVue.jsのビルド時に自動でバックエンドへのアクセスが設定されます。

ターミナルで`npm run deploy`コマンドを実行すると、以下の順番でタスクが実行されます。

1. `build`：AWS CDKのビルド
2. `build:backend`：Goのビルド
3. `deploy:backend`：バックエンドのデプロイ
4. `prebuild:frontend`：APIのURLを.envに出力
5. `build:frontend`：Vue.jsのビルド
6. `deploy:frontend`：フロントエンドのデプロイ

リスト4　package.json [./package.json]

```
  "scripts": {
    "watch": "tsc -w",
    "cdk": "cdk",
    "prebuild:frontend": "API_URL=$(aws ssm get-parameter --name /BackendStack/ApiUrl➡
--query Parameter.Value --output text) && echo \"NODE_ENV='production'\nVUE_APP_API_➡
BASE_URL='${API_URL}'\" > ./src/frontend/.env",
    "build": "tsc",
    "build:backend": "GO111MODULE=off go get -v -t -d ./src/backend/persons/... && GO➡
OS=linux GOARCH=amd64 go build -o ./src/backend/persons/persons ./src/backend/persons➡
/**.go",
    "build:frontend": "cd ./src/frontend/ && npm run build",
    "deploy": "npm run build && npm run build:backend && npm run deploy:backend && np➡
m run prebuild:frontend && npm run build:frontend && npm run deploy:frontend",
    "deploy:backend": "cdk deploy BackendStack",
    "deploy:frontend": "cdk deploy FrontendStack"
  },
```

デプロイの実行

デプロイフローの関係上、src/frontend/dist
ディレクトリを先に作成します。

```
$ mkdir -p src/frontend/dist
```

npm run deployコマンドを実行してデプロ
イを行います。実行結果を**リスト5**に示します。

バックエンドの作成時と同様に、セキュリティ
リスクの高い変更が行われる際に確認が要求
されるので、変更内容を確認して、yを入力しま
す。

動作確認

動作確認は以下のように行います。

Androidの ブラウザ (Chorme) からnpm
run deployコマンド実行完了時にターミナル
に表示されたAPI Gatewayのエンドポイント
(URL) にアクセスします (**図2**)。

表示された画面の最下部の［ホーム画面に
frontendを追加］をクリックします (**図3**)。

3.6節の**リスト1** (182ページ) で作成したア
プリケーション名と同じ名前のアプリケーショ
ンがAndroidアプリとしてダウンロードされま
す (**図4**)。

リスト5　デプロイの実行結果

```
This deployment will make potentially sensitive changes according to your current secu➡
rity approval level (--require-approval broadening).
Please confirm you intend to make the following modifications:

IAM Statement Changes
# 付与する権限の情報
(NOTE: There may be security-related changes not in this list. See https://github.com/➡
aws/aws-cdk/issues/1299)

Do you wish to deploy these changes (y/n)?
```

図2　｜　Personアプリケーション

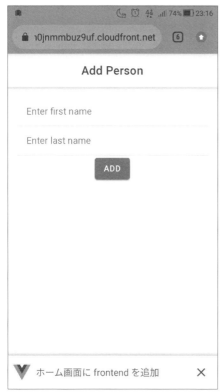

図3　｜　ホーム画面への追加①

図4　｜　ホーム画面への追加②

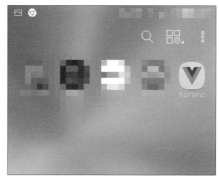

　このアプリを起動すると、**図5**のようにネイティブアプリのように起動することができます。では、ユーザーを追加し、一覧を表示してみましょう（**図6**、**図7**）。

　AWSマネジメントコンソールからDynamoDBを選択し、PersonsTableを開くことでユーザーの情報を確認することができます（**図8**）。

図5	Personアプリケーション（初期表示）

図6	Personアプリケーション（ユーザー名入力）

図7	Personアプリケーション（ユーザー一覧）

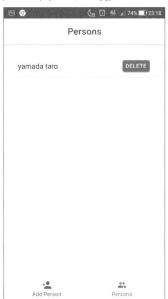

図8	DynamoDBテーブル情報

サーバーレスアプリケーションの モニタリング

本章の最後に、サーバーレスアプリケーションのモニタリングについて説明します。

渡辺 聖剛　*Seigo Watanabe*　Web https://dev.classmethod.jp/author/watanabe-seigo/

モニタリングの考え方

　サーバーレスアプリケーションにおいて、監視・モニタリングはどのように行えばよいでしょう。従来型のpingコマンドによる監視が必要でしょうか？

　サーバーレスアプリケーションは、その名のとおり「サーバーレス」であるため、AWSを利用し、責任共有モデルに則っている以上、ホストサーバーが生きているかどうかを監視する意味はかなり薄くなります。継続的にアプリケーションを改善・機能追加をしていくという視点に立てば、必要なのは、そのアプリケーションが「**今、どのように動作していて、どこに改善ポイントがあるのか**」を計測するために可観測性（オブザーバビリティ）を向上させることです。AWSにはAWS X-Ray[注1]というAPM（Application Performance Monitoring：アプリケーション性能モニタリング）ソリューションがあります。まずはAWS X-Rayの導入を検討し、必要に応じてサードパーティ製のAPM

サービスを試用・採用検討するとよいでしょう。

　サードパーティ製のAPMサービスはそれぞれ特徴があり、無料トライアル版があるものも多いため、以下のような要件がある場合は、最初から採用を検討してもよいかもしれません。

- AWS X-Rayに対応していない言語による開発
- AWS以外のクラウドやオンプレミスとの連携
- シンセティック監視やログ分析との統合
- より時間粒度の小さな（秒単位の）モニタリング、詳細モニタリング
- コンテナまで含めた統合的な状態の可視化
- その他、そのAPMサービスが備える特徴的な機能が要件と合致する場合

　監視・モニタリング製品によっては、AWS Lambdaや、より一般的にはFaaS[注2]やマイク

注1　AWS X-Rayについては、1.4節（43ページ）も参照。

注2　Function as a Service。定義が固まっていないところもありますが、一般的には、AWS Lambdaのようなイベントドリブンのアプリケーション実行環境を指します。ユーザーは実行したいコードと依存するライブラリだけ用意すればよく、動作させるホストOSやネットワークなどのインフラストラクチャについて意識する必要は最低限で済みます。

ロサービスに特化した機能・ダッシュボードを提供しているものも少なくありません。たとえばNew Relic[注3]やSignalFx[注4]、Instana[注5]などが挙げられます。そのようなものの中から試用していくといいでしょう。

監視ポイント

アプリケーションの目的によって、重視すべき要点、監視・モニタリングすべきポイントは異なります。ここでは以下の視点について説明します。

- パフォーマンス（性能）モニタリング
- 異常検知
- キャパシティプランニング

パフォーマンス（性能）モニタリング

目標とする応答性能が出ているかを客観的に測ります。シンセティック監視やリアルユーザー監視[注6]、APMからもたらされたトレース情報から、性能指標をもとに観測します。

必要に応じて、インフラストラクチャのメトリックとして、スループットやLambda関数の実行時間（Duration）などを継続的に監視するのもよいでしょう。まずは情報を一通り集め、何に注目すればよいかを判断することが大切で

す。CI/CDが整備されている環境では、いつデプロイが発生したかといった時系列情報や、そもそもCI/CDプロセスが十分な性能（スループット）を出しているかについても注視すると、デプロイまで含めた全体のパフォーマンスの改善につながります。

性能が可視化できれば、ボトルネックを探ることも可能になります。パフォーマンスチューニングの方法論については本章で述べる紙幅はありませんが、本来不要であるはずの処理が動いていないか、ループしていないかという基本的な部分に加えて、突出して時間がかかっている処理、頻繁に呼び出される処理を見つけ、重点的に精査していくといった手順が王道でしょう。

異常検知

性能劣化や応答異常などを検知することはもちろん重要ですが、サーバーレスアーキテクチャであれば疎結合であるため、どこかにキューが存在することが多いでしょう。インフラストラクチャ監視のメトリックでデッドレターキュー（Dead Letter Queue）[注7]や削除キューの数などを観測しておくと、異常発生時に気づくことができるかもしれません。

アプリケーションの異常については、パフォーマンスモニタリングにて極端な性能劣化が異常だと判断されます。あるいは、ログからの情報で検出することも重要でしょう。サーバーレスアプリケーションにおいて監視はセキュリティと同じく、後付けで行うのではなく、

注3　https://newrelic.com/products/serverless-aws-lambda

注4　https://www.signalfx.com/blog/aws-lambda-monitoring/

注5　https://www.instana.com/supported-technologies/aws-lambda-monitoring-and-tracing/

注6　シンセティック監視およびやリアルユーザー監視については、1.4節（39ページ）を参照。

注7　デッドレターキューについては、3.2節（140ページ）を参照。

機能要件・性質として、開発段階から考慮することが肝要です。

　なお、近年では機械学習を用いた傾向の分析と、異常なふるまい（外れ値）の検出機能を備えたモニタリング製品も増えてきました。CloudWatchもAnomaly Detectionという異常値検出機能を持っているため、可能な場面では活用するとよいでしょう。

キャパシティプランニング

　異常がない、十分な速度が出ている、それはすばらしいことですが、一方で過剰品質になっていないかどうかという視点も重要です。コストが最適化されれば、回収できたコストを他のリソースや開発資源につぎ込むことが可能になるからです。

　インフラストラクチャ監視により、必要としている以上のリソースが割り当てられていないかを可視化しましょう。リソースを絞るときには最初から全体に対して行うより、リソースを変化させた新しいクラスターを作り、ロードバランサーなどで少しずつその割合を増やしていくといった進め方が有効です。

AWS X-Ray

　ここで改めて、AWS X-Rayについても紹介します。AWS X-RayはAWS標準のAPMサービスであり、コードに埋め込んだSDKからのトレース情報やCloudWatchメトリック情報などを統合的に扱い、分散トレーシングの結果を可視化します。特に、AWSが備えるサービス群との連携・統合が強力で、たとえばサービスメッ

シュとして働くAWS App Mesh[注8]と連携し、マイクロサービス環境下においてオープンソースのサービスメッシュプロキシのEnvoy[注9]からの情報を分散トレーシングに統合することも可能です。

　AWSの他のサービスと同様にAWS X-Rayも進化が早いため、詳細はAWS X-Rayの製品紹介ページ[注10]や開発者ガイドのページ[注11]などを参照するようにしてください。

まとめ

　サーバーレスアプリケーションにおいては、そのアプリケーションの性能がすべてです。インフラストラクチャの監視は最低限と考え、いかにその先の、次のイテレーションにつながる情報を得るか。そしてそれをどう生かすか。可観測性（オブザーバビリティ）という言葉が単なるバズワードで終わらず、長く使われている意味がそこにあります。

注8　https://aws.amazon.com/jp/app-mesh/
注9　https://www.envoyproxy.io/
注10　https://aws.amazon.com/jp/xray/
注11　https://docs.aws.amazon.com/ja_jp/xray/latest/devguide/aws-xray.html

第4章

AWSで作るデータの
収集・可視化基盤

この章では、AWSのIoTサービスを利用したデータ収集と、データ分析、可視化について実践します。AWSのサービスを組み合わせることで、コードをほとんど書くことなくデバイスデータの収集から、データレイクの構築、ETL、集計、BIツールによる可視化まで可能です。また、その先にある機械学習への応用についても簡単に紹介します。

4.1 AWSで作るデータ収集基盤

本節では構築例として、AWSを活用してデータ収集基盤を構築してみます。AWSの
IoT関連のサービスを使っており、実践的なシステムとなっています。

藤井 元貴　*Genki Fujii*　Web https://dev.classmethod.jp/author/fujii-genki/

はじめに

　近年は温度・電力・音・風速・風量・風向・雨量など多様なデータを収集し、活用する事例が増えています。しかしながら、これらのデータを単に集めて保管するだけでは活用しているとは言えません。なんらかの手段でデータを整理し可視化することで、データを活用する準備が整います。

　たとえば、工場の機械が発生する音を収集して分析して機械の交換時期を予測したり、大雨時に河川の水量を収集して今後の水量を予測するなどです。予測をしなくとも、現状がどうなっているかといった分析も可能です。

本節で構築するデータ収集基盤

想定するシナリオ

　本節では、高速道路にあるETCゲートを想定したデータ収集基盤を作成します（**図1**）。ETCゲートの故障数や料金未払いで強引に通過する自動車の台数と頻度などを調べるシナリ

オを想定しますが、ハンズオンとしてETCゲートの開閉状態をグラフ化します（4.4節参照）。

構築するデータ収集基盤の概要

　次に、それらの把握に必要なデータを考えます。ETCゲートは、自動車が通過した際にクラウドに対してデータを送信することにします。このデータには「ETCゲートの開閉状態」および「料金支払いの結果」も含めます。これにより、自動車が通過したときの各種データを得ることができます。

| 図1 | ETCゲートの様子

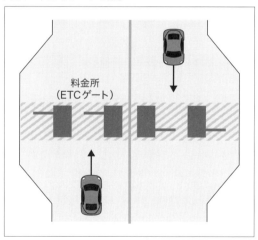

- 自動車がETCゲートを通過した日時
- ETCゲートの開閉状態
- 料金支払いの結果（成功／失敗）

　本節では、ETCゲートから収集したデータを分析しやすいように加工し、AWSのS3バケットに格納する部分までを構築します。S3バケットに格納されたデータの分析および可視化については、次節以降で扱います（**図2**）。

🔷 仮想IoTデバイス

　ETCゲートを実際に用意することはできないため、Amazon EC2でデータ送信用のプログラムを実行させます（**図3**）。実際のIoTデバイスで動かすプログラムも同様の方法で準備できます。

　もし、Raspberry Pi等のデバイスを所持しているのであれば、EC2の代わりに使用しても問題ありません。

| **図3** | 仮想IoTデバイス

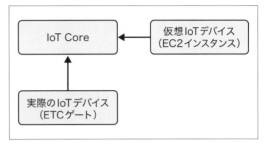

🔷 構築するデータ収集基盤の詳細

アーキテクチャと処理の流れ

　アーキテクチャ図を**図4**に示します。AWSのマネージドサービスを活用して構築しており、コードを書く部分はAWS Lambda部分のみとなっています。IoTデバイスから受信したデータは、Amazon Kinesis Data Firehoseを経由してS3バケットに格納します。

　全体の流れとしては、次のようになります。

1. ETCゲートから送信されたデータをIoT Coreで受け取る（Subscribe）
2. IoT Coreのルールアクション機能によって、受け取ったデータをKinesis Data Firehose

| **図2** | 本節で扱う範囲

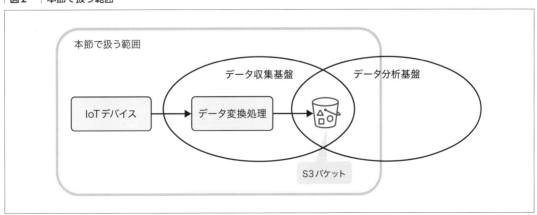

に渡す

3. Kinesis Data FirehoseがLambdaを呼び出
   してデータを変換する

4. Kinesis Data Firehoseが変換後のデータを
   S3に格納する

データの変換処理

今回の仕様では、ETCゲートは「自分がどこ
に設置されているのか」を認識していません。
つまり、ETCゲートは設置場所やゲート番号な
どの情報を持っておらず、このままではデータ
分析ができません。そこで、「ETCゲートのシリ
アル番号」と「設置場所やゲート番号など」を
結び付けるデータをクラウド側 (DynamoDB)
で保持します。クラウド側ではこのデータを用
いてシリアル番号を元に設置場所やゲート番号
などを取得する処理 (データの変換) を行いま
す。

IoTデバイスが「自分はどこに設置されてい

るのか」を把握し、送信するデータに含ませる
場合は、事前にIoTデバイスに対してその情報
を与える必要があります。もし、扱うIoTデバイ
スの台数がたくさんある場合は、初期設定だけ
でも大変です。そのため、クラウド側で必要な
データを保持・変換する仕組みにしています。

使用しているAWSサービス

使用しているサービスは以下のとおりです。

- **IoT Core**：IoTデバイスとAWSの接続や
  メッセージングなどを行うサービス
- **Kinesis Data Firehose**：リアルタイムな
  データをS3などに配信 (格納) するサービス
- **Lambda**：任意のコードを実行できるサー
  ビス
- **DynamoDB**：NoSQLデータベースサービ
  ス
- **S3**：オブジェクトのストレージサービス

| 図4 | アーキテクチャ図

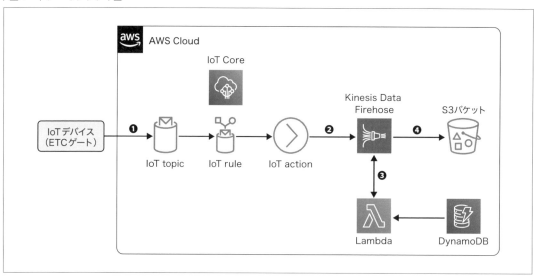

プログラミング環境

　本節ではLambdaのプログラミング言語として Python 3を使います。

AWS SAM (Serverless Application Model)

　AWS SAM (Serverless Application Model) とは、AWSが公式で提供しているサーバーレスアプリケーションを構築するためのフレームワークです。AWS SAMはCloudFormationをサーバーレスに特化して拡張したものであり、主にLambdaやAPI Gatewayなどの定義をシンプルに記述できます。

- AWSサーバーレスアプリケーションモデル
  https://aws.amazon.com/jp/serverless/sam/

データ収集基盤の構築

 仕様を決める

ETCゲートとIoT Coreの仕様

　まずはETCゲートとIoT Coreの仕様を決めます。ここで決めることは次の2点です。

- トピック名（宛先）
- データの内容

　トピック名は任意で決めることができます。今回はトピック名を次のようにしました。ETCゲートはこのトピックに対してデータを送信します。

- **トピック名**：etc_gate/passing/car

　続いてデータの内容ですが、IoT Coreに対して送信するデータのフォーマットとして、JSONを選択します。設定項目の内容を**リスト1**に示します。

- `serialNumber`：ETCゲートのシリアルナンバー。機器ごとに一意の値
- `timestamp`：自動車がETCゲートを通過した時刻（Unixtime・ミリ秒）
- `open`：`true`はETCゲートが開いた。`false`はETCゲートが開かなかった
- `payment`：`true`は支払い成功した。`false`は支払い失敗した

リスト1　IoT Coreに対して送信するJSONデータの例

```
{
    "serialNumber": "1111ABCD",
    "timestamp": 1573363720311,
    "open": true,
    "payment": true
}
```

データ収集結果の内容

　ETCゲートから受信したデータは、最終的にS3バケットに格納されます。このときのJSONデータの例を**リスト2**に示します。

リスト2　S3バケットに格納されるJSONデータの例

```
{
    "serialNumber": "1111ABCD",
    "timestamp": 1573363720311,
    "open": true,
    "payment": true,
    "feeStationNumber": "03-079",
    "feeStationName": "船橋",
    "gateNumber": 1,
    "timestring": "2019-11-10T14:28:40⏎
.311+09:00"
}
```

　JSONデータの前半はETCゲートから受信したデータそのままですが、後半には以下の4項

目を追加しています。

- `feeStationNumber`：料金所番号
- `feeStationName`：料金所名
- `gateNumber`：ゲート番号
- `timestring`：timestampをISO 8601形式にしたもの（JST）

これらを追加する処理が、Lambdaで行うデータ変換です。

DynamoDBの設計と格納するデータ

Lambdaが行うデータ変換では、ETCゲートのシリアル番号をもとに料金所番号などを取得します。そのため、DynamoDBのハッシュキーをシリアル番号として、必要な情報を格納します。DynamoDBに格納するデータの例を示します（**リスト3**）。

リスト3　DynamoDBに格納するデータの例

```
{
    "serialNumber": "1111ABCD",
    "feeStationNumber": "03-079",
    "feeStationName": "船橋",
    "gateNumber": "1"
}
```

DynamoDBには、次の4項目を格納します。

- `serialNumber`：ETCゲートのシリアルナンバー。機器ごとに一意の値。Hashキーとします。
- `feeStationNumber`：料金所番号
- `feeStationName`：料金所名
- `gateNumber`：ゲート番号

Python仮想環境の構築

Pythonのバージョンやライブラリの内容を固定するため、ローカルマシンにPythonの仮想環境を作成します。仮想環境の作成ツールである`pipenv`を次のように`pip`コマンドでインストールしてください。

```
$ pip install pipenv
```

続いて`pipenv`を利用して、Pythonの仮想環境を作成します。本書ではPythonのバージョン3.7を指定していますが、ローカルマシンのPythonのバージョンと合わせてください。

```
$ pipenv install --python 3.7
```

Pythonの仮想環境に入るには、次のコマンドを実行します。

```
$ pipenv shell
```

Pythonの仮想環境から出るときには、次のコマンドを実行します。

```
$ exit
```

これ以降は、Pythonの仮想環境に入った状態で作業していきます。

必要なライブラリをインストール

先ほど作成したPythonの仮想環境は新しい環境であるため、AWS CLIとAWS SAM CLIを新しく導入します。

```
$ pipenv install awscli
$ pipenv install aws-sam-cli
```

AWS SAMプロジェクトの作成

次のコマンドを実行し、AWS SAM プロジェクトを新規作成します。

```
$ sam init --runtime python3.7 --name ➡
IoT-ETL-Sample
```

デプロイ先のS3バケットの作成

デプロイ先のS3バケットのCloudFormationテンプレートを作成

Lambda関数のコードをデプロイ（アップロード）するS3バケットを作成します。なお、S3バケット名は全世界で唯一の名前とする必要があるため、AWSのアカウント番号やリージョン名を付与しています。必要に応じて環境名（たとえば、prod・staging・dev など）を付与することもあります。

YAMLファイルを作成し、s3.yaml というファイル名で保存します（**リスト4**）。

CloudFormationで作成したS3バケットを削除する場合、S3バケット内のオブジェクトが事前にすべて削除されていないと削除に失敗します。このとき、CloudFormationのスタックの削除も失敗します。CloudFormationのスタック削除前にあらかじめS3バケット内のオブジェクトをすべて削除しておけば問題ありません。

しかしその作業自体を忘れることもありますし、オブジェクトを残しておきたい場合もあります。そのため、S3バケットに対してDeletion Policy: Retainを指定しています（**リスト4 ❶**）。これにより、CloudFormationのスタックを削除すると、S3バケットを保ったまま（削除失敗にならず）CloudFormationのスタック削除が成功します。

デプロイ先のS3バケットをデプロイ

S3バケットをデプロイするには、**リスト5**のコマンドを実行します。

S3バケットのデプロイ終了後、**リスト6**のコマンドを実行し、作成されたS3バケット名を取得します。実行結果を**リスト7**に示します。このバケット名はLambdaのデプロイ時に使用します。

リスト4 s3.yaml

```
AWSTemplateFormatVersion: "2010-09-09"
Description: IoT-ETL-Sample-Deploy-Bucket

Resources:
  # Lambdaコード等をデプロイするS3バケット
  DeployBucket:
    Type: AWS::S3::Bucket
    DeletionPolicy: Retain ❶
    Properties:
      AccessControl: Private
      BucketName: !Sub iot-etl-sample-deploy-bucket-${AWS::AccountId}-${AWS::Region}

Outputs:
  DeployBucketName:
    Value: !Ref DeployBucket
```

リスト5　デプロイ先のS3バケットをデプロイ

```
$ aws cloudformation deploy \
    --template-file s3.yaml \
    --stack-name IoT-ETL-Sample-Deploy-Bucket \
    --no-fail-on-empty-changeset
```

リスト6　作成されたS3バケットの情報を取得

```
$ aws cloudformation describe-stacks \
    --stack-name IoT-ETL-Sample-Deploy-Bucket \
    --query 'Stacks[].Outputs'
```

リスト7　実行結果

```
[
    [
        {
            "OutputKey": "DeployBucketName",
            "OutputValue": "iot-etl-sample-deploy-bucket-1234567890-ap-northeast-1"
        }
    ]
]
```

AWS SAMテンプレートの作成

template.yamlを**リスト8**のように書き換えます。AWS SAMはCloudFormationの拡張であるため、IAMロールの定義なども記載できます。

このAWS SAMテンプレート（YAMLファイル）では、次のAWSリソースを作成しています。

- IoT Topicルール
- IoT Topicルールに与えるIAMロール
- Kinesis Data Firehose
- Kinesis Data Firehoseに与えるIAMロール
- データを保存するS3バケット
- データ変換用のLambda関数
- データ変換用のLambda関数のロググループ
- DynamoDBテーブル

なんらかの処理を行うAWSサービスに対し

ては、IAMロール（権限）を作成して与える必要があります。

- **IoT Topicルールに与えるIAMロール**：Kinesis Data Firehoseにデータを書き込む権限
- **Kinesis Data Firehoseに与えるIAMロール**：S3に対するアクセス権限

なお、Lambda関数に与えるIAMロールは、デプロイ時に自動作成されます。これは最低限の権限（CloudWatch Logsにログを書き込む・DynamoDBのReadOnlyアクセス）のみ持っています。

IoT Topicのルールについて

サブスクライブするトピックを指定し、条件一致する場合に受信したデータをKinesis Data

Firehoseに渡すようにしています（**リスト8❶**）。

Kinesis Data Firehoseについて

　Kinesis Data Firehoseを定義しつつ、データ変換用のLambdaを指定しています（**リスト8❷**）。この処理は必須でないため、受け取ったデータをそのままS3バケットに格納することも可能です。LambdaからKinesis Data Firehoseに返せるデータ量の上限は6MBのため、Lambdaでデータを追加することも考慮し、Lambdaに渡すデータ量の上限は2MBとしています。

ライブラリを未使用にする

　Lambdaで外部ライブラリを使わないため、requirements.txtの中身を削除して空ファイルにします。もしLambdaで使用したいライブラリがある場合は、このファイルに記述すれば一緒にデプロイまで行ってくれます。

Lambda関数のコード作成

　hello_world/app.pyにあるLambda関数のコードを**リスト9**のように書き換えます。

　Kinesis Data Firehoseから受け取ったデータはBase64エンコードされているため、Lambda内でデコードしてから扱います。また、Lam

リスト8　template.yaml

```
AWSTemplateFormatVersion: '2010-09-09'
Transform: AWS::Serverless-2016-10-31
Description: IoT-ETL-Sample

Resources:
  # IoT Topicルール
  EtcGateDataTopicRule:
    Type: AWS::IoT::TopicRule
    Properties:
      RuleName: "etc_gate_data_topic_rule"
      TopicRulePayload:
        RuleDisabled: false
        AwsIotSqlVersion: "2016-03-23"
        Sql: "SELECT * FROM 'etc_gate/passing/car'"          ❶
        Actions:
          - Firehose:
              DeliveryStreamName: !Ref EtcGateDeliveryStream
              RoleArn: !GetAtt EtcGateDataTopicRuleRole.Arn

  # IoT Topicルールに与えるIAMロール
  EtcGateDataTopicRuleRole:
    Type: AWS::IAM::Role
    Properties:
      RoleName: "etc-gate-data-topic-rule-role"
      AssumeRolePolicyDocument:
        Version: 2012-10-17
        Statement:
          - Effect: Allow
            Principal:
              Service: iot.amazonaws.com
            Action: sts:AssumeRole
      Policies:
```

```
          - PolicyName: "etc-gate-data-topic-rule-policy"
            PolicyDocument:
              Version: 2012-10-17
              Statement:
                - Effect: Allow
                  Action: firehose:PutRecord
                  Resource: !GetAtt EtcGateDeliveryStream.Arn

  # Kinesis Data Firehose
  EtcGateDeliveryStream:
    Type: AWS::KinesisFirehose::DeliveryStream
    Properties:
      DeliveryStreamName: "etc-gate-data-delivery-stream"
      DeliveryStreamType: DirectPut
      ExtendedS3DestinationConfiguration:
        BucketARN: !GetAtt EtcGateDataBucket.Arn
        BufferingHints:
          IntervalInSeconds: 60
          SizeInMBs: 50
        CompressionFormat: UNCOMPRESSED
        RoleARN: !GetAtt LocationDataFirehoseDeliveryRole.Arn
❷      ProcessingConfiguration:
          Enabled: true
          Processors:
            - Type: Lambda
              Parameters:
                - ParameterName: LambdaArn
                  ParameterValue: !Sub "${EtcGateDataTransformFunction.Arn}:$LATEST"
                - ParameterName: BufferSizeInMBs
                  ParameterValue: 2
                - ParameterName: BufferIntervalInSeconds
                  ParameterValue: 60

  # Kinesis Data Firehoseに与えるIAMロール
  LocationDataFirehoseDeliveryRole:
    Type: AWS::IAM::Role
    Properties:
      RoleName: "etc-gate-data-firehose-delivery-role"
      AssumeRolePolicyDocument:
        Version: 2012-10-17
        Statement:
          - Effect: Allow
            Principal:
              Service: firehose.amazonaws.com
            Action: sts:AssumeRole
      Policies:
        - PolicyName: "etc-gate-data-firehose-delivery-policy"
          PolicyDocument:
            Version: 2012-10-17
            Statement:
              - Effect: Allow
                Action:
                  - s3:AbortMultipartUpload
                  - s3:GetBucketLocation
                  - s3:GetObject
                  - s3:ListBucket
                  - s3:ListBucketMultipartUploads
                  - s3:PutObject
```

```
                        Resource: !Sub "${EtcGateDataBucket.Arn}/*"
                - Effect: Allow
                  Action:
                    - lambda:InvokeFunction
                  Resource: !Sub "${EtcGateDataTransformFunction.Arn}:$LATEST"

  # データを保存するS3バケット
  EtcGateDataBucket:
    Type: AWS::S3::Bucket
    DeletionPolicy: Retain
    Properties:
      AccessControl: Private
      BucketName: !Sub "iot-etl-sample-etc-gate-data-bucket-${AWS::AccountId}-${AWS::➡
Region}"

  # データ変換用のLambda関数
  EtcGateDataTransformFunction:
    Type: AWS::Serverless::Function
    Properties:
      FunctionName: etc-gate-data-transform-function
      CodeUri: hello_world/
      Handler: app.lambda_handler
      Runtime: python3.7
      Timeout: 60
      Policies:
        - DynamoDBReadPolicy:
            TableName: !Ref EtcGateManagementTable
      Environment:
        Variables:
          ETC_GATE_MANAGEMENT_TABLE_NAME: !Ref EtcGateManagementTable

  # データ変換用のLambda関数のロググループ
  EtcGateDataTransformFunctionLogGroup:
    Type: AWS::Logs::LogGroup
    Properties:
      LogGroupName: !Sub "/aws/lambda/${EtcGateDataTransformFunction}"

  # DynamoDBテーブル
  EtcGateManagementTable:
    Type: AWS::Serverless::SimpleTable
    Properties:
      TableName: etc-gate-management-table
      PrimaryKey:
        Name: serialNumber
        Type: String

Outputs:
  EtcGateDataBucketName:
    Value: !Ref EtcGateDataBucket
    Export:
      Name: !Sub ${AWS::StackName}-EtcGateDataBucketName

  EtcGateDataBucketArn:
    Value: !GetAtt EtcGateDataBucket.Arn
    Export:
      Name: !Sub ${AWS::StackName}-EtcGateDataBucketArn
```

bdaからKinesis Data Firehoseにデータを返却するときはBase64エンコードしています。このLambdaでは次の処理を行っています。

- ETCゲートのシリアル番号をもとにDynamo DBからETCゲートの情報を取得する
- 次のデータを追加してKinesis Data Firehoseにデータを返却する
  - ETCゲートの情報
  - タイムスタンプの文字列化

◇ ビルド

AWS SAMでデプロイ可能な状態にするため、sam buildコマンドでビルドを行います。

```
$ sam build
```

◇ デプロイ

まずは、Lambdaで使用するコードを圧縮してS3バケットに格納し、AWS SAMテンプレートからCloudFormationテンプレートに変換するsam packageコマンドを実行します（**リスト10**）。

ここで使用するバケット名（s3-bucket）は、先ほど作成したS3バケット名です。

続いてAWSに対してデプロイを行い、CloudFormationでAWSリソースを作成します（**リスト11**）。

LambdaのコードやAWS SAMのYAMLファイルを更新した場合は、次の一連の作業を再度行ってデプロイする必要があります。

リスト9　app.py [hello_world/app.py]

```python
import base64
import boto3
import json
import logging
import os
from botocore.exceptions import ClientError
from datetime import datetime, timezone, timedelta

logger = logging.getLogger()
logger.setLevel(logging.INFO)

dynamodb = boto3.resource('dynamodb')


def lambda_handler(event, context):
    records_length = len(event['records'])
    logger.info(f'event: {json.dumps(event)}')
    logger.info(f'records_length: {records_length}')

    transformed_data = []

    for index, record in enumerate(event['records']):
        data = {}
        result = 'Ok'
        try:
```

```
                # 現在処理しているデータ（ログ用）
                log_header = f'[{index + 1}/{records_length}]'

                # 1件分のデータを取得する
                payload = json.loads(base64.b64decode(record['data']))
                logger.info(f'{log_header} payload: {json.dumps(payload)}')

                # DynamoDBからETCゲートの情報を取得する
                device_item = get_item(payload['serialNumber'])

                # データを変換（追加）する
                payload['feeStationNumber'] = device_item['feeStationNumber']
                payload['feeStationName'] = device_item['feeStationName']
                payload['gateNumber'] = int(device_item['gateNumber'])
                payload['timestring'] = convert_iso_format(payload['timestamp'])
        except ClientError as e:
            error_message = e.response['Error']['Message']
            logger.error(f'{log_header} DynamoDB ClientError: {error_message}')
            result = 'Ng'
        except Exception as e:
            logger.error(f'{log_header} Transform failed: {e}')
            result = 'Ng'

        # Firehoseに戻すデータを作る
        data = json.dumps(payload) + '\n'
        logger.info(f'{log_header} transformed: {data}')

        data_utf8 = data.encode('utf-8')
        transformed_data.append({
            'recordId': record['recordId'],
            'result': result,
            'data': base64.b64encode(data_utf8).decode('utf-8')
        })

    logger.info('finish transform.')

    return {
        'records': transformed_data
    }


def get_item(serial_number:int) -> dict:
    table_name = os.getenv('ETC_GATE_MANAGEMENT_TABLE_NAME')
    table = dynamodb.Table(table_name)

    # DynamoDBからETCゲートの情報を取得する
    res = table.get_item(Key={
        'serialNumber': serial_number
    })

    return res['Item']


def convert_iso_format(timestamp:int) -> str:
    # JSTとするので+9時間する
    tz = timezone(timedelta(hours=9))
    timestamp =  datetime.fromtimestamp(timestamp / 1000, tz)
    return timestamp.isoformat(timespec='milliseconds')
```

1. sam build
2. sam package
3. sam deploy

📦 **データ収集結果を格納する**
S3バケットの情報

template.yamlの最後に書いたOutputs:には、データ収集結果を格納するS3バケット名とARNを記載しました。これらは次のコマンドで取得できます。

```
$ aws cloudformation describe-stacks \
    --stack-name IoT-ETL-Sample \
    --query 'Stacks[].Outputs'
```

実行結果は**リスト12**のようになります。OutputKeyに対する値がOutputValueになっています。また、異なるCloudFormationテンプレートでExportNameの値を指定すると、S3バケット名の参照ができます。これをクロススタック参照[注1]と言います。

リスト10 AWS SAMテンプレートをCloudFormationテンプレートに変換

```
$ sam package \
    --output-template-file packaged.yaml \
    --s3-bucket iot-etl-sample-deploy-bucket-1234567890-ap-northeast-1
```

リスト11 データ分析基盤の作成（デプロイ）

```
$ sam deploy \
    --template-file packaged.yaml \
    --stack-name IoT-ETL-Sample \
    --no-fail-on-empty-changeset \
    --capabilities CAPABILITY_NAMED_IAM
```

リスト12 スタック情報取得コマンドの実行結果（データ収集結果を格納するS3バケット名）

```
[
    [
        {
            "OutputKey": "EtcGateDataBucketName",
            "OutputValue": "iot-etl-sample-etc-gate-data-bucket-1234567890-ap-northea➡
st-1",
            "ExportName": "IoT-ETL-Sample-EtcGateDataBucketName"
        },
        {
            "OutputKey": "EtcGateDataBucketArn",
            "OutputValue": "arn:aws:s3:::iot-etl-sample-etc-gate-data-bucket-12345678➡
90-ap-northeast-1",
            "ExportName": "IoT-ETL-Sample-EtcGateDataBucketArn"
        }
    ]
]
```

注1　https://aws.amazon.com/jp/blogs/news/aws-cloudformation-update-yaml-cross-stack-references-simplified-substitution/

動作確認（簡易）

 DynamoDBに格納するデータのJSON
ファイルを作成する

データ変換処理で必要になるETCゲートの
データをDynamoDBに格納していきます。ここでは動作確認用のETCゲートは3つ用意します。それぞれのシリアル番号は下記とします。

- serialNumber
  - 1111ABCD
  - 2222EFGH
  - 3333IJKL

DynamoDBに格納するETCゲートのデータ
をJSONファイルとして作成します。

- etc_gate_1111ABCD.json（**リスト13**）
- etc_gate_2222EFGH.json（**リスト14**）
- etc_gate_3333IJKL.json（**リスト15**）

JSONの値にはDynamoDBでサポートされている型を明記しています[注2]。これはDynamoDBの仕様です。

リスト13　etc_gate_1111ABCD.json

```
{
    "serialNumber": {"S": "1111ABCD"},
    "feeStationNumber": {"S": "03-079"},
    "feeStationName": {"S": "船橋"},
    "gateNumber": {"N": "1"}
}
```

リスト14　etc_gate_2222EFGH.json

```
{
    "serialNumber": {"S": "2222EFGH"},
    "feeStationNumber": {"S": "03-079"},
    "feeStationName": {"S": "船橋"},
    "gateNumber": {"N": "2"}
}
```

リスト15　etc_gate_3333IJKL.json

```
{
    "serialNumber": {"S": "3333IJKL"},
    "feeStationNumber": {"S": "01-406"},
    "feeStationName": {"S": "八王子（大月➡
方面出入口)"},
    "gateNumber": {"N": "1"}
}
```

DynamoDBにデータを格納する

AWS CLIを用いてDynamoDBにデータを
追加していきます（**リスト16**）。**リスト16**で記述
している file:// は、同じディレクトリにファイルがある場合の指定方法です。 file:// がないとコマンドの実行は失敗します。

リスト16　DynamoDBにデータを格納する

```
$ aws dynamodb put-item --table-name etc-gate-management-table --item file://etc_gate➡
_1111ABCD.json
$ aws dynamodb put-item --table-name etc-gate-management-table --item file://etc_gate➡
_2222EFGH.json
$ aws dynamodb put-item --table-name etc-gate-management-table --item file://etc_gate➡
_3333IJKL.json
```

注2　https://docs.aws.amazon.com/ja_jp/amazon
dynamodb/latest/developerguide/DynamoDB
Mapper.DataTypes.html

ブラウザのIoT Coreでテストする

実際のETCゲートは用意できないため、IoT Coreのテスト画面を利用して、ETCゲートの代わりにデータを送信して動作を確認します。まずはAWSマネジメントコンソールでIoT Coreにアクセスしてから［テスト］を選択します（**図5**）。

続いて、発行の部分に送信先のトピック名として「etc_gate/passing/car」を入力し、送信するJSONデータを入力します。最後に、［トピックに発行］をクリックします（**図6**）。

リスト17　送信するJSONデータ

```
{
    "serialNumber": "1111ABCD",
    "timestamp": 1573363720311,
    "open": true,
    "payment": true
}
```

トピックに発行してから数分待ち、S3バケットに変換後のデータが出力されていれば成功です。

もしもS3バケットにデータが出力されていない場合は、CloudWatch LogsでLambdaの実行ログを確認しましょう。

また、正しくないJSONフォーマットを入力した場合はデータ送信に失敗しますが、その旨は表示されません。この場合は、同テスト画面でetc_gate/passing/carをサブスクライブした状態で再度データ送信して正しく送信されているかを確認しましょう。

仮想IoTデバイスの作成

ETCゲートを実際に準備できないため、EC2インスタンスを作成し、その中にIoT Coreへデータを送信するプログラムを作成します。

┃図5　┃IoT Coreのテストにアクセスする

┃図6　┃トピックにデータを発行

発行
QoS を 0 にして発行するトピックとメッセージを指定します。

etc_gate/passing/car　［トピックに発行］

```
1  {
2      "serialNumber": "1111ABCD",
3      "timestamp": 1573363720311,
4      "open": true,
5      "payment": true
6  }
```

なお、ここで作成するEC2はお試し用の仮想IoTデバイスのため、EBS (Elastic Block Storage) を作成しません。そのため、EC2を再起動または削除するとデータは失われる点に注意してください。

キーペアの作成

まずはEC2インスタンスにアクセスするためのキーペアを作成し、プライベートキーを取得します。次のコマンドを実行します。

```
$ aws ec2 create-key-pair \
  --key-name VirtualIoTKeyPair \
  --query 'KeyMaterial' \
  --output text > VirtualIoTKeyPair.pem
```

IPアドレスの確認

このあとに作成するEC2インスタンスに紐付けるセキュリティグループで使用するため、自分のIPアドレスをcurlコマンドで調べます。

```
$ curl http://checkip.amazonaws.com/
xxx.xxx.xxx.xxx
```

このIPアドレスのみSSH接続を許可する設定を行います。

EC2インスタンスの作成

リスト18の内容のYAMLファイルを、ec2.yamlという名前で作成します。

続いてリスト19のコマンドを実行し、EC2インスタンスを作成します。`MyIPAddress`の部分には、先ほど調べた自分のIPアドレスを使用します。これによって、自分のIPアドレス以外からのSSH接続を拒否しています。

リスト18 ec2.yaml

```yaml
AWSTemplateFormatVersion: '2010-09-09'
Description: IoT Publisher Sample
Parameters:
  KeyName:
    Type: AWS::EC2::KeyPair::KeyName
  MyIPAddress:
    Type: String

Resources:
  # EC2インスタンス
  VirtualIoTEC2Instance:
    Type: AWS::EC2::Instance
    Properties:
      InstanceType: t2.micro
      ImageId: ami-052652af12b58691f
      KeyName: !Ref KeyName
      SecurityGroupIds:
        - !Ref VirtualIoTSecurityGroup
      SubnetId: !Ref VirtualIoSubnet

  # セキュリティグループ
  VirtualIoTSecurityGroup:
    Type: AWS::EC2::SecurityGroup
    Properties:
      GroupName: virtual-iot-ec2-insta➡
nce-security-group
      GroupDescription: "virtual iot e➡
c2 instance security group"
      VpcId: !Ref VirtualIoTVPC
      SecurityGroupIngress:
        - IpProtocol: tcp
          FromPort: 22
          ToPort: 22
          CidrIp: !Ref MyIPAddress

  # VPC
  VirtualIoTVPC:
    Type: AWS::EC2::VPC
    Properties:
      CidrBlock: 10.0.0.0/16
      EnableDnsHostnames: true
      EnableDnsSupport: true

  # サブネット
  VirtualIoSubnet:
    Type: AWS::EC2::Subnet
    Properties:
      VpcId: !Ref VirtualIoTVPC
      CidrBlock: 10.0.0.0/24
      MapPublicIpOnLaunch: true

  # インターネット・ゲートウェイ
  VirtualIoTInternetGateway:
    Type: AWS::EC2::InternetGateway

  # インターネット・ゲートウェイとVPCを紐付ける
  VirtualIoTVPCGatewayAttachment:
```

```
    Type: AWS::EC2::VPCGatewayAttachment
    Properties:
      VpcId: !Ref VirtualIoTVPC
      InternetGatewayId: !Ref VirtualIoTInternetGateway

  # ルートテーブル
  VirtualIoTRouteTable:
    Type: AWS::EC2::RouteTable
    Properties:
      VpcId: !Ref VirtualIoTVPC

  # サブネットとインターネットのルーティング
  VirtualIoTRoute:
    Type: AWS::EC2::Route
    Properties:
      RouteTableId: !Ref VirtualIoTRouteTable
      DestinationCidrBlock: 0.0.0.0/0
      GatewayId: !Ref VirtualIoTInternetGateway

  # ルートテーブルとサブネットを紐付ける
  VirtualIoTSubnetRouteTableAssociation:
    Type: AWS::EC2::SubnetRouteTableAssociation
    Properties:
      RouteTableId: !Ref VirtualIoTRouteTable
      SubnetId: !Ref VirtualIoSubnet

Outputs:
  VirtualIoTEC2InstancePublicIp:
    Value: !GetAtt VirtualIoTEC2Instance.PublicIp

  VirtualIoTEC2InstancePublicDnsName:
    Value: !GetAtt VirtualIoTEC2Instance.PublicDnsName
```

リスト19 EC2インスタンスを作成

```
$ aws cloudformation deploy \
    --template-file ec2.yaml \
    --stack-name IoT-ETL-Sample-Virtual-IoT-Instance \
    --no-fail-on-empty-changeset \
    --parameter-overrides KeyName=VirtualIoTKeyPair MyIPAddress=xxx.xxx.xxx.xxx/32
```

リスト20 作成したEC2インスタンスの情報を取得

```
$ aws cloudformation describe-stacks \
    --stack-name IoT-ETL-Sample-Virtual-IoT-Instance \
    --query 'Stacks[].Outputs'
```

リスト21 コマンド（リスト20）の実行結果の一部

```
    {
        "OutputKey": "VirtualIoTEC2InstancePublicIp",
        "OutputValue": "yyy.yyy.yyy.yyy"
    },
    {
        "OutputKey": "VirtualIoTEC2InstancePublicDnsName",
        "OutputValue": "ec2-yyy-yyy-yyy-yyy.ap-northeast-1.compute.amazonaws.com"
    }
```

CloudFormationのデプロイ終了後に**リスト20**のコマンドを実行し、スタックの情報を取得します。**リスト21**の実行結果から、作成したEC2インスタンスのIPアドレスがわかります。

🔷 EC2インスタンス内でAWS CLIを使うユーザーの作成

次のCloudFormationテンプレート（**リスト22**）をuser.yamlとして作成・デプロイし、EC2インスタンス内でAWS CLIを使うIAMユーザーを作成します。このIAMユーザーでIoT Coreの設定を行うため、IoTサービスに対する

アクセス権限のみを付与しています。

デプロイは**リスト23**に示したコマンドで行います。

デプロイ完了後、必要となるアクセスキーを取得します。これは後ほど使用するため忘れないでください。**リスト24**のようにコマンドを実行します。

🔷 EC2インスタンスに接続する

先ほど取得したプライベートキーとEC2インスタンスのIPアドレスを利用して、EC2インスタンスにSSH接続を行います（**リスト25**）。秘密鍵のパーミッションが広すぎるとエラーになる場合があるため、chmodコマンドでパーミッションを変更しておきます。

リスト22 user.yaml

```
AWSTemplateFormatVersion: 2010-09-09
Description: IAM User for EC2 instance

Resources:
  CircleCIUser:
    Type: AWS::IAM::User
    Properties:
      UserName: !Sub IoT-ETL-Sample-Virtual-IoT-➥
User-VirtualEtcGate-EC2-User
      ManagedPolicyArns:
        - arn:aws:iam::aws:policy/AWSIoTFullAccess
```

リスト23 IAMユーザーを作成する

```
$ aws cloudformation deploy \
  --template-file user.yaml \
  --stack-name IoT-ETL-Sample-Virtual-IoT-User \
  --capabilities CAPABILITY_NAMED_IAM
```

リスト24 アクセスキーを取得するコマンドと実行結果

```
$ aws iam create-access-key \
    --user-name IoT-ETL-Sample-Virtual-IoT-User-VirtualEtcGate-EC2-User
{
    "AccessKey": {
        "UserName": "IoT-ETL-Sample-Virtual-IoT-User-VirtualEtcGate-EC2-User",
        "AccessKeyId": "xxxxxxxxx",
        "Status": "Active",
        "SecretAccessKey": "yyyyyyyyyyy",
        "CreateDate": "2019-11-28T10:47:37Z"
    }
}
```

リスト25　EC2インスタンスにSSH接続

```
$ chmod 400 VirtualIoTKeyPair.pem
$ ssh -i VirtualIoTKeyPair.pem ec2-user@yyy.yyy.yyy.yyy
```

　ここで使用しているユーザー名は、AWS公式ドキュメント[注3]に記載されています。もし異なるAMIを使用した場合は、AIM提供元のドキュメントをご覧ください。

Python 3の環境を構築する

　作成したEC2インスタンスはPython 2が導入済みのため、AWSの公式ページで紹介されている手順[注4]を参考にしつつ、Python 3の環境を構築していきます。もしPython 3であれば、次に進んでください。

　まずはパッケージ管理ツールのyumをアップデートします。

```
$ sudo yum update
```

　続いてPython 3をインストールします。ここではそのままインストールしていますが、pyenv[注5]を使ってPythonのバージョンを使い分けることもできます。

```
$ sudo yum install python3 -y
```

　ここからはAWS SAMを使ってLambdaを作成・デプロイした手順と同様です。まずはpipenvをインストールします。

```
$ pip3 install --user pipenv
```

　続いてpipenvを利用して、Pythonの仮想環境を作成します。ここではPythonのバージョン3.7を指定していますが、利用環境のPythonのバージョンと合わせてください。

```
$ pipenv install --python 3.7
```

　Pythonの仮想環境に入るには、次のコマンドを実行します。

```
$ pipenv shell
```

　Pythonの仮想環境から出るときには、次のコマンドを実行します。

```
$ eixt
```

　これ以降は、Pythonの仮想環境に入った状態で作業していきます。

AWS CLIの設定を行う

　作成したEC2インスタンスに標準で導入されているAWS CLIの設定を行います。このとき使用するアクセスキーIDおよびシークレットアクセスキーは、先ほどIAMユーザーの作成時に取得したものを使います。

注3　https://docs.aws.amazon.com/ja_jp/AWSEC2/
　　　latest/UserGuide/AccessingInstancesLinux.html
注4　https://aws.amazon.com/jp/premiumsupport/
　　　knowledge-center/ec2-linux-python3-boto3/
注5　https://github.com/pyenv/pyenv

```
$ aws configure
AWS Access Key ID [None]: xxxxxxxxx
AWS Secret Access Key [None]: yyyyyyyyyy
Default region name [None]: ap-northea↩
st-1
Default output format [None]: json
```

IoTデバイスをIoT Coreに接続するための準備

IoT Core にモノ（Thing）・証明書・ポリシーを作成します。IoT Coreで扱うデバイスは「モノ」と呼ばれ、この「モノ」に証明書が紐付いています。証明書はIoT Coreと実際のデバイスを安全に接続するために使用します。ポリシーは証明書と紐付いており、IoT Coreとの接続許可やトピックのサブスクライブ（Subscribe）やパブリッシュ（Publish）の権限などを管理しています（**図7**）。

セキュリティを考慮し、1つのデバイスに1つの証明書と1つのポリシーを作成します。これにより、万が一証明書が流出した場合にはデバイス・証明書・ポリシーの紐付けを解除することで、該当の証明書を持つデバイスはIoT Coreに接続できなくなります。

なお、実際のデバイスとIoT Coreの通信はX.509証明書によって保護されています。本章ではAWSが生成する証明書を使用しますが、独自の証明書を使用することもできます。

IoT Coreにモノを作成する

IoT Coreでデバイスを管理するためのモノを作成します（**リスト26**）。ここでは動作確認用に3つのETCゲートを用意します。区別ができるようにシリアル番号をモノの名前に含めています。

IoT Coreにポリシーを作成する

証明書に紐付けるポリシーをJSONファイルで作成します。ここでは、IoT Coreへの接続と指定トピックへのパブリッシュを許可します。ポリシーの作成で指定するAWSアカウントID

リスト26　aws iot create-thingコマンドでモノを作成

```
$ aws iot create-thing --thing-name etc_gate_1111ABCD
$ aws iot create-thing --thing-name etc_gate_2222EFGH
$ aws iot create-thing --thing-name etc_gate_3333IJKL
```

図7　IoT Coreで管理するモノと証明書とポリシーの関係

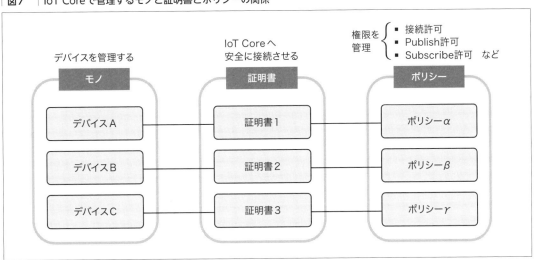

219

は、各自のアカウントIDに変更してください。アカウントIDは次のコマンドで取得できます。

```
$ aws sts get-caller-identity
```

このポリシー作成はETCゲートごとに実行します。まずはetc_gate_1111ABCD_policy.jsonというファイル名のJSONファイルを作成します（**リスト27**）。他のETCゲート用のJSONファイルも同様に作成してください。その際はファイル名とResourceの「1111ABCD」の部分を「2222EFGH」「3333IJKL」に置き換えてください。

```
"Resource": "arn:aws:iot:ap-northeast-➡
1:1234567890:client/etc_gate_1111ABCD"
```

続いて、1111ABCDゲートのIoTポリシーを作成します。**リスト28**のコマンドを実行してください。他のETCゲートも--policy-nameと—plolicy-documentの「1111ABCD」の部分を「2222EFGH」「3333IJKL」に置き換えてコマンド実行してください。

証明書の作成

続いてIoT Coreと接続するために必要な証明書を作成し、1111ABCDゲートの証明書と秘密鍵を取得します（**リスト29**）。秘密鍵はこのタイミングでのみ取得可能なため、JSONファイルとして保存しています。

他のETCゲートの証明書と秘密鍵も同様に取得してください。その際はJSONファイル名の「1111ABCD」の部分を「2222EFGH」と「3333IJKL」に置き換えて実行してください。

取得したJSONデータの項目は次のようになっています。

- certificateId：作成した証明書のID
- certificateArn：作成した証明書のARN
- certificatePem：作成した証明書
- PublicKey：作成した公開鍵
- PrivateKey：作成した秘密鍵

内容AWS IoTと接続するために証明書と秘密鍵を使用するため、証明書と秘密鍵を別ファイルに切り出します。この作業を楽に行うため、

リスト27 gate_1111ABCD_policy.json

```
{
    "Version": "2012-10-17",
    "Statement": [
        {
            "Effect": "Allow",
            "Action": "iot:Connect",
            "Resource": "arn:aws:iot:ap-northeast-1:1234567890:client/etc_gate_1111ABCD"
        },
        {
            "Effect": "Allow",
            "Action": "iot:Publish",
            "Resource": "arn:aws:iot:ap-northeast-1:1234567890:topic/etc_gate/passing/car"
        }
    ]
}
```

JSONをコマンドで簡単に扱えるようにjq^{注6}をインストールします。

```
$ sudo yum install jq
```

続いて、先ほど取得したJSONファイルから証明書と秘密鍵をcatコマンドを使ってそれぞれ取り出します(**リスト30**)。

この作業をETCゲートごとに行います。各コマンドの「1111ABCD」の部分を「2222EFGH」「3333IJKL」に置き換えて実行してください。

モノと証明書の紐付け

ここまででモノと証明書とポリシーを作成しましたが、まだ互いに紐付いておらず、このま

までは何もできません。そのため、モノと証明書の紐付けを行いますが、証明書のARNが必要になるため、**リスト31**のコマンドで取得します(ファイルの中身をcatコマンドなどで確認しても問題ありません)。

モノと証明書は**リスト32**のコマンドで紐付けます。なお、この情報はモノと証明書の紐付けを解除する際にも使用するため、メモしておくとよいでしょう。IoT Coreのコンソールや**リスト31**のコマンドであとから改めて確認することもできます。

この作業をETCゲートごとに行います(**リスト33**、**リスト34**)。

リスト28 IoTポリシーを作成(1111ABCDゲート)

```
$ aws iot create-policy \
    --policy-name etc_gate_1111ABCD_policy \
    --policy-document file://etc_gate_1111ABCD_policy.json
```

リスト29 証明書の作成(1111ABCDゲート)

```
$ aws iot create-keys-and-certificate \
    --set-as-active > etc_gate_1111ABCD_certificate.json
```

リスト30 証明書と秘密鍵の取り出し(1111ABCDゲート)

```
$ cat etc_gate_1111ABCD_certificate.json | jq .certificatePem -r > ➡
etc_gate_1111ABCD_certificate.pem
$ cat etc_gate_1111ABCD_certificate.json | jq .keyPair.PrivateKey -r > ➡
etc_gate_1111ABCD_certificate.private
```

リスト31 証明書のARNを取得(1111ABCDゲート)

```
$ cat etc_gate_1111ABCD_certificate.json | jq .certificateArn -r
arn:aws:iot:ap-northeast-1:1234567890:cert/abcdefghijk
```

リスト32 モノと証明書の紐付け(1111ABCDゲート)

```
$ aws iot attach-thing-principal \
    --thing-name etc_gate_1111ABCD \
    --principal arn:aws:iot:ap-northeast-1:1234567890:cert/abcdefghijk
```

注6 https://stedolan.github.io/jq/

証明書とポリシーの紐付け

次に証明書とポリシーの紐付けを行います（**リスト35**）。この作業が完了すると、デバイスに対してIoT Coreへの接続やトピックへのパブリッシュ権限が付与されます。targetの内容は先ほど取得した証明書のARNを使用します。

この作業をETCゲートごとに行います（**リス**ト36、リスト37）。

サーバー認証用のルートCA証明書の取得

次にサーバー認証用のルートCA証明書[注7]を取得します（**リスト38**）。この証明書は公開されており、1ファイルのみ取得すれば大丈夫です。

リスト33　証明書のARNを取得し、モノと証明書を紐付け（2222EFGHゲート）

```
$ cat etc_gate_2222EFGH_certificate.json | jq .certificateArn -r
arn:aws:iot:ap-northeast-1:1234567890:cert/123456789

$ aws iot attach-thing-principal \
   --thing-name etc_gate_2222EFGH \
   --principal arn:aws:iot:ap-northeast-1:1234567890:cert/123456789
```

リスト34　証明書のARNを取得し、モノと証明書を紐付け（3333IJKLゲート）

```
$ cat etc_gate_3333IJKL_certificate.json | jq .certificateArn -r
arn:aws:iot:ap-northeast-1:1234567890:cert/1a2b3c4d5e

$ aws iot attach-thing-principal \
   --thing-name etc_gate_3333IJKL \
   --principal arn:aws:iot:ap-northeast-1:1234567890:cert/1a2b3c4d5e
```

リスト35　証明書とポリシーの紐付け（1111ABCDゲート）

```
$ aws iot attach-policy \
   --policy-name etc_gate_1111ABCD_policy \
   --target arn:aws:iot:ap-northeast-1:1234567890:cert/abcdefghijk
```

リスト36　証明書とポリシーの紐付け（2222EFGHゲート）

```
$ aws iot attach-policy \
   --policy-name etc_gate_2222EFGH_policy \
   --target arn:aws:iot:ap-northeast-1:1234567890:cert/123456789
```

リスト37　証明書とポリシーの紐付け（3333IJKLゲート）

```
$ aws iot attach-policy \
   --policy-name etc_gate_3333IJKL_policy \
   --target arn:aws:iot:ap-northeast-1:1234567890:cert/1a2b3c4d5e
```

リスト38　サーバー認証用のルートCA証明書の取得

```
https://www.amazontrust.com/repository/AmazonRootCA1.pem > AmazonRootCA1.pem
```

注7　https://docs.aws.amazon.com/ja_jp/iot/latest/developerguide/server-authentication.html

IoT Coreのエンドポイントを取得

　最後にデバイスが接続する先のIoT Coreのエンドポイントを取得します（**リスト39**）。このエンドポイントはAWSアカウント・リージョンごとに共通のため、複数のデバイスは同じエンドポイントを使用します。

　これで、IoT Coreに接続するための準備ができました。

ETCゲート用プログラムの作成

AWSIoTPythonSDKのインストール

　IoT Coreと接続するために、ツール`AWSIoT PythonSDK`を導入します。

```
$ pipenv install AWSIoTPythonSDK
```

データ送信用プログラムの作成

　実際にIoT Coreと接続し、データを送信するプログラム etc_gate.pyをPythonで作成します（**リスト40**）。IoT Coreのエンドポイントの内容、`IOT_CORE_ENDPOINT`❶は**リスト39**で取得したエンドポイントに変更してください。

動作確認（仮想IoTデバイス）

データを送信する

　次のコマンドで作成したデータ送信用プログラムを実行します。最後に&を付けてバックグラウンド実行しています。

```
$ python etc_gate.py 1111ABCD &
$ python etc_gate.py 2222EFGH &
$ python etc_gate.py 3333IJKL &
```

データの送信を終了する

　データ送信を終了する場合は、次のコマンドを実行し、同ディレクトリにfinish.txtファイルを作成します。

```
$ touch finish.txt
```

S3バケットの様子

　しばらく待つとS3バケットに**図8**のようなオブジェクトが生成されていれば動作に問題ありません。

リスト39　IoT Coreのエンドポイントを取得

```
$ aws iot describe-endpoint --endpoint-type iot:Data-ATS
{
    "endpointAddress": "xxxxx-ats.iot.ap-northeast-1.amazonaws.com"
}
```

図8　S3バケットの様子

	名前 ▼
☐	🗋 etc-gate-data-delivery-stream-1-2019-11-30-14-03-20-5a6b451b-39cc-430f-800...
☐	🗋 etc-gate-data-delivery-stream-1-2019-11-30-14-04-20-02bf7d8a-71ee-4b3d-843...
☐	🗋 etc-gate-data-delivery-stream-1-2019-11-30-14-05-21-130171f1-2016-4e3f-b9e8...
☐	🗋 etc-gate-data-delivery-stream-1-2019-11-30-14-06-22-6ec5bfb5-8590-4856-873...

リスト40　etc_gate.py

```python
import json
import os
import random
import sys
import time
from AWSIoTPythonSDK.MQTTLib import AWSIoTMQTTClient
IOT_CORE_ENDPOINT = 'xxxxx-ats.iot.ap-northeast-1.amazonaws.com' ❶
PORT = 8883
TOPIC_NAME = 'etc_gate/passing/car'
QOS = 0
ROOT_CA_FILE = './AmazonRootCA1.pem'
ETC_GATE_INFO = {
    '1111ABCD': {
        'client_id': 'etc_gate_1111ABCD',
        'certificate_file': './etc_gate_1111ABCD_certificate.pem',
        'private_key_file': './etc_gate_1111ABCD_certificate.private',
        'rate': {
            'A': 97.0,
            'B': 0.1,
            'C': 0.1,
            'D': 2.8
        }
    },
    '2222EFGH': {
        'client_id': 'etc_gate_2222EFGH',
        'certificate_file': './etc_gate_2222EFGH_certificate.pem',
        'private_key_file': './etc_gate_2222EFGH_certificate.private',
        'rate': {
            'A': 97.0,
            'B': 0.1,
            'C': 0.1,
            'D': 2.8
        }
    },
    '3333IJKL': {
        'client_id': 'etc_gate_3333IJKL',
        'certificate_file': './etc_gate_3333IJKL_certificate.pem',
        'private_key_file': './etc_gate_3333IJKL_certificate.private',
        'rate': {
            'A': 90.0,
            'B': 4.0,
            'C': 4.0,
            'D': 2.0
        }
    },
}
FINISH_FILE = './finish.txt'
def main(serial_number: str) -> None:
    init()
    client_id = ETC_GATE_INFO[serial_number]['client_id']
    certificate_file = ETC_GATE_INFO[serial_number]['certificate_file']
    private_key_file = ETC_GATE_INFO[serial_number]['private_key_file']
    # IoT Coreに接続する
    # https://github.com/aws/aws-iot-device-sdk-python
    # https://s3.amazonaws.com/aws-iot-device-sdk-python-docs/sphinx/html/index.html
    client = AWSIoTMQTTClient(client_id)
    client.configureEndpoint(IOT_CORE_ENDPOINT, PORT)
```

```
    client.configureCredentials(
        ROOT_CA_FILE,
        private_key_file,
        certificate_file)
    client.connect()
    while True:
        data = create_data(serial_number)
        # IoT CoreのトピックにPublishする
        client.publish(TOPIC_NAME, json.dumps➡
(data), QOS)
        time.sleep(1)
        if is_finish():
            break
def init() -> None:
    # もし finish.txt があるなら削除しておく
    if os.path.isfile(FINISH_FILE):
        os.remove(FINISH_FILE)
def create_data(serial_number: str) -> dict:
    num = random.uniform(0, 100)
    rate = ETC_GATE_INFO[serial_number]['rate']
    (rate_border_a, rate_border_b, rate_borde➡
r_c) = get_rate_border(rate)
    param = {}
    if 0 <= num and num < rate_border_a:
        # パターンA
        param['open'] = True
        param['payment'] = True
    elif rate_border_a <= num < rate_border_b:
        # パターンB
        param['open'] = True
        param['payment'] = False
    elif rate_border_b <= num < rate_border_c:
        # パターンC
        param['open'] = False
        param['payment'] = True
    else:
        # パターンD
        param['open'] = False
        param['payment'] = False
    return {
        'serialNumber': '1111ABCD',
        'timestamp': int(time.time() * 1000),
        'open': param['open'],
        'payment': param['payment']
    }
def get_rate_border(rate: dict) -> (float, float, float):
    return (
        rate['A'],
        rate['A'] + rate['B'],
        rate['A'] + rate['B'] + rate['C']
    )
def is_finish():
    if os.path.isfile(FINISH_FILE):
        return True
    return False
if __name__ == '__main__':
    args = sys.argv
    if len(args) == 2:
        main(args[1])
```

より実用的に利用する場合

　今回はAWS CLIを使ってIoT Core
にデバイス・証明書・ポリシーを作成
しました。他にもCloudFormationテン
プレートやAWS SDKを使う方法もあり
ます。実践的に運用する場合は、これ
らの処理を行うAPI（API Gatewayと
Lambda）を用意し、デバイスがAPIに
アクセスしてIoT Coreにデバイス・ポ
リシー・証明書を作成することもできま
す。そのAPIのレスポンスに秘密鍵と証
明書を含めます。これらはデバイスの初
期設定をどのように行うかによって、最
適な方法は異なります。

4.2 データ分析の基本知識と AWSサービス

本節では、アプリケーション開発の前提となるデータ分析の基本について解説し、以降の節で使用するAWSサービスについて概観します。

甲木 洋介　*Yosuke Katsuki*　Web https://dev.classmethod.jp/author/yosuke-katsuki/

　前節では、分析に必要なデータを、AWSのIoT系サービスを使用して生成するところまでを行いました。

　本節では、実際にデータ分析を行う前提知識として、AWSを使ったデータ分析に必要な知識と、データ分析を実現する基盤に使用される代表的なAWSサービスを紹介します。

データ分析の基本知識

データレイク

　データレイクという概念は、2010年代に入った頃から頻繁に使われるようになった新しいものです。AWSでは、**規模にかかわらず、すべての構造化データと非構造化データを保存できる一元化されたリポジトリ**と定義しています[注1]。

　もう少しわかりやすく解釈すると、データレイクは以下の条件を満たすデータの集約場所、ということになります。

- 格納できるデータ容量に制限がない：規模に関わらない
- 格納できるデータの形式に制限がない：すべての構造化データと非構造化データを保存できる
- どこにどのようなデータが入っているか管理されているので、必要なデータを探し、取り出すことができる：一元化されている

　このデータレイクは、なぜ2010年代に入って注目されるようになったのでしょうか？ また、それまで必要とされていなかったのはなぜでしょうか？

　かつて、企業活動において分析に使うデータといえば、企業のサーバールームに収容された基幹業務システムのリレーショナルデータベースがほとんどという状態でした。そのため、必要があれば分析専用のデータベース（後述のデータウェアハウス）を準備し、そこで分析すれば十分で、データレイクは必要ではありませんでした。

　しかし、インターネットが普及した現在、分析に使いたいデータはいたるところで発生してい

ます。たとえば、以下のようなデータです。

- IoTデバイス
- モバイルアプリケーション
- ソーシャルメディア
- オープンデータ（自治体の統計データなど）

　これらのデータは、従来のような経営者向けレポート作成用途以外に、さまざまな目的で活用され始めています。

- 社内の各部門、担当者による探索的、多面的な分析
- グループ内、取引先企業への情報提供
- 顧客への付加価値提供（レコメンドなど）
- システム運用（故障、障害検知）

| 図1 | データレイクの概念図

出典：データレイクとは (https://aws.amazon.com/jp/big-data/datalakes-and-analytics/what-is-a-data-lake/)。英語部分を日本語化

　これらを実現するために、できる限り生（未加工）のデータを大量に蓄えることができ、かつすぐに検索、活用ができるデータの集約場所が必要とされたのです。こうしてデータレイクという概念が誕生し、普及し始めています（図1）。

　データレイク（データの湖）との比較として知っておくと面白い言葉が**データスワンプ（データの沼）**です。「とにかく生データを一箇所に集めればデータレイク」という乱暴な解釈で計画性のないデータ集約を行うと、結果として活用されないデータが入っただけの巨大なゴミ箱ができあがってしまいます。

　新たにデータ分析環境を構築する場合には、どこにどのようなデータがあるのかをきちんと管理することも重要だということを覚えておいてください。

データウェアハウス

　データウェアハウス（Data Warehouse：DWH）は、基幹業務システムを中心に、複数の社内システムから抽出したデータを蓄積、集約し、企業の意思決定の支援を行うために作られたデータベースのことです。AWSでは、**十分な情報に基づく優れた意思決定を行うための、分析可能な情報のセントラルリポジトリ**と定義しています。

　データウェアハウスの歴史はデータレイクよりも古く、1990年代から多数のデータウェアハウスに特化した商用製品が提供されています。データウェアハウスは日常業務で使われるデータベースとは異なり、SQLや各種分析ツールが発行する自由検索を高速処理させる目的に利

用されます。

　データウェアハウスは元々はその名のとおり、分析に使用するデータの倉庫（Warehouse）として説明されていました。つまり、分析用のデータをすべて保持する場所としての役割も担っていました。しかし、現在ではデータ蓄積の役割はデータレイクが担い、データウェアハウスは意思決定のための高速なデータ分析が実行できるデータベースとして扱われるようになっています。

　データウェアハウスは分析の高速化のために、用途や種類に応じた**集約されたリレーショナルデータ**としてデータを保持します。データウェアハウスにデータレイクのデータを格納させるためには、後述のETL処理でデータを集約させたり構造を変換させたりする必要があります。

　このように、企業におけるデータ分析基盤は、以前は変化するニーズやユースケースに対応するためにデータウェアハウス単体での導入がメインでしたが、今はデータレイクとデータウェアハウスを組み合わせる形に変化しています。

　このほかのデータウェアハウスに関連する用語は、AWSのデータウェアハウス概念を説明したページにまとめられているので参照してみてください。

- データウェアハウスの概念｜AWS
https://aws.amazon.com/jp/data-warehouse/

◇ ETL（Extract-Transform-Load）

　ETLとは、**データウェアハウスを構築するために必要な前処理**を表した言葉です。まずはそ

れぞれの処理内容を確認します。

Extract（抽出）

　Extractは、データウェアハウスの素材となる基幹システムのデータベースやデータレイクから、分析に必要なデータを抽出する処理です。ETLの用語に関連させる場合、これらデータ元のことを**ソース**と呼んでいます。

　データの抽出において大事なのは、**分析に使わないデータは抽出しない**ことです。分析に使用しないデータまで抽出すると、次のようなデメリットが発生します。

- 後に続く変換やロード処理に不要な性能的、時間的コストがかかる
- データ分析者がデータの要・不要を選択する負担が発生する

Transform（変換）

　Transformは、抽出されたデータを分析しやすい形に変換する処理です。たとえば、以下の処理が該当します。

- 異常値などのゴミデータを取り除く
- nullやコード番号を分析者が理解しやすい値に置き換える（1→男、2→女など）
- 秒単位で記録された生データを時間単位、日付単位などに集約する

　データ変換をおろそかにすると、データウェアハウスを利用するデータ分析者は、分析に必要なデータを都度加工して生成させる必要が出てきます。これではデータ分析に専念することができません。できる限り、データウェアハウスに格納する前に、分析しやすい形にデータ変換

を行っておきます。

　データは集約（集計）してサイズ（件数）を小さくすると、分析時の検索速度を上げることができます。しかし情報量も減ってしまうので、詳細をドリルダウンして分析したいのにできない、という状況が発生し得ます。分析の速度と粒度は互いにトレードオフの関係となるので、データ分析者と話し合って決める必要があります。

Load（ロード）

　Loadは、先の変換によって変換、集計されたデータをデータウェアハウスなどの目的のデータベースに格納する処理です。ETLの用語に関連させる場合、このデータを入れる先の「データベース（通常はデータウェアハウス）のこと」を**ターゲット**と呼びます。

　ロード処理は、変換後の大量データをいかに速くターゲットに転送するかがポイントとなります。そのため、ターゲットに対して十分なネットワーク帯域を確保できるか、データを分割、並列でロードできないかどうかなどを確認、検討することになります。

　ETL処理に関する現在のトレンドについて補足します。

　従来は基幹システムやデータウェアハウスが置かれているサーバールームにETL専用サーバーを配置して、そこへいったんデータを抽出、変換してからデータウェアハウスにロードする構成を取るのが基本とされていました。しかし2010年代に入った頃から、データウェアハウスを管理するシステムの性能が上がったことなどから、処理の手順がETLではなく、変換の前に

ターゲットにデータをロードしてしまい、あとでデータウェアハウスの中でSQLなどを使って変換を行う**ELT**の順で処理を行うスタイルも一般的になりつつあります。

可視化

　データウェアハウスにロードされたデータは、古くはSQLのクエリ（問い合わせ）によって分析されていました。しかし現在ではSQLを自動的に生成するGUIを備え、クエリの結果をわかりやすく図示してくれる、いわゆる**BI**（Business Intelligence）**ツール**が活用されています。BIツールは基本的なグラフおよび複数のグラフをレイアウト配置した**ダッシュボード**を表示してくれます。最近では、予測分析を行う機能を提供するものまで登場しています。

　BIツールの活用によって、現在の状況を素早く把握し、経営判断のスピードアップを実現する企業は今後ますます増えてくることでしょう。

　データ分析で使用するAWSサービス

　データ分析に使用されるAWSサービスは、主なものとして以下が挙げられます。

- Amazon S3
- AWS Glue
- Amazon Athena
- Amazon Redshift
- Amazon QuickSight

　いずれも本章のサンプルアプリケーションで利用するAWSサービスになります。

Amazon S3

Amazon Simple Storage Service (S3) は、高いスケーラビリティ、データ可用性、セキュリティ、およびパフォーマンスを提供するオブジェクトストレージサービスです。

AWSを使ったデータ分析基盤構築においては、このS3をデータレイクとして、生データを蓄積します。

S3に関する詳細な機能説明は、3.2節「サーバーレスを実現するAWSサービス」を参照してください。

AWS Glue

AWS Glueとは、データ分析の前に必要となるデータのETL処理を行うAWSのフルマネージドサービスです（**図2**）。ETL処理にAWS Glueを使用することで、ETL処理において発生する手間を軽減させることができます。

AWS Glueは以下の機能から構成されています。

- クローラ
- データカタログ
- ジョブ
- トリガー
- ジョブフロー

クローラ

クローラは、データソースやターゲットとなるS3バケットやデータベースなどに自動的、定期的にアクセスし、ファイルやテーブルの定義情報を検索するプログラムです。検索された定義情報は一般的なソースフォーマットやデータ

図2 | **AWS Glueの概念**
出典：AWS Glueの概念 (https://docs.aws.amazon.com/ja_jp/glue/latest/dg/components-key-concepts.html)。英語部分を日本語化

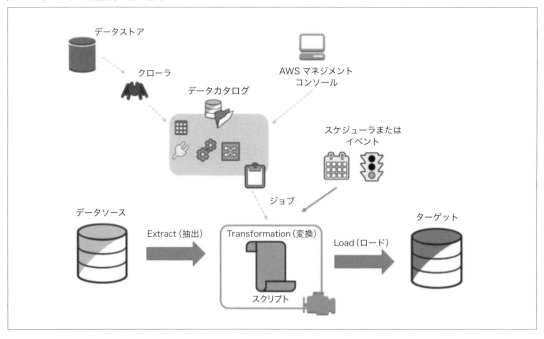

タイプに対して事前に構築された分類子を使用して、データ型と共にテーブル構造およびそれを模したデータ構造として、データカタログに記録されます。クローラを実行するサーバーはAWS Glueによって管理されているので、クローラを実行する仮想マシンやコンテナを準備する必要はありません。

データカタログ

データカタログは、クローラなどが収集したソースおよびターゲットのデータ構造（メタデータ）を一元管理する場所です。このメタデータは、ETL処理のソースやターゲットの情報として使用されたり、後述のAmazon Athenaのテーブル定義の情報として使用されたりします。

ジョブ

ジョブは、データソースからターゲットにデータをETL処理するための実行処理です。AWS Glueの管理画面でソースやターゲットのメタデータからジョブを作成すると、PythonやScalaでETLを行うコードが自動生成されます。このコードを実行すると、データソースからのデータ抽出、ターゲットのテーブル構造へのデータ変換、ターゲットへのロードが実現できます。ジョブを実行するサーバーはAWS Glueによって自動管理されており、ETL処理実装者がサーバーを意識する必要はありません。

トリガー

トリガーは、ジョブを実行するきっかけとなるイベント定義です。定期的なスケジュールや、AWS LambdaのようなAWSサービスで発生するイベントによるジョブ起動の仕組みを定義することができます。

ジョブフロー

ジョブフローでは、複数のジョブやトリガーをチェーン上につないだセット（ジョブチェーン）を定義できます。

Amazon Athena

Amazon Athena（以下、Athena）は、S3上のファイルに対して標準SQLでアクセスができるようにするマネージドサービスです。

AthenaはAWS Glueデータカタログと統合されているので、クローラによって取得されたS3上のファイル構造を元に、テーブル定義を簡単に作成し、S3上のファイルをあたかもデータベーステーブルであるかのようにアクセスすることを可能としています。また、Athenaはマネージドサービスなので、SQLを受け取り実行するサーバーの管理は不要です。

Athenaの初期リリースでは対応しているSQLはSELECTのみでしたが、2019年12月時点では、SELECTに加えてINSERTやCTAS（CREATE TABLE AS SELECT）が実行できるようになっています（残念ながらDELETEは対応していません）。これらのコマンドを利用してAthenaとSQLを使って簡易的なETL処理も実現可能です。

Athenaは実行したクエリが使用するデータ量に対してのみ料金が発生します[注2]。巨大な

注2　Amazon Athenaの料金｜AWS
https://aws.amazon.com/jp/athena/pricing/

テーブルに対して毎回全件検索を掛けるような
ケースでは、時間単位の料金体系を持つデータ
ウェアハウスサービスと比較して割高になる可
能性があります。また、クエリの実行時間にも制
限が設けられており（2020年3月時点では30
分）、長時間かかる複雑なクエリも苦手なので
ご注意ください。

操作を行えます。データをカラム（列）形式で格
納するアーキテクチャなので、データ検索を高
速に実行できます。逆に、1行ごとのINSERT
処理は苦手としているため、データの追加は
AWS GlueなどのETL処理でまとめてロードす
る運用で対応します。

2020年3月時点で主流のDC2やDS2インス
タンスタイプでは、CPU、メモリ、ストレージが
セットになっているノードを複数並べてクラス
ター構成にすれば、処理能力やデータ保存容
量を必要に応じて調節できるようになります。

2019年末に行われたAWSの技術カンファ
レンス、AWS re:Invent 2019では、新しいイ
ンスタンスタイプとして**RA3**が発表されまし

Amazon Redshift

Amazon Redshift（以下、Redshift）は、デー
タウェアハウスを提供するサービスです。他の
リレーショナルデータベースと同じようにテー
ブル形式でデータを格納し、SQLで各種データ

図3 ｜ Amazon Redshift の構成例
　　　出典：Amazon Redshift（https://aws.amazon.com/jp/redshift/）

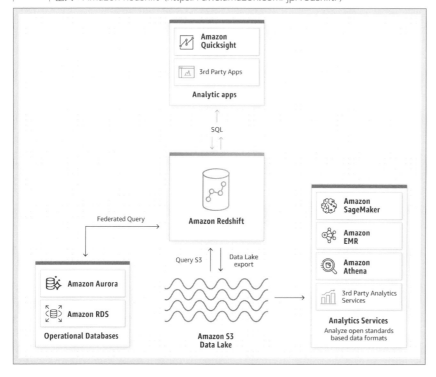

た注3。RA3はDC2やDS2と異なり、ストレージを各ノードで分散保持するのではなくS3に置くアーキテクチャになっています。これによりRA3は最大8ペタバイトもの巨大なデータウェアハウスを構成することができます。

　Redsihftで注目したい機能として、**Redshift Spectrum**と呼ばれるS3のファイルを外部テーブルとして参照する機能があります。この機能を使えば、データレイク上のファイルを、あたかもRedshiftのテーブルであるかのように操作できるようになります（**図3**）。S3のファイルに対してSQLを実行できる点はAthenaと似ていますが、RedshiftではRedshift上のテーブルとS3のデータを結合したクエリを実行することができます。AthenaとRedshift Spectrumは用途に応じて使い分けてください。

　Redshiftの料金は、基本的には「ノードタイプ×ノード数×起動時間」で請求されます注4。Athenaと異なり、クエリに使用したデータごとの課金ではなく、クエリの制限時間もないので、時間が掛かるクエリを高頻度で実行する場合はRedshiftを選択するほうがよいでしょう。

　Redshiftは他のRDSサービスと比較して検索性能が高い分、料金も割高なので、Redshift付属の一時停止・再開機能を活用して、誰も使用していない時間帯は停止するなど工夫しましょう。

Amazon QuickSight

　Amazon QuickSight（以下、QuickSight）は、AWSが提供するBIサービスです。S3やRedshift（含むRedshift Spectrum）、Athena、RDSなどの各AWSサービスに格納されたデータにアクセスし、分析の画面を作成できます。

　QuickSightは「SPICE」と呼ばれる独自のインメモリエンジンを持っています注5。データを一度SPICEにロードすることで高速な分析操作が可能です。

　QuickSightの料金は基本的にクエリなどの利用時間で計算される注6ため、年間契約のBIツールと比較して料金体系に無駄が起きにくいのが特徴です。

　2019年末には、QuickSightに機械学習の機能（Amazon SageMaker）が連携できるアップデートが発表され注7、より高度な分析が可能になるような強化が進められています。

注3　Amazon Redshift の新機能 – 次世代コンピュートインスタンスと、マネージドで分析に最適化したストレージ｜Amazon Web Services ブログ
https://aws.amazon.com/jp/blogs/news/amazon-redshift-update-next-generation-compute-instances-and-managed-analytics-optimized-storage/

注4　Amazon Redshiftの料金｜AWS
https://aws.amazon.com/jp/redshift/pricing/

注5　SPICE｜Amazon QuickSight ユーザーズガイド
https://docs.aws.amazon.com/ja_jp/quicksight/latest/user/welcome.html#spice

注6　Amazon QuickSight の料金表｜AWS
https://aws.amazon.com/jp/quicksight/pricing/

注7　Amazon QuickSightへのAmazon SageMaker モデルを使ったML予測の追加｜AWS
https://aws.amazon.com/jp/about-aws/whats-new/2019/11/add-ml-predictions-using-amazon-sagemaker-models-amazon-quicksight/

4.3 データレイクを構築する

本節ではこれまでの節の続きとして、データレイクを構築し、データカタログを検索処理をしています。

甲木 洋介　*Yosuke Katsuki*　Web https://dev.classmethod.jp/author/yosuke-katsuki/

4.1節では、IoTの疑似環境からETCゲート通過のデータを発生させ、JSON形式のログファイルをS3バケットに格納しました。次に4.2節では、前提知識として、データ分析に用いられる各種AWSサービスを紹介しました。

本節では、データ可視化の準備として、以下のハンズオンを行います。

1. Amazon S3 （以下、S3） のログファイルをデータカタログ化

AWS Glueのクローラを使って、4.1節で作成したS3バケット内のログファイルの定義情報を取得し、テーブルとしてデータカタログに保存します。

2. Amazon Athena （以下、Athena） でログ検索

Athenaから作成済みのテーブル定義を使い、SQLでログファイルの内容を検索します。

なお本節では、4.1節のハンズオンが終わっていることを前提としています。4.1節で作成したS3バケットが構築できていて、その下に「年

図1 ｜ 本節で構築するシステム概要

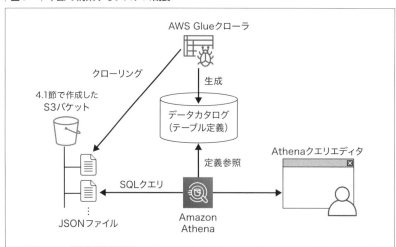

「/月/日/時間」形式のフォルダとJSON形式の
ログファイルが生成されていることを確認して
ください。正確な仕様は以下のようになります。

- **S3バケット**：iot-etl-sample-etc-gate-data
  -bucket-<AWSアカウントID>-<リージョ
  ン名>
- **「年/月/日/時間」形式のフォルダ**：年(4桁)
  /月(2桁)/日(2桁)/時間(24時間制2桁)
- **JSON形式のログファイル**：etc-gate-data-
  delivery-stream-を接頭辞に持つJSON形
  式のログファイル

 S3のデータをカタログ化する

AWS Glueクローラの設定と実行

AWSマネジメントコンソールからAWS
Glueサービスを検索し、AWS Glueコンソール
を表示します（**図2**）。

AWS Glueのコンソールが表示されたら、画
面左下の言語設定（［フィードバック」の右隣）
が［日本語]、画面右上のリージョン設定が［ア
ジアパシフィック(東京)］であることを確認し
ておきます。

図2 | AWS Glueサービスを検索

コンソールの左側のメニューから［クローラ］
を選択し、右側のペインの「クローラの追加」を
クリックします（**図3**）。

［クローラの追加］画面では、最低限以下の
項目を設定します。指定がない箇所は空白でか
まいません。それぞれの画面の最後で［次へ］
ボタンをクリックします。

［クローラの情報］画面
- **クローラ名**：「iot-etl-sample-s3-crawler」
  と入力

［Crawler source type］画面
- **Crawler source type**：［Data stores］を
  選択

［データストア］画面
- **データストアの選択**：［S3］を選択
- **クロールするデータの場所**：［自分のアカウ
  ントで指定されたパス］を選択
- **インクルードパス**：「s3://iot-etl-sample-etc-
  gate-data-bucket-<AWSアカウントID>-<リー
  ジョン名>」を入力
- **別のデータストアの追加**：［いいえ］を選択

［IAMロール］画面
- **IAMロールの選択**：［IAMロールを作成す

図3 | クローラの追加

235

る］を選択

- IAMロール：(AWSGlueServiceRole-の後 ろのフォームに) iot-etl-sample

[スケジュール] 画面

- 頻度：［オンデマンドで実行］を選択

[出力] 画面

- データベース：［データベースの追加］ボタ ンをクリック
- データベース名：「iot-etl-sample」と入力 （作成）

[すべてのステップの確認] 画面

- 確認画面で内容を確認したら［完了］ボタン をクリックして終了

　最後に、「クローラiot-etl-sample-s3-crawler は、オンデマンドで実行するために作成され ました。今すぐ実行しますか?」と訊かれるの で、［今すぐ実行しますか?］のリンクをクリッ クします (**図4**)。これでクローラジョブが開始さ れます。

　クローラジョブを開始すると、メッセージが

図4 ｜ クローラジョブの開始

図5 ｜ クローラ実行中の状態

図6 ｜ CloudWatchのログを参照

「クローラ "iot-etl-sample-s3-crawler" を実行しています。」に変わります。メッセージは数秒で消え、画面下のクローラiot-etl-sample-s3-crawlerの［ステータス］が変化します。

クローラの処理が完了したら、クローラ名の右側のステータスが［Ready］に変わり、［ログ］リンクが表示されます（**図5**）。

［ログ］リンクをクリックすると、ブラウザの新しいタブが開き、CloudWatch Logsでクローラの動作結果を確認できます（**図6**）。

クローラの正常動作が確認できたら、タブを閉じてかまいません。

◇ データカタログ内のテーブル定義確認

AWS Glueクローラの働きにより、S3バケット内のファイルがテーブルとしてカタログに登録されていることを確認します。AWS Glueの

コンソールの左側のメニューから［テーブル］を選択します。

画面右領域に表示されたテーブルの一覧から、今回新規に作成した「iot_etl_sample_etc_gate_data_bucket_」で始まるテーブル名が、データベース「iot-etl-sample」と共にリストされていることを確認します（**図7**）。

テーブル名をクリックすると、テーブル編集や削除、スキーマの変更画面などを呼び出すことができます（**図8**）

カラムのデータ型を変更したい場合は、画面右上の［スキーマの編集］をクリックします（**図9**）。

なお、テーブル名は2020年3月時点でも、あとから変更することはできません。少し面倒かもしれませんが、定義済みのテーブル名をそのまま使用してください。

| **図7** | テーブル定義の確認

| **図8** | テーブルの詳細画面

237

図9 ｜［スキーマの編集］画面

Athenaでログ検索

テーブルとしてカタログに登録されたS3バケット上のログファイルを、AthenaからSQL検索します。

Athenaへのアクセス方法は2通りあります。

- **方法1**：AWS Glueコンソールのテーブル一覧から、テーブル名にチェックを付け、［アクション］ドロップダウンリストから［データの確認］を選択する

図10 ｜ Athenaクエリエディタ

- **方法2**：新たにブラウザのタブでAWSマネジメントコンソールを開き、そこからAmazon Athenaサービスを検索し、クリックする

どちらの操作でも、Athenaクエリエディタが表示されます（**図10**）。

まず、画面右側のクエリ入力フォームを空白にします。次に画面左側の［データベース］ドロップダウンリストから、データベース「iot-etl-sample」を選択します。テーブル名が「iot_etl_sample_etc_gate_data_bucket_…」のものが表示されるので、テーブル名をダブルクリックしてクエリ入力フォームにテーブル名を転記します（**図11**）。

クエリ入力フォームに転記されたテーブル名に対して検索を行うSELECT文（**リスト1**）を作成し、［クエリの実行］ボタンをクリックします。

SQL文が実行され、S3バケット内のファイルがテーブルとして確

リスト1　etc_gate.py

```
SELECT * FROM iot_etl_sample_etc_gate_data_bucket_... ;
```

認できます（**図12**）。

　SQL文をアレンジして、さまざまなデータ検索ができることを試してみてください。

まとめ

　AWS GlueクローラでS3バケットをクローリングし、S3ファイル構造をテーブル定義として

データカタログに作成しました。また、そのテーブル定義情報を使い、AthenaからSQLで生データに対してデータ検索を行いました。

　次の4.4節では、この簡易的に作成したデータレイクのデータをデータウェアハウスにロードし、グラフ化します。

図11　SQL文の作成

図12　SQL文の実行結果

4.4 データウェアハウスを構成し、グラフ表示する

前節に引き続き、アプリケーションの機能を拡張していきます。本節では、データウェアハウスを使って検索結果をグラフで表示します。

甲木 洋介　*Yosuke Katsuki*　Web https://dev.classmethod.jp/author/yosuke-katsuki/

本節では、前節に引き続いて以下のハンズオンを行います（**図1**）。

1. データウェアハウス構成
   - Amazon Redshift（以下、Redshift）でクラスター構築、テーブル作成
   - AWS GlueクローラでRedshiftテーブルをデータカタログに登録
   - AWS Glueジョブを使い、S3バケット上の

IoTログをRedshiftテーブルにロード

2. Amazon QuickSight（以下、QuickSight）でログのグラフ化
   - Redshiftテーブルを参照して、QuickSightデータセットを設定
   - QuickSightデータセットからグラフ作成、表示

| **図1**　| 本節で構築するシステム概要

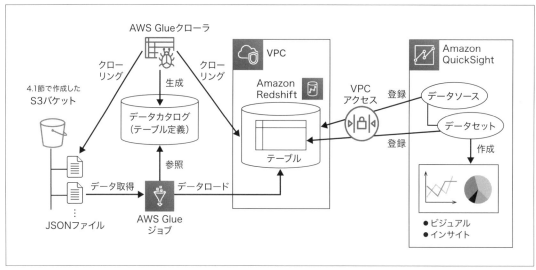

データウェアハウス構成

Redshiftクラスター構築

Redshiftを使ってデータウェアハウスを構成します。まず最初にRedshiftクラスターを作成します。AWSマネジメントコンソールから「Redshift」を検索し、Redshiftコンソールを表示します（図2）。

Redshiftコンソールで、［クラスターを作成］をクリックします（図3）。

図4の［クラスターを作成］画面が表示されたら画面を下にスクロールさせながら、各項

図2　｜Redshiftを検索

図3　｜Redshiftコンソール画面

図4　｜［クラスターを作成］画面

目を設定していきます (**図4**)。まずは、[クラスター設定] から始めます。

- **ノードの種類**：[dc2.large] を選択
- **ノード (数)**：「1」を入力

設定画面を下にスクロールし、[クラスターの詳細] を以下のように設定します。いずれもデフォルト値です。

- **クラスター識別子**：redshift-cluster-1
- **データベースポート (オプション)**：5439
- **マスターユーザー名**：awsuser
- **マスターユーザのパスワード**：Welcome1

さらに下にスクロールし、[クラスターのアクセス許可 (オプション)] の下にある [追加設定] を表示します。ここは [デフォルトを使用] を選択しておきます。デフォルトを選択することで、以下の設定が適用されます。

- **VPCおよびサブネット**：デフォルトVPC (172.31.0.0/16)、サブネットを使用
- **セキュリティグループ**：デフォルト提供のセ

キュリティグループを使用

- **データベース名**：dev (デフォルト)

クラスター一覧の [状態] の表示が [Modifying] (黄色) から [Available] (緑色) に変化すれば準備完了です (**図5**)。

Redshiftテーブル作成

クラスターが作成できたら、次にログデータを格納するテーブルを作成します。

テーブル作成には、ブラウザ上でRedshiftにSQL文が実行できるクエリエディタを使用します。Redshiftコンソールのクラスター一覧から [redshift-cluster-1] の左側のチェックボックスにチェックを入れ、右上の [クエリクラスター] をクリックします (**図6**)。

これで画面はクエリエディタに移動します。その前にデータベース接続情報の設定が表示された場合は、以下のように設定します (**図7**)。

- **接続**：新しい接続の作成 (デフォルト)
- **クラスター**：redshift-cluster-1 (デフォルト)
- **データベース**：dev
- **データベースユーザー**：awsuser
- **データベースパスワード**：Welcome1

必要事項記入後、[データベースに接続] ボタンをクリックすると、**図8**のようなクエリエ

| **図5**　クラスターの作成完了

| **図6**　クラスターを選択し、[クエリクラスター] をクリック

ディタ画面が表示されます。

画面左側の［Select schema］ドロップダウンリストから［public］を選択し、publicスキーマにはテーブルがないことを確認しておいてください。その上で、クエリエディタのクエリペインに**リスト1**に挙げているテーブル作成のSQL

リスト1　テーブルを作成するSQL

```
CREATE TABLE public.iot_etl_sample(
    serialnumber VARCHAR,
    time_stamp BIGINT,
    open_close BOOLEAN,
    payment BOOLEAN,
    feestationnumber VARCHAR,
    feestationname VARCHAR,
    gatenumber INT,
    timestring TIMESTAMP
);
```

文をコピー＆ペーストして［実行］ボタンをクリックし、publicスキーマ内にテーブル「iot_etl_sample」を作成してください。

AWS GlueからRedshiftへのコネクションの作成

Redshiftにテーブルを作成できたので、次にGlueクローラでRedshiftのテーブルをカタログ登録します。その準備作業として、GlueからRedshiftにログインするための接続情報を作成します。

また、Redshiftが動作するVPCとS3間をインターネットを経由せずに通信するためのS3エンドポイントも必要になるのであらかじめ作成しておきます。

まず、ブラウザ画面をAWSマネジメントコンソールに移動し、「vpc」を検索してVPCダッシュボードを表示します（**図9**）。

VPCダッシュボードの左側のメニューから［エンドポイント］を選択し、［エンドポイントの作成］をクリックします（**図10**）。

図7　データベース接続情報の設定

図8　クエリエディタ画面

第 **4** 章

図9 | VPCダッシュボードを検索

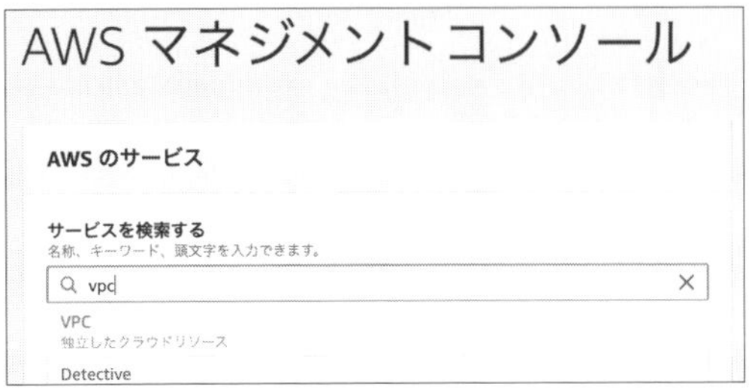

図10 | エンドポイントの作成

[エンドポイントの作成] 画面が表示された
ら、VPC内にAmazon S3エンドポイントを作
成するために以下のように設定していきます。

- **サービスカテゴリ**：[AWSサービス] を選択
- **サービス名**：[com.amazonaws.ap-north
  east-1.s3] を選択
- **VPC**：Redshiftが動作しているデフォルト
  VPC (172.31.0.0/16) を選択
- **ルートテーブルの設定**：デフォルトで用意さ
  れているルートテーブルにチェックを入れる

　画面一番下にスクロールダウンし、[エンド
ポイントの作成] ボタンをクリックして、S3エン
ドポイントを作成します。

　S3エンドポイントが作成できたところで、本
題のGlueからRedshiftにログインするための
接続情報の作成を行います。

　AWSマネジメントコンソールからAWS
Glueコンソールを開き、左側のメニューから
[接続] を選択します (**図11**)。

　続いて、右側のペインで [接続の追加] をク
リックし、[接続の追加] 画面で以下のように設
定します。各画面の最後に [次へ] ボタンをク
リックします。

[接続プロパティ] 画面

- **接続名**：「connection-iot-etl-sample-redsh
  ift」と入力
- **接続タイプ**：[Amazon Redshift] を選択

[接続アクセス] 画面

- **クラスター**：redshift-cluster-1 (デフォルト)
- **データベース名**：dev (デフォルト)
- **ユーザー名**：awsuser (デフォルト)
- **パスワード**：Welcome1

　内容を確認したら [完了] ボタンをクリックし
て終了します。

　接続が作成でき [接続] 画面に戻ったら、疎
通確認を行います。作成した接続名の左にある
チェックボックスにチェックマークを付け、[接
続のテスト] をクリックします (**図12**)。

　画面上に [接続のテスト] ウィンドウが新しく
開き、IAMロールを選択するよう求められます。
ドロップダウンリストから事前に作成したロー
ル [AWSGlueServiceRole-iot-etl-sample] を
選択し、[接続のテスト] をクリックします。

　次のようなメッセージが表示されるので、し
ばらく待ちます。

| 図11 | 接続の追加

| 図12 | 接続のテスト

> データストアへの connection-iot-etl-sample-
> redshift のアクセステストは、進行中です。このプロ
> セスにはしばらく時間がかかることがあります。

　以下のメッセージが表示されれば、テストは
無事完了です。

> connection-iot-etl-sample-redshiftは正常に
> インスタンスに接続されました。

　VPCにS3エンドポイントが作成できていな
い場合は、**リスト2**のようなエラーメッセージが
表示されます。その場合は、VPCダッシュボー
ドからS3エンドポイントが正しくRedshiftが動
作しているVPCに設定されているかなどを再
度確認してください。

リスト2　接続のテストで表示されるエラーメッセージ

```
VPC S3 endpoint validation failed for
 SubnetId: subnet-xxxxxxxx.
 VPC: vpc-zzzzzzzz.
 Reason: Could not find S3 endpoint or NAT gateway for
 subnetId: subnet-xxxxxxxx in Vpc vpc-zzzzzzzz .
```

◇ Redshiftテーブルのカタログ登録

　Redshiftに作成したテーブルをカタログに登
録するため、Redshiftにアクセスするクローラ
を作成します。AWS Glueコンソールの左側の
メニューから［クローラ］を選択し、［クローラ
の追加］をクリックします（**図13**）。

　続いて、［クローラの追加］画面では以下の
ように設定します。各画面の最後に［次へ］ボ
タンをクリックします。

［クローラの情報］画面

- **クローラの名前**：「iot-etl-sample-redshift-
  crawler」と入力

［Crawler source type］画面

- **Crawler source type**：［Data stores］を
  選択

［データストア］画面

- **データストアの選択**：［JDBC］を選択
- **接続**：［connection-iot-etl-sample-redsh
  ift］を選択
- **インクルードパス**：「dev/public/%」を入力

| 図13 | クローラの追加

■ 別のデータストアの追加：［いいえ］を選択

[IAMロール] 画面

■ IAMロール：「AWSGlueServiceRole-iot-etl-sample」を選択

[スケジュール] 画面

■ 頻度：［オンデマンドで実行］を選択

[出力] 画面

■ データベース名：「iot-etl-sample」と入力

[すべてのステップの確認] 画面

■ 確認画面で内容を確認したら［完了］ボタンをクリックして終了

　設定が終了したら、以下のメッセージが表示されるので、緑色の［今すぐ実行しますか？］をクリックしてクローリングを実行します。

> クローラiot-etl-sample-redshift-crawlerは、オンデマンドで実行するために作成されました。今すぐ実行しますか？

　2〜3分でクローリングは終了します。クローラ一覧の［追加したテーブル］が1になっていることが確認できます。また、AWS Glueコンソールの左側のメニューから［テーブル］を選択すると、Redshiftテーブルとして「dev_public_iot_etl_sample」が追加されているのを

確認できます（**図14**）。

🖂 Glueジョブの作成と実行

　入力となるS3バケットの設定と出力先のRedshiftテーブル定義がそれぞれカタログに登録できたので、いよいよデータを動かすGlueジョブを作成します。

　AWS Glueコンソールの左側のメニューから［ジョブ］を選択し、右側のペインの［ジョブの追加］をクリックします（**図15**）

　［ジョブの追加］画面では、以下の項目を設定します。各画面の最後に［次へ］ボタンをクリックします。

[ジョブプロパティ] 画面

■ 名前：「iot-etl-sample-job」を入力
■ IAMロール：［AWSGlueServiceRole-iot-etl-sample］を選択
■ Type：Spark（デフォルト）
■ Glue version：Spark 2.4, Python 3（Glue Version 1.0）（デフォルト）
■ このジョブ実行：［AWS Glue が生成する提案されたスクリプト］（デフォルト）
■ スクリプトファイル名：「iot-etl-sample-job」
■ スクリプトが保存されているS3パス：「s3://」で始まるデフォルト値
■ 一時ディレクトリ：「s3://」で始まるデフォルト値

図14 ｜ **テーブルが作成されているのを確認**

│図15│　ジョブの追加

[データソース] 画面

- データソースの選択：「iot_etl_sample_etc_ gate_data_bucket_」で始まるS3のテーブル定義を選択

[変換タイプ] 画面

- 変換タイプを選択します。：[スキーマを変更する]を選択

[データターゲット] 画面

- データターゲットの選択：[データカタログのテーブルを使用し、データターゲットを更新する]を選択する

- 名前：[dev_public_iot_etl_sample]（Redshiftテーブル）を選択

[スキーマ] 画面

- ソース列をターゲット列にマッピング：ターゲット側のpartition_0〜3に対し、[×] ボタンをクリックしてマッピングを削除（**図16**）。最後に、画面下部にある[ジョブを保存してスクリプトを編集する]ボタンをクリックすると、ジョブを構成するスクリプトが自動生成される（**図17**）

ジョブの実行

スクリプト編集画面上部の[ジョブの実行]をクリックします（**図17❶**）。プロパティの設定ウィンドウが表示されますが、そのまま[ジョブの実行]ボタンをクリックします。すると、画面下部の[ログ]タブに実行ログが出力され、ジョブが実行される状況が確認できます。

ジョブの実行は、スクリプト編集画面以外にも、AWS Glueのコンソールからも実行できます。AWS Glueコンソールに移動した場合は、左側のメニューから[ジョブ]を選択し、右側

│図16│　ソース列をターゲット列にマッピング

ソース				ターゲット		列の追加	クリア	リセット
列名	データ型	ターゲットにマッピング		列名	データ型			
serialnumber	string	serialnumber	→	serialnumber	string			
timestamp	bigint	time_stamp	→	time_stamp	long			
open	boolean	open_close	→	open_close	boolean			
payment	boolean	payment	→	payment	boolean			
feestationnum	string	feestationnumber	→	feestationnumber	string			
feestationnam	string	feestationname	→	feestationname	string			
gatenumber	int	gatenumber	→	gatenumber	int			
timestring	string	timestring	→	timestring	timestamp			
partition_0	string	-						
partition_1	string	-						
partition_2	string	-						
partition_3	string	-						

| 図17 | スクリプト編集画面

| 図18 | AWS Glueコンソールからのジョブの実行

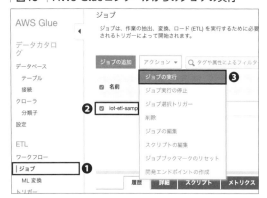

| 図19 | Redshiftコンソールで「エディタ」を選択

のペインに表示されたジョブ[iot_etl_sample_
job]の左側のチェックボックスを入れ、[アク
ション]ドロップダウンリストから[ジョブの実
行]を選択します(**図18❶〜❸**)。これで、ジョ
ブの再実行が可能です。

▢ Redshiftテーブル確認

　ジョブの実行が確認できたら、最後にRed
shiftにデータが格納されたことを確認します。
　AWSマネジメントコンソールからRedshift
を選択して、Redshiftコンソールを表示します
(**図19**)。

　Redshiftコンソールの左側のメニューから
[エディタ]を選択して(**図19❶**)、クエリエディ
タに移動します(タイミングによってはRed
shiftユーザーのパスワード入力を求められま
す)。

　クエリエディタで**リスト3**のSQL文を1つず

リスト3　データ確認用のSQL文

```
-- データ件数の確認
SELECT COUNT(*) FROM public.iot_etl_sa⏎
mple;

-- データ内容の確認
SELECT * FROM public.iot_etl_sample
LIMIT 20;
```

図20 | クエリエディタで実行結果を確認

実行	保存	クリア		フィードバックを送信

Query history　　Query results　　Table details

クエリ　　　　　　　　　　　　　　　　　　　　🖳 実行　▦ データ　📈 可視化

✓ Completed, started on ＊＊＊ ＊＊, ＊＊＊＊＊＊ ＊＊:＊＊:＊＊
ELAPSED TIME: 00 m 10 s

Rows returned (20)　　　　　　　　　　　　　　　　　　Export ▼

🔍 行の検索　　　　　　　　　　　　　　　　　　　< **1** 2 > ⚙

serialnumber ▼	time_stamp ▼	open_close ▼	payment ▼	feestationnumber ▼	feestationname ▼
1111ABCD		true	false	03-079	船橋
1111ABCD		true	true	03-079	船橋
1111ABCD		true	true	03-079	船橋

つ入力、実行して、テーブルにデータが入っていることを確認します（**図20**）。

Amazon QuickSightからデータを参照する

ここまでで、S3に出力されたIoTデバイスのログデータをRedshiftのテーブルとして参照できるようになりました。ここからは、Amazon QuickSightを使用してRedshiftのデータをグラフとして表示します。

QuickSightアカウント作成

QuickSightを使用するには、QuickSightへ

図21 | QuickSightを検索

AWS マネジメントコンソール

AWS のサービス

サービスを検索する
名称、キーワード、頭文字を入力できます。

🔍 Quick　　　　　　　　　　　　　　　　　　　　✕

QuickSight
高速で使いやすいビジネス分析
▼ 最近アクセスしたサービス

　📊 Amazon Redshift　　　　　　　📉 Athena

のサインアップが必要です。サインアップするには、まずAWSマネジメントコンソールからQuickSightを検索します（**図21**）。

QuickSightへのサインアップ画面が表示されたら［Sign up for QuickSight］をクリックします（**図22**）。

次の［QuickSightアカウントの作成］画面では、まず右上端の言語設定で［日本語］に設定します（**図23**）。今回は、インターネットを経由しないプライベートVPCのデータアクセス通信を実現したいので、［エディション］は［スタンダード版］ではなく［エンタープライズ版］を選択します。

図22 | QuickSightへのサインアップ画面

┃ **図23** ┃ QuickSight アカウント作成画面

画面を下にスクロールし、右下の［続行］をク
リックします。

次の画面では、以下のように設定を行います。

- **エディション**：［Role Based Federation (SSO)（ロールベースのフェデレーション (SSO)）の使用］を選択
- **QuickSightリージョン**：［Asia Pacific (Tokyo)］を選択
- **QuickSightアカウント名**：「iot-etl-sample」 を入力

┃ **図24** ┃ QuickSightのサインアップ完了

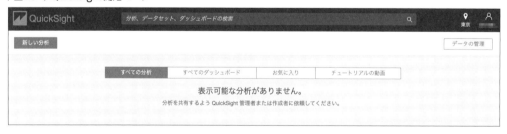

- **通知のEメールアドレス**：(通知用のメール アドレスを設定)
- Enable autodiscovery of data and users in your Amazon Redshift, Amazon RDS, and AWS IAM services：［>］記号をクリックして、展開されたサービス一覧から［Amazon Redshift］のみチェック

［完了］をクリックすると、アカウント作成作業が行われ、**図24**のメッセージが表示されます。表示を確認したら、［Amazon QuickSight に移動する］をクリックします。

QuickSightのスタートページが表示されます（**図25**）。画面左上の「QuickSight」のアイコン部分をクリックすれば、どこからでもこのスタートページに戻ることができます。

┃ **図25** ┃ QuickSight開始ページ※

※QuickSightの開始ページには、右のような
サンプルが表示される場合がある

Redshift − QuickSight 間通信用VPC の作成

新しい分析を開始する前に、プライベートVPC内で動作しているRedshiftと、VPCの外で動作するQuickSightとの通信設定を確立する必要があり、そのための設定をこれから行います[1]。

QuickSightスタートページの右上、人の形をした［ユーザープロファイルアイコン］をクリックし、メニューから［QuickSightの管理］をクリックします（図26）

QuickSight管理画面の左側のメニューから、［VPC接続の管理］をクリックします（図27）。

右側のペインの［VPC接続の追加］をクリックします。

［VPC接続の追加］画面に切り替わったら、以下のように設定します。

- **VPC接続名**：［iot-etl-sample-vpc］を入力
- **VPC ID**：Redsihftが稼働するデフォルトVPC（172.31.0.0/16）のIDを選択
- **サブネットID**：デフォルトVPCに含まれるいずれかのサブネットIDを入力
- **セキュリティグループID**：Redshiftに設定されているセキュリティグループIDを入力

VPCやサブネットなどのIDがわからない場

| 図26 | QuickSightの管理

| 図27 | VPC接続の管理

| 図29 | クラスターの詳細設定画面

| 図28 | クラスターの設定画面

合は、Redshiftの管理画面から調べ
ます。Redshiftコンソールの［クラス
ター］を選択し、右側のパネルからク
ラスター［redshift-cluster-1］をクリッ
クします（**図28**）。

［redshift-cluster-1］クラスターの
画面が表示されたら、［プロパティ］
をクリックして、詳細設定を表示します
（**図29**）。

詳細設定画面を下にスクロールす
ると、VPCやセキュリティグループのIDを確認
できます（**図30**）。サブネットIDは、サブネット
名［default］をクリックした先の画面で確認しま
す。

VPCの設定ができたら、QuickSightから
Redshiftへ接続できるようになります。

⬡ データセットの作成

QuickSightスタートページに戻り、［新しい
分析］をクリックします。画面が切り替わったら
画面上部の［新しいデータセット］をクリックし
ます。

［データセットの作成］画面では［Redshift
（自動検出）］をクリックします。すると、［新規
Redshiftデータソース］ダイアログボックスが
表示されるので、以下の項目を設定します。

- **データソース名**：「iot-etl-sample-ds」を入力
- **インスタンスID**：［redshift-cluster-1］を選
  択（自動検出）
- **接続タイプ**：［iot-etl-sample-vpc］を選択
  （自動検出）
- **データベース名**：「dev」を入力（自動検出）

図30 VPCやセキュリティグループのIDを確認

- **ユーザー名**：「awsuser」を入力
- **パスワード**：「Welcome1」を入力

一通り設定ができたら、画面左下の［接続を
検証］ボタンをクリックして、Redshiftへの接続
が有効かどうか確認します。クリックしたボタン
の名称が「検証済み」に変われば問題ありませ
ん。

画面右下の［データソースを作成］をクリック
すると、テーブルの作成画面に変わります。作
成済みのテーブル［iot_etl_samples］をラジオ
ボタンで選択し、右下の［選択］をクリックしま
す。

最後に、テーブルのデータをQuickSight固
有のインメモリデータベースSPICEにインポー
トするかどうか選択します（**図31**）。技術的に

図31 データセットの作成を終了

データセットの作成を終了する　　×

テーブル：　　　　iot_etl_sample
推定テーブルサイズ：　116MB
データソース：　　iot-etl-sample-ds

◯ 迅速な分析のために SPICE へインポート　　✓ 1GB 利用可能 SPICE

◉ データクエリを直接実行

データの編集/プレビュー　　　Visualize

はどちらを選択してもかまいませんが、今回は
Redshiftのデータを直接検索するため、［デー
タクエリを直接実行］を選択しておきます。

最後に［Visualize］ボタンをクリックします。
データセットの作成が完了し、グラフ編集画面
へ自動的に遷移します（図32）。次に、グラフの
作成を行います。

グラフ作成

グラフ編集画面の初期画面では、左側のメ
ニューの［視覚化］が選択された状態になって

いMasU。データセットには、Redshiftで作成し
たテーブル「iot_etl_sample」が設定されてい
て、［フィールドリスト］には、そのテーブルに
含まれているカラムが並んでいます。

まず、分析データのETCゲートが日付、時間
でどのように変化しているかを確認します。

［フィールドリスト］から［timestring］カラム
をダブルクリックします。timestringはゲート操
作のイベントが発生した時刻を記録したカラム
です。timestringカラムに記録された日付が自
動的にビジュアル（グラフ表示領域）の横軸に
設定され、その日付、時刻におけるイベント回
数（データの行数＝レコードの
カウント）が縦軸に設定されます
（図33）。

次に、時系列で表示している
グラフの表示期間を変更します。
長期間（数日～数週間）にわたっ
てIoTデータを取得していた場
合は、ビジュアル（グラフ表示領
域）の下に表示されているスラ
イドバーを操作することで、大ま
かな表示期間を指定できます（図
34）。

2つあるグレーの四角が始点、
終点の設定になり、水色の領域を
ドラッグすると自由に参照範囲を
移動させることができます。

図32 | グラフ編集画面

図33 | データセットのカラムを選択

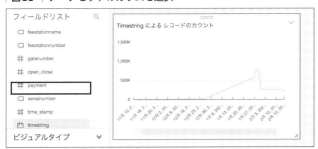

図34 | グラフの表示期間を変更

IoTデータの取得期間が短い場合は、時刻単位で詳細な期間設定が必要になります。以下の方法でフィルタを設定します。

画面左側のメニューから［フィルタ］を選択し、データの表示条件を設定するフィルタの定義画面を呼び出します。［適用済みのフィルタ］の右側にある［+］記号をクリックして、［timestring］をクリックします（**図35❶〜❸**）。

timestringのフィルタ設定画面が表示されます（**図36**）。最上部の［フィルタの編集］の下のドロップダウンリストで、フィルタの適用範囲として［すべてのビジュアル］を選択します（**図36❶**）。その下の［timestring］以下にある項目で期間に関して詳細な設定を行えます**❷**。グラフ表示させたい範囲を指定して、水色の［適用］ボタンをクリックすると、表示範囲が更新されます**❸**。フィルタが不要な場合は、［適用］ボタンの下の［フィルタを削除］ボタンをクリックします**❹**。

| **図35** | フィルタの定義画面

| **図36** | フィルタの適用範囲を設定

データの表示粒度が日付単位の場合は、数時間取得したIoTデータは1つの点としてしか表示されません。もっと短い間隔でデータを確認したい場合は、グラフの表示軸の粒度を変える必要があります。それには「フィールドウェル」オプションを使います。

まず、［シート1］タブの上に表示されている［フィールドウェル］をクリックします。軸や色の設定を行う領域が表示され、x軸にtimestringが設定されているのが確認できます。次にtimestringをクリックして、図37のように［集計］（集計単位）を日から［時間］や［分］に変更してください。グラフがより詳細な単位で表示されます。

各ETCゲートの動作履歴データの内、ゲート開閉の情報がopen_closeカラムに記録されています（ゲートが開いた＝1、ゲートが閉じたままだった＝0）。この情報をグラフに加えて、時系列でゲート開閉の変化を確認します。

左側のメニューから［視覚化］を選択し、フィルタからデータセットの表示に戻します（図38❶）。グラフの上の［フィールドウェル］が閉じるのでもう一度クリックして開きます。フィールドウェルの［色］にデータセットリストの［open_close］をドラッグ＆ドロップします❷。

折れ線グラフが2本になり、ゲートが開放された回数と閉じたままだった（故障によりゲートが開かなかった）回数がそれぞれ時系列で表示されるようになります❸。あとは、お好みでグラフ左上の文字［Timestring…］をクリックして好みのタイトルに変更するのもよいでしょう。

これらの分析を元に、料金未払いで強引に通過する無銭通過の自動車の台数を求めたり、ゲート番号による無銭通過発生率の偏りを確認することができるようになります（図39）。

| 図37 | フィールドウェルでグラフの表示軸の粒度を変更

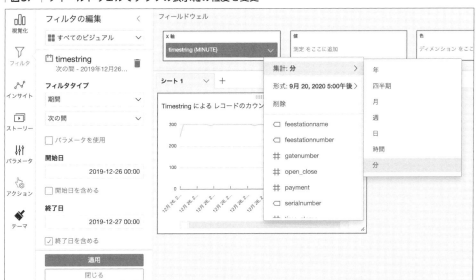

| 図38 | 時系列でゲート開閉の変化を確認

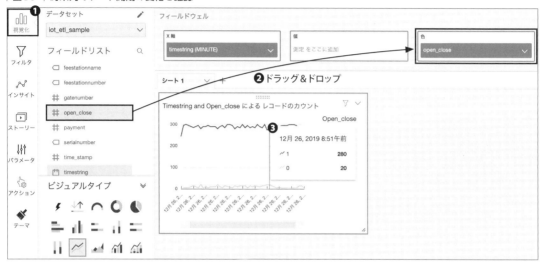

| 図39 | 可視化応用例

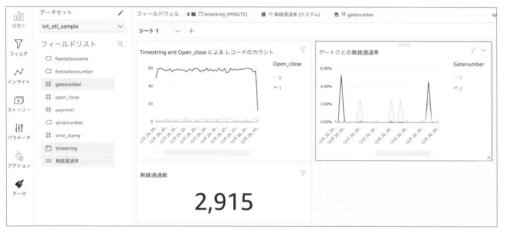

まとめ

以上でハンズオンの解説は終了です。ここまでで以下の手順を実施しました。

- 4.1　IoTデータ（ETCゲート履歴）の生成〜S3保存
- 4.2　前提知識として、データ分析に使用するAWSサービスの紹介

- 4.3　データレイク構築
  - S3上のファイルをGlueクローラでカタログ登録
  - Athenaでデータ検索
- 4.4　データウェアハウス構築〜ビジュアル化
  - Redshiftクラスター構築、テーブル作成、カタログ登録
  - GlueジョブでRedshiftへデータをロード
  - QuickSightでグラフ作成

4.5 機械学習を導入する

データ分析の手法にはさまざまなものがありますが、機械学習はその筆頭に挙がる技法です。AWSを使えば機械学習を容易にアプリケーションに組み込めます。

甲木 洋介　*Yosuke Katsuki*　Web https://dev.classmethod.jp/author/yosuke-katsuki/

AWSのサービスを組み合わせ、IoTデバイスから取得したデータを整理、可視化できるようになりました。人間が状況を容易に把握できるようになったことで、判断も迅速に行えるようになります。ここまで来てようやく機械学習の導入を検討できるようになります。

AWSにおける機械学習利用のアプローチ

AWSで機械学習を利用する方法は、大きく2つのアプローチがあります。

- AWSが開発・調整済みの機械学習サービス（以下、AIサービス）を利用する
- AWSが提供する機械学習開発サービス、Amazon SageMakerを利用する

手軽に利用できるのはAIサービスを利用する方法です。

AIサービスを利用する

AWSのAIサービスを使用すると、機械学習の専門知識がなくても、調整済みの機械学習機能をシステムに追加できます。

以下では、データ分析に関連が高そうなサービスをいくつか紹介しますが、多くのデータ分析では文字や数字を扱うことが多いため、音声や画像・動画を扱うサービスは除外します。たとえば、Amazon Lex[注1]のような音声や自然言語を扱うサービス、Amazon Rekognition[注2]のような画像・動画を解析するサービス（たとえば顔分析など）は除外します。

Amazon Forecast

Amazon Forecast[注3]は、機械学習を使用して精度の高い予測を行うフルマネージド型のサービスです。変動要素（売上、在庫など）が時系列で相互にどう影響し合うかを予測できます。製品需要計画、財務計画、リソース計画などを策定するときに活用できます。

注1　Amazon Lex
　　　https://aws.amazon.com/jp/lex/
注2　Amazon Rekognition
　　　https://aws.amazon.com/jp/rekognition/
注3　Amazon Forecast
　　　https://aws.amazon.com/jp/forecast/

Amazon Personalize

Amazon Personalize[注4]は、アプリケーション上の顧客データに対して、個別のレコメンデーションを作成できるようにする機械学習サービスです。ユーザー情報やレコメンド対象となる商品の情報を登録しておくと、Amazon.comのレコメンデーションのノウハウを応用したモデルをもとにレコメンド商品をユーザーごとに提示できるようになります。

Amazon Comprehend

Amazon Comprehend[注5]は、与えられたテキストを解析し、そこからインサイトや関係性を検出する自然言語処理サービスです。テキストの言語を識別し、固有名詞などの単語抽出、テキストにおける感情表現を数値化します。2019年11月に日本語にも対応しました[注6]。

⬡ Amazon SageMakerを使用する

Amazon SageMaker[注7]は、機械学習モデルを迅速に構築およびトレーニング、およびデプロイする完全マネージド型サービスです。

2019年末に行われたAWSの技術カンファレンス、AWS re:Invent 2019では、同サービスの大幅なパワーアップが発表されました。これにより、機械学習を推進する環境が整ったこ

注4　Amazon Personalize
　　　https://aws.amazon.com/jp/personalize/
注5　Amazon Comprehend
　　　https://aws.amazon.com/jp/comprehend/
注6　Amazon Comprehendが日本語に対応しました｜
　　　AWS
　　　https://aws.amazon.com/jp/blogs/news/amaz
　　　on-comprehend-japanese/
注7　Amazon SageMaker
　　　https://aws.amazon.com/jp/sagemaker/

とになります（**図1**）。

以下、簡単にSageMakerの機能を紹介します。

- Amazon SageMaker Studio
  JupyterLabをベースにした、機械学習のための統合開発環境
- Amazon SageMaker Notebook
  ワンクリックで作業を開始できるJupyter Notebookを搭載
- Amazon SageMaker Experiments
  機械学習ジョブや実験の管理、比較を統一フレームワークで管理
- Amazon SageMaker Debugger
  モデルの学習時に、指定したルールで開発コードの不具合を監視
- Amazon SageMaker Processing
  学習の前後処理と評価処理を別環境で提供
- Amazon SageMaker Model Monitor
  モデル運用時の異常を検出
- Amazon SageMaker Autopilot
  データの前処理、アルゴリズム選択、学習、チューニングまでを自動化

▣ 機械学習を導入する前にすべきこと

ここまで見てきたとおり、AWSの機械学習に関連する機能は非常に多彩です。しかし、機械学習の仕組みを導入するためには、最低限データがきちんと整理され、いつでも人間やコンピュータが利用できるような環境が整備されていることが大前提となります。強い表現になりますが、**BIが導入できないほど散らかったデー**

| 図1 | Amazon SageMaker サービス群を使った機械学習のワークフロー

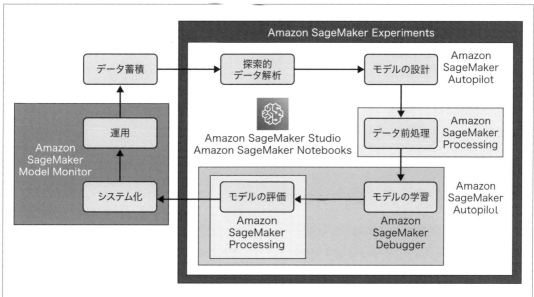

タしかない企業は、AI導入もできないというこ
とです。

　現在、さまざまな業界で機械学習やAI導入
のニュースが華やかに発表されていますが、そ
れらの企業はいずれもすべて、表に見えないと
ころで地道にデータの整備を行っています。ま
ずは自社のデータを人や機械が操作しやすいよ
う整備することが、機械学習導入への一番の近
道であることを知っておいてください。

4.6 構築したシステム（AWSリソース）を削除する

最後に、これまでに構築したシステムを削除します。削除はどれからでもよいというわけではなく、手順に従って行う必要があります。

甲木 洋介　*Yosuke Katsuki*　(Web) https://dev.classmethod.jp/author/yosuke-katsuki/
藤井 元貴　*Genki Fujii*　(Web) https://dev.classmethod.jp/author/fujii-genki/

本章で構築したシステムを削除してAWS環境を元の状態に戻します。そのままにしておいてもよいのですが、少額でも利用料が発生するためです。

リソースの削除の順番に、AWSリソースの参照の依存関係があるため、システム構築した順番と逆に削除していきます。ここでは次の順に削除していきます。

1. データ分析基盤
2. 仮想IoTデバイス
3. データ収集基盤

 データ分析基盤の削除

 QuickSight環境の削除

まずは、QuickSightで作成した要素を削除していきます。

- 分析
- データセット
- VPC接続設定
- QuickSightアカウント

分析の削除

グラフを削除します。QuickSightの左上のアイコンをクリックして、QuickSightのトップページを表示します。表示されているグラフiot_etl_sample analysisの右下にある［…］をクリックし、表示されたダイアログボックスの［削除］ボタンをクリックします（**図1❶❷**）。

削除を確認するダイアログボックス（以下、削除確認画面）が表示されるので、もう一度［削除］ボタンをクリックして削除を確定します。

データセットの削除

QuickSightに登録したテーブル情報、データベース接続情報を削除します。

QuickSightトップページの右上の［データの管理］をクリックします。次に、データセット［iot_etl_sample］をクリックします。**図2**のようなダイアログボックスが表示されるので［データセットの削除］をクリックします。

削除確認画面でもう一度［削除］ボタンをクリックして、完全に削除します。

| 図1 | 「分析」の削除

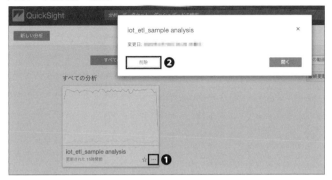

| 図2 | 「データセット」の削除

VPC接続設定の削除

QuickSightがRedshiftにアクセスするために使用した、VPC設定を削除します。

QuickSightトップページの右上の［ユーザーアカウント］（人型のアイコン）をクリックし、メニューから［QuickSightの管理］を選択します。次に、左側のメニューから［VPC接続の管理］をクリックします。右側のペインに表示されたVPC接続の管理画面で、VPC接続名［iot_etl_sample］の右側にあるゴミ箱アイコンをクリックします（図3）。

削除確認画面で［削除を続行］をクリックすると、VPC設定が削除され、VPC接続の管理画面に戻ります。

QuickSightアカウントの削除

QuickSightアカウントを削除します。この操作でQuickSightに対する利用請求が停止します。

引き続きQuickSight管理画面で、左側のメニューから［アカウント設定］をクリックします。クリック後に表示される削除確認画面で［サブスクリプション解除］をクリックします（図4）。

新しい画面に切り替わったら、もう一度［サ

| 図3 | 「VPC接続設定」の削除

| 図4 | 「QuickSightアカウント」の削除

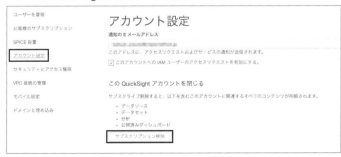

ブスクリプション解除]をクリックすると、アカウント情報が完全に削除されます。

　そのあと、削除すべきIAMロールやポリシーのリストが画面に表示されます。これらの設定類は残しておいても料金は発生しませんが、念のため、AWSマネジメントコンソールからたどれる[IAMコンソール]から削除します（**図5**）。

| **図5**　| **サブスクリプション解除**

Unsubscribe successful

コンテンツの大部分は削除されていますが、一部項目は削除できませんでした。このQuickSight アカウントで追加コストが発生しないように、以下の項目に対応してください。

! 他のサービスで使用している場合を除き、AWS IAM コンソールを使用して次のロールとポリシーを削除してください。

arn:aws:iam::░░░░░░░░:policy/service-role/AWSQuickSightRedshiftPolicy
arn:aws:iam::░░░░░░░░:role/service-role/aws-quicksight-service-role-v0

Go to AWS console

Glueリソースの削除

　AWS Glueコンソールにアクセスし、以下のリソースを削除します。

- ジョブ
- クローラ
- カタログ

ジョブの削除

　S3バケット上のデータをRedshiftテーブルにロードするGlueジョブiot-etl-sample-jobを削除します。

　Glueコンソールの左側のメニューから[ジョブ]を選択し、ジョブ一覧を表示します。

　Glueジョブ[iot-etl-sample-job]のチェックボックスにチェックを入れ、[アクション]メニューから[削除]を選択して削除します（**図6❶〜❸**）。

クローラの削除

　S3用のクローラ設定を2つ（iot-etl-sample-s3-crawler と iot-etl-sample-redshift-crawler）削除します。

　Glueコンソールの左側のメニューから[クローラ]を選択し、クローラ一覧を表示します。

　[iot-etl-sample-s3-crawler]と[iot-etl-sample-redshift-crawler]のチェックボックスにチェックを入れて、[アクション]メニューから[クローラの削除]を選択して削除します（**図7 ❶〜❸**）。

カタログの削除

　Glueデータカタログに記録されたデータベース情報iot-etl-sampleを削除します。

| **図6**　| **ジョブの削除**

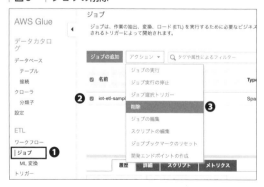

| **図7**　| **クローラの削除**

Glueコンソールの左側のメニューから［データベース］を選択し、データベース一覧を表示します。

データベース［iot-etl-sample］のチェックボックスにだけチェックを入れて、［アクション］メニューから［データベースの削除］を選択して削除します（図8）。

次に、データベースの接続情報も削除します。

Glueコンソールの左側のメニューから［接続］を選択し、データベース接続一覧を表示します。

データベース接続［connection-iot-etl-sample-redshift］のチェックボックスにチェックを入れて、［アクション］メニューから［接続の削除］を選択して削除します（図9）。

◇ Redshiftクラスターの削除

Redshiftクラスター［redshift-cluster-1］を削除します（図10）。

そのあとに表示される確認画面では、［最終

スナップショットを作成］の**チェックボックスを外して**、［削除］をクリックします。

2〜3分でクラスターが一覧から削除されれば完了です。

◇ VPCエンドポイントの削除

GlueサービスがS3へアクセスするために使用したVPCエンドポイントを削除します。

AWSマネジメントコンソールからVPCダッシュボードを検索し、移動します。

VPCダッシュボードの左側のメニューから［エンドポイント］を選択し、右側のペインのエンドポイントのリストから、作成したエンドポイントにチェックを入れ、［アクション］メニューから［エンドポイントの削除］を選択します（図11）。

削除確認画面が表示されるので、そこで［はい、削除します］をクリックし、エンドポイントを完全に削除します。

| 図8 | カタログの削除

| 図9 | データベースの接続情報の削除

| 図10 | Redshiftクラスターの削除

| 図11 | VPCエンドポイントの削除

ここまでで、4.3節および4.4節で作成した要素はすべて削除されました。

 仮想IoTデバイスの削除

ここでの作業はEC2インスタンス上から行います。権限があれば、手元のPCから実行し

てもかまいません。

モノと証明書とポリシーの紐付けを解除

それぞれが紐付いている状態では削除できません。そのため、まずは証明書とポリシーの紐付けを解除します。AWSアカウントIDや証明書のARNは作成したときのものを使用してください。**リスト1**のコマンドを実行してください。

続いて、モノと証明書の紐付けを解除します。**リスト2**のコマンドを実行してください。

モノと証明書とポリシーの削除

紐付けを解除したら、モノ・証明書・ポリシーを削除していきます。

まずはポリシーを削除します。**リスト3**のコマンドを実行してください。

リスト1　証明書とポリシーの紐付けを解除

```
$ aws iot detach-policy \
    --policy-name etc_gate_1111ABCD_policy \
    --target arn:aws:iot:ap-northeast-1:1234567890:cert/abcdefghijk

$ aws iot detach-policy \
    --policy-name etc_gate_2222EFGH_policy \
    --target arn:aws:iot:ap-northeast-1:1234567890:cert/123456789

$ aws iot detach-policy \
    --policy-name etc_gate_3333IJKL_policy \
    --target arn:aws:iot:ap-northeast-1:1234567890:cert/1a2b3c4d5e
```

リスト2　モノと証明書の紐付けを解除

```
$ aws iot detach-thing-principal \
    --thing-name etc_gate_1111ABCD \
    --principal arn:aws:iot:ap-northeast-1:1234567890:cert/abcdefghijk

$ aws iot detach-thing-principal \
    --thing-name etc_gate_2222EFGH \
    --principal arn:aws:iot:ap-northeast-1:1234567890:cert/123456789

$ aws iot detach-thing-principal \
    --thing-name etc_gate_3333IJKL \
    --principal arn:aws:iot:ap-northeast-1:1234567890:cert/1a2b3c4d5e
```

次に証明書の削除ですが、非アクティブ状態のみ削除可能なため、まずは非アクティブ状態にします。証明書の指定はARNではなくIDのみ指定です。**リスト4**のコマンドを実行してください。そのあとで、**リスト5**のコマンドを実行して証明書を削除します。

最後にモノを削除します。**リスト6**のコマンドを実行してください。

EC2インスタンスおよびユーザーの削除

これ以降の作業は、EC2インスタンス上ではなく手元のPCで行ってください。以下の3つを削除していきます。

- EC2インスタンス
- EC2インスタンスのキーペア
- EC2インスタンスで使うIAMユーザー

それぞれ**リスト7〜9**のコマンドで削除します。

データ収集基盤の削除

S3バケット名の取得

S3バケットが空以外でもCloudFormationのスタックを削除できるようにしているため、S3バケットとオブジェクトは残り続けます。これらのS3バケットはあとから手動で削除するため、事前にバケット名を取得しておきます（**リスト10**）。

リスト3　ポリシーの削除

```
$ aws iot  delete-policy \
    --policy-name etc_gate_1111ABCD_policy

$ aws iot  delete-policy \
    --policy-name etc_gate_2222EFGH_policy

$ aws iot  delete-policy \
    --policy-name etc_gate_3333IJKL_policy
```

リスト4　証明書の非アクティブ化

```
$ aws iot update-certificate \
    --certificate-id abcdefghijk \
    --new-status INACTIVE

$ aws iot update-certificate \
    --certificate-id 123456789 \
    --new-status INACTIVE

$ aws iot update-certificate \
    --certificate-id 1a2b3c4d5e \
    --new-status INACTIVE
```

リスト5　証明書の削除

```
$ aws iot delete-certificate \
    --certificate-id abcdefghijk

$ aws iot delete-certificate \
    --certificate-id 123456789

$ aws iot delete-certificate \
    --certificate-id 1a2b3c4d5e
```

リスト6　モノの削除

```
$ aws iot delete-thing --thing-name ➡
etc_gate_1111ABCD
$ aws iot delete-thing --thing-name ➡
etc_gate_2222EFGH
$ aws iot delete-thing --thing-name ➡
etc_gate_3333IJKL
```

リスト7　EC2インスタンスの削除

```
$ aws cloudformation delete-stack \
    --stack-name IoT-ETL-Sample-Virtu➡
al-IoT-Instance
```

リスト8　EC2インスタンスのキーペアの削除

```
$ aws ec2 delete-key-pair --key-name ➡
VirtualIoTKeyPair
```

リスト9　EC2インスタンスで使うIAMユーザーの削除

```
$ aws cloudformation delete-stack \
    --stack-name IoT-ETL-Sample-Virtu➡
al-IoT-User
```

あるいは、次のコマンドでS3バケットの一覧を表示し、バケット名を確認します。

```
$ aws s3 ls
```

データ収集基盤の本体を削除

次のコマンドでデータ収集基盤の本体を削除します。

```
$ aws cloudformation delete-stack \
    --stack-name IoT-ETL-Sample
```

S3バケットを削除

最後に、**リスト11**のコマンドでS3バケットを削除します。最初のコマンドがデータ格納用のS3バケットの削除で、2番目のコマンドがLambdaコードデプロイ用のS3バケットの削除です。

リスト10　S3バケット名の取得（データ変換結果用とLambdaデプロイ用の2つ）

```
$ aws cloudformation describe-stacks \
    --stack-name IoT-ETL-Sample-Deploy-Bucket \
    --query 'Stacks[].Outputs'
[
    [
        {
            "OutputKey": "DeployBucketName",
            "OutputValue": "iot-etl-sample-deploy-bucket-1234567890-ap-northeast-1"
        }
    ]
]

$ aws cloudformation describe-stacks \
    --stack-name IoT-ETL-Sample \
    --query 'Stacks[].Outputs'
[
    [
        {
            "OutputKey": "EtcGateDataBucketName",
            "OutputValue": "iot-etl-sample-etc-gate-data-bucket-1234567890-ap-northeas➡
t-1",
            "ExportName": "IoT-ETL-Sample-EtcGateDataBucketName"
        },
        {
            "OutputKey": "EtcGateDataBucketArn",
            "OutputValue": "arn:aws:s3:::iot-etl-sample-etc-gate-data-bucket-123456789➡
0-ap-northeast-1",
            "ExportName": "IoT-ETL-Sample-EtcGateDataBucketArn"
        }
    ]
]
```

リスト11　S3バケット名の削除（変換後のデータ格納用とLambdaデプロイ用の2つ）

```
$ aws s3 rb s3://iot-etl-sample-etc-gate-data-bucket-1234567890-ap-northeast-1 \
    --force
$ aws s3 rb s3://iot-etl-sample-deploy-bucket-1234567890-ap-northeast-1 \
    --force
```

索引

執筆者プロフィール

臼田 佳祐（うすだ けいすけ）［1.3節、2.6節を担当］
クラスメソッド株式会社　ソリューションアーキテクト
前職ではネットワークセキュリティの会社で主に無線LANとセキュリティの業務に従事。
現職では様々なお客様のAWSセキュリティの悩みを解決中。Security-JAWS（https://
s-jaws.doorkeeper.jp/）の運営メンバー。2019 APN AWS Top Engineers。
ブログ：https://dev.classmethod.jp/author/usuda-keisuke/

江口 佳記（えぐち よしき）［2.5節を担当］
クラスメソッド株式会社　エンジニア
前職では金融系を中心に監視・モニタリング系の製品やセキュリティ製品などの立ち上
げ・サポートに従事。現職ではクラスメソッドメンバーズサービスの品質管理を担当。
単著：『Splunk Appのつくりかた』（インプレスR&D）
ブログ：https://dev.classmethod.jp/author/eguchi-yoshiki/

甲木 洋介（かつき ようすけ）［4.2〜4.6節を担当］
クラスメソッド株式会社　プリセールスアーキテクト
福岡県出身。1997年日本オラクル株式会社入社。社内教育部門、支社プリセールス、研
修部門を経て2014年クラスメソッド株式会社に入社。以降は主にAWSをベースにした
データ分析基盤の提案、設計、時にはプロジェクトマネジメントを担当。
ブログ：https://dev.classmethod.jp/author/yosuke-katsuki/

加藤 諒（かとう りょう）［第3章を担当］
クラスメソッド株式会社　サーバーレスエンジニア
ニートなのに数十万円する自作PCケースが欲しいと、ワガママを言っていたら気づいた
らインフラエンジニアになっていました。そして、気づけばサーバーレスでコードを書いて
います。
ブログ：https://dev.classmethod.jp/author/kato-ryo/

菊池 修治（きくち しゅうじ）［2.2節を担当］
クラスメソッド株式会社　シニアソリューションアーキテクト
AWS Japan APN Ambassador 2019。メーカー系SIer、製造業のインフラエンジニアを経て
2016年、現職にジョイン。技術ブログDevelopers.IOにて日々、AWSの最新情報を執筆。
ブログ：https://dev.classmethod.jp/author/kikuchi-shuji/

城岸 直希（じょうがん なおき）［第3章を担当］
クラスメソッド株式会社　サーバーサイドエンジニア
前職では金融機関向けのWebアプリケーションの開発／運用に従事。現職にて約2年間、
ソリューションアーキテクトとして主にインフラ寄りのAWS環境構築／コンサルティング
を行う。その後、コードが書きたくなりサーバーサイドエンジニアに転身。2019 APN AWS
Top Engineers。
ブログ：https://dev.classmethod.jp/author/jogan-naoki/

千葉 淳（ちば じゅん）［1.1節、1.2節、1.5節を担当］
クラスメソッド株式会社 オペレーション部　部長
前職では金融系のインフラ設計・構築から運用・保守に従事。AWSエンジニアとしては80件の案件対応、ブログ200本、プリセールスの経験を持つ。2019 APN AWS Top Engineers。
ブログ：https://dev.classmethod.jp/author/chiba-jun/

濱田 孝治（はまだ こうじ）［2.1節、2.3節、2.4節、2.7節、2.8節を担当］
クラスメソッド株式会社　シニアソリューションアーキテクト
前職は独立系SIerにて、システム開発からアプリケーションのアーキテクチャリング、基盤設計を主に担当。2017年9月にクラスメソッド入社。現職では主にコンテナ関連サービスのコンサルティングに従事。日々Developers.IOに記事を執筆中。2019 APN AWS Top Engineers。
ブログ：https://dev.classmethod.jp/author/hamada-koji/

藤井 元貴（ふじい げんき）［4.1節、4.6節を担当］
クラスメソッド株式会社　サーバーレスエンジニア
兵庫県出身。2010年から組込み開発に従事しつつ、IoT実証実験やドローンのテストパイロットを担当したりとなんでも屋さんに。2019年から現職で開発業務に従事。Developers.IOに記事を執筆中。一般社団法人日本UAS産業振興協議会（JUIDA）の無人航空機操縦技能証明証および無人航空機安全運行管理証明証を保持。
ブログ：https://dev.classmethod.jp/author/fujii-genki/

渡辺 聖剛（わたなべ せいごう）［1.4節、3.8節を担当］
クラスメソッド株式会社　ソリューションアーキテクト
長崎県出身。1995年に社会に出てから一貫してIT運用の現場に所属。汎用機からLinux、ISPからWeb事業会社までを経験し、現在は主に監視・モニタリング系AWSパートナー製品のサポートに従事。好きな概念は「フェイルセーフ」、好きな寓話は「太陽と祈祷師のジレンマ」。
ブログ：https://dev.classmethod.jp/author/watanabe-seigo/

◆本書サポートページ

https://gihyo.jp/book/2020/978-4-297-11329-2

本書記載の情報の修正／訂正／補足については、当該Webページで行います。

● カバーデザイン　菊池 祐（株式会社ライラック）
● 本文デザイン　　風工舎
● DTP　　　　　　風工舎
● 編集　　　　　　川月現大（風工舎）
● 担当　　　　　　細谷謙吾

●お問い合わせについて

本書に関するご質問は記載内容についてのみとさせて頂きます。本書の内容以外
のご質問には一切応じられませんので、あらかじめご了承ください。
なお、お電話でのご質問は受け付けておりませんので、書面またはFAX、弊社
Webサイトのお問い合わせフォームをご利用ください。

〒162-0846　東京都新宿区市谷左内町21-13
株式会社技術評論社
『みんなのAWS』係
FAX　03-3513-6173
URL　https://gihyo.jp

ご質問の際に記載いただいた個人情報は回答以外の目的に使用することはありま
せん。使用後は速やかに個人情報を廃棄します。

みんなのAWS
エーダブリューエス

AWSの基本を最新アーキテクチャでまるごと理解！
エーダブリューエス　　き ほん　　さい しん　　　　　　　　　　　　　　　　　　　り かい

2020年 4月30日　　初版　第1刷発行

著　者　　菊池 修治、加藤 諒、城岸 直希、甲木 洋介、濱田 孝治、藤井 元貴、
　　　　　きくち しゅうじ　かとうりょう　じょうがん なおき　かつき ようすけ　はまだ こうじ　ふじい げんき
　　　　　渡辺 聖剛、臼田 佳祐、江口 佳記、千葉 淳
　　　　　わたなべ せいごう　うすだ けいすけ　えぐち よしき　ちば じゅん

発行者　　片岡 巌

発行所　　株式会社技術評論社
　　　　　東京都新宿区市谷左内町21-13
　　　　　電話　03-3513-6150　販売促進部
　　　　　　　　03-3513-6177　雑誌編集部

印刷所　　港北出版印刷株式会社

ISBN978-4-297-11329-2　C3055
Printed in Japan